济南大明湖及周边地区城市更新设计

2021 城乡规划专业五校联合毕业设计

杨 慧 陈 朋 编著

中国建筑工业出版社

图书在版编目（CIP）数据

济南大明湖及周边地区城市更新设计：2021城乡规划专业五校联合毕业设计/杨慧，陈朋编著. —北京：中国建筑工业出版社，2022.6
ISBN 978-7-112-27337-9

Ⅰ.①济…　Ⅱ.①杨… ②陈…　Ⅲ.①城市规划—建筑设计—作品集—济南—现代　Ⅳ.①TU984.252.3

中国版本图书馆CIP数据核字（2022）第066543号

责任编辑：柳　冉　刘　丹
责任校对：赵　菲

济南大明湖及周边地区城市更新设计
2021城乡规划专业五校联合毕业设计
杨　慧　陈　朋　编著
*
中国建筑工业出版社出版、发行（北京海淀三里河路9号）
各地新华书店、建筑书店经销
北京雅盈中佳图文设计公司制版
北京富诚彩色印刷有限公司印刷
*
开本：880毫米×1230毫米　1/16　印张：8¾　字数：171千字
2022年7月第一版　2022年7月第一次印刷
定价：**99.00**元
ISBN 978-7-112-27337-9
（39492）

编委会

前言

联合毕业设计活动旨在持续推进教学改革的创新实践，探索打破传统的设计教学围城，开启从传统、单一学校的“教学相长”模式转换为校际协同育人模式。全国城乡规划专业五校联合毕业设计始于2016年，六年来始终围绕“城市更新”主题，各校结合自身教学特点，科学选择规划设计场地，合理组织连续教学过程与环节，形成开题报告、中期汇报、最终答辩等教学环节成果展示。同时，得到了各院校领导的关心和大力支持，也得到了各省市城乡规划协会学会、规划设计管理部门、规划设计单位的无私帮助，为联合毕业设计的顺利开展奠定了坚实的基础。在近二十名指导教师和两百多名同学的共同努力下，细化了教学环节，强化了关键节点，优化了工作程序，顺利完成了联合教学任务。最终成果均集结正式出版，每年厚实的作品集，以实景式、过程化的方式反映出各校培养特色和联合设计教学的特点，为城乡规划学科的发展和规划教育提出了新思路。

2021年的联合毕业设计处于疫情后正常教学秩序的恢复期，本书记录了2021年五所院校城乡规划学专业联合毕业设计的教学过程与成果展示。参与本次联合毕业设计的院校有山东建筑大学、南京工业大学、苏州大学、郑州大学、合肥工业大学。本次联合毕业设计围绕“济南大明湖及周边地区城市更新设计”的题目，综合考量城市的历史文化、经济社会、生态环境等因素，本着以人为本的规划价值观，对“城市更新”

进行了积极的思考。本书收录了此次联合毕业设计教学的各阶段成果，以及各校师生参与此次活动的感受和专家点评，共 17 份精彩的毕业设计。

本书是对此次教学活动的成果总结和后续思考，希望能为城乡规划联合教学活动积累经验，并能为城乡规划学科的发展和规划教育作出贡献。

目录

合肥工业大学

郑州大学

01

2021 全国城乡规划专业

五校联合毕业设计任务书

1. 选题背景

济南是山东省省会，国家历史文化名城，环渤海地区南翼的中心城市。基地位于济南古城片区，是泉城历史文化遗产保护体系的重要内容，是市域“山水融城”特色格局的重点要素，是总规中重点打造的市级文化中心。

古城片区主导功能为：以公共服务、生活居住为主导，以发展文化旅游、创意产业、商业商务等现代服务业、新兴产业为先导，集中体现“山、泉、湖、河、城”特色风貌的泉城特色标志区、历史文化名城保护核心区、世界文化景观遗产集中展示区。

古城保护以“一城一湖一环”（古城、大明湖、环城公园）为重点保护整治对象，要求控制建筑高度，保护古城的街巷肌理和泉池园林水系，增加开敞空间。基地周边有三处历史文化街区，即芙蓉街——百花洲历史文化街区、将军庙历史文化街区、山东大学西校区（原齐鲁大学）历史文化街区。

在“山水融城”的特色格局中，以千佛山、古城、黄河为主线，串联四大泉群和大明湖，形成了南北方向的泉城特色风貌轴，与东西方向的城市时代发展轴交相呼应，构成泉城两条景观主轴。

旧城更新方面，济南市提出了“改善人居环境、完善城市功能、集约节约用地、传承城市文脉、引导产业升级、提升城市形象”的总体目标，鼓励以改善民生、解决民需、完善城市功能为核心，采用生长性、实施性、政策性等差异化策略，对旧住区、旧厂区、旧院区等更新对象，综合运用整体改造、功能提升、综合整治等更新方式，因地制宜实施更新。

2. 基地简介

基地位于济南中心城古城片区，圩子壕保护区内，紧邻古城。具体规划范围：北起少年路，南至泺源大街，西至顺河街（顺河高架路），东跨护城河至趵突泉北路，总面积约1.2平方公里。

基地内有趵突泉公园、五龙潭公园两处城市公园，与大明湖风景区遥相呼应，是济南市著名的旅游目的地。基地内有一处市级工业遗产保护单位——山东造纸总厂东厂，其历史可追溯至清光绪年间的济南铜元局。基地内饮虎池畔坐落有清真南大寺和清真女寺。清真南大寺始建于元朝元贞元年（1295年），是山东省省级文物保护单位、山东省历史优秀建筑，清真女寺建于1992年，是当时华北地区唯一一座独立清真女寺。

基地功能以居住为主，多为20世纪建设的居住区及单位宿舍，社区业态成熟，部分住宅老旧。基地交通条件便捷，以地面公共交通为主。

3. 规划目标

（1）根据用地权属、建设现状和综合评估，结合国内外类似地段的经验方法，统筹制定更新思路、发展框架和实施路径。

（2）落实城市“中优”战略、新旧功能转换的新思路，疏解城市功能，改造老旧小区，打造健康、宜居、持续活力的城市核心。

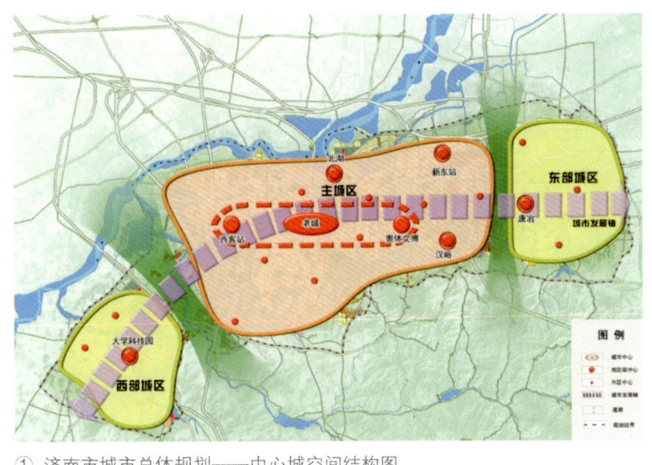

① 济南市城市总体规划——中心城空间结构图
图片来源：《济南市城市总体规划（2011—2020 年）》

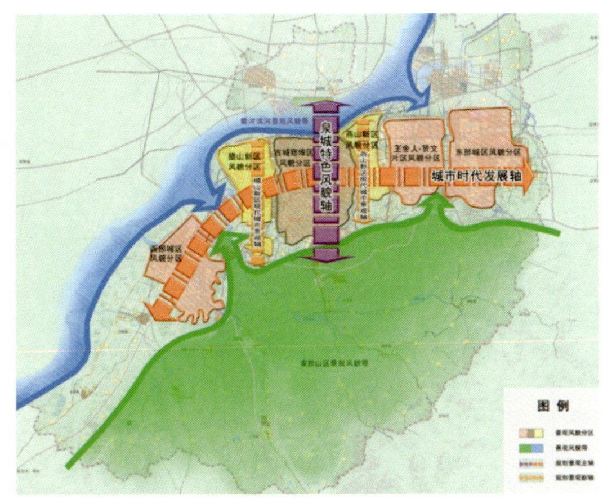

② 济南市城市总体规划——城市景观风貌规划图
图片来源：《济南市城市总体规划（2011—2020 年）》

4. 规划内容

（1）“中优”战略研究：分析区城创新发展条件及城市功能转型提升要求，结合项目特征进行国内外类似案例研究和政策解读、借鉴，从企业、政府、市场等不同角度综合评判，提出本区域发展面临的问题，以及在更新改造过程中关于更新模式、功能置换、开发强度、城市配套、环境品质等方面的设想和策略。

（2）新旧城市功能优化：推敲本区域更新改造的空间方案，兼容生活性服务业、社区综合服务设施、文化设施等功能，推动公共服务功能与经营性功能混合，方便群众生活，既便于联合开发，又能够单元化改造，兼顾发展机会公平和综合效益最优。

（3）空间形态：从完善城市功能、构建开放空间体系、优化公共服务体系、塑造城市形象等角度，加强相关视廊和视野景观分析，保护传统的街巷肌理和空间尺度，注意历史要素的保护、展示与创新利用，注重历史保护与现代生活的关系。

（4）交通梳理：梳理基地内外交通体系，优化路网结构和设计，加强慢行交通组织，合理布局交通设施，兼顾消防应急要求。

（5）开敞空间：加强基地与泉城风貌带的衔接，结合泉水脉络、城市公园、街道、绿地、广场等要素组织开敞空间系统，充分考虑人的活动需求和路径，营造适宜的城市中心景观环境。

（6）其他：合理规划基地内的公共服务设施、地下空间、市政设施等。

5. 建筑高度控制要求

济南市总体规划中提出严格控制风貌带内重点地段的建筑高度。大明湖周边地区高度控制：北至胶济铁路，控制高度由南至北为24~50m；东、西分别控制至东、西护城河以外约20m，控制高度由内向外为18~36m；南至泉城路，控制高度由北至南为15~45m。保护大明湖至千佛山之间“佛山倒影”的故有景观，控制视廊内的建筑高度，满足大明湖北岸至千佛山一览亭以上山体的通视要求。

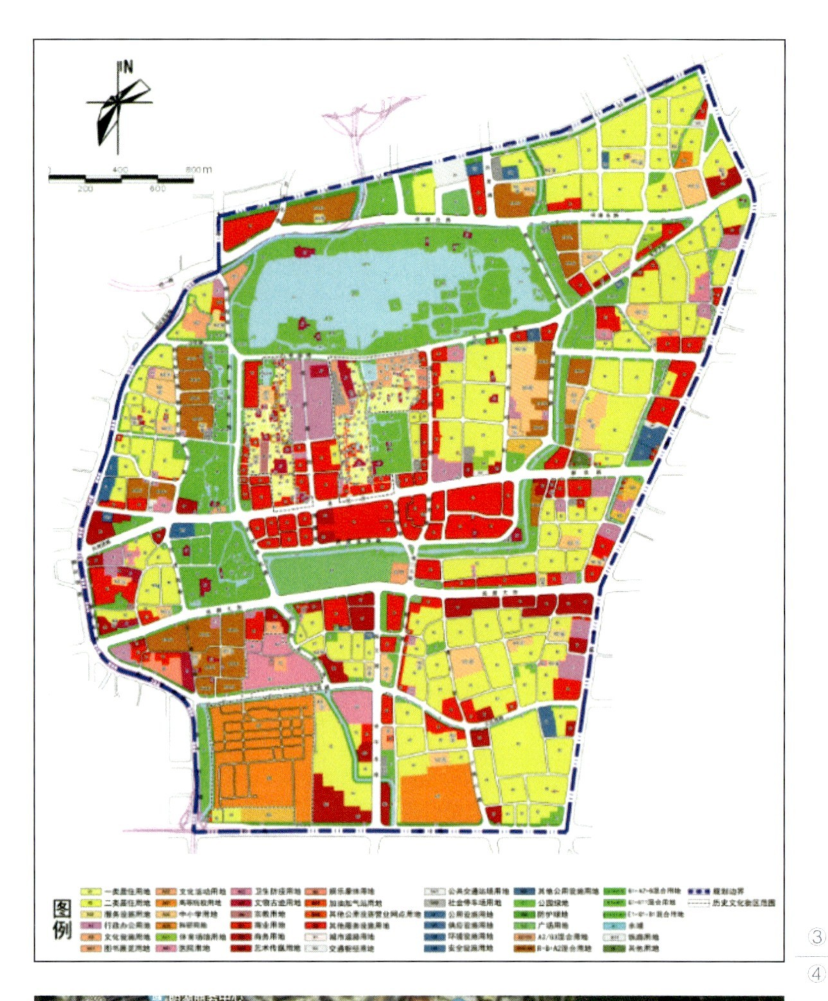

③ 济南市古城片区控制性详细规划
图片来源：《济南市古城片区控制性详细规划 2021》

④ 基地基本情况

6. 成果内容及图纸表达要求

（1）图纸表达要求

每组应完成6张A1标准图纸。图纸内容宜包括：区位分析图、上位规划分析图、基地现状分析图、设计构思分析图、规划结构分析图、城市设计总平面、道路交通系统分析图、绿化景观分析图、其他各项综合分析图、节点意向设计图、城市天际线、总体鸟瞰及局部透视效果图、城市设计导则等。

（2）规划文本表达要求

文本内容包括文字说明（前期研究、更新策划、功能定位、设计构思、功能分区、空间组织、总体布局、交通组织、环境设计、建筑意向、经济技术指标控制等内容）、图纸（至少满足图纸表达要求的内容）。

（3）PPT汇报文件制作要求

中期PPT汇报时间不超过15分钟，毕业答辩PPT汇报时间不超过20分钟，汇报内容至少包括区位及上位规划解读、基地现状分析、综合研究、更新策略、功能定位、规划方案等内容，汇报需简明扼要、突出重点。

（4）毕业设计时间安排表（表1）

毕业设计时间安排表　　表1

周次	教学阶段	地点	内容	形式
第1周	开题及调研	线上开题	采取每校混编2人组成大组的形式，对基地和现状资料进行综合分析	联合工作组
第2~6周	城市设计方案阶段	各自学校	包括背景研究、区位分析、现状研究、案例借鉴、定位研究、方案设计等内容	各校自定
第7周	中期检查	山东建筑大学	汇报内容包括综合研究、功能定位以及用地布局、道路交通、绿地景观、空间形态、容量指标、城市设计等内容的初步方案等	以学校大组为单位汇报交流
第8~12周	城市设计成果表达阶段	各自学校	调整优化方案，并开展节点设计、建筑意象、鸟瞰图、透视图及城市设计导则等内容	各校自定
第13周	成果答辩	苏州大学	汇报PPT、A1标准图纸和1套规划文本（其中图纸包括：区位分析、基地现状分析、设计构思分析、规划结构分析、城市设计总平面、道路交通分析、绿化景观分析及其他各项综合分析图、节点意向设计、总体鸟瞰及局部透视效果图等）	以学校大组为单位汇报交流，同时提交展板和出书文件，进行展览

说明：中期检查中的城市设计总平面图建议采用扫描的电脑线框手绘图，其他内容应为电脑制图。
本表时间安排请各校在制定联合毕业设计教学计划时遵照执行。

参考资料

[1] 王建国. 现代城市设计理论与方法（第2版）[M]. 南京：东南大学出版社，2001.
[2] 段进. 城市空间发展论（第2版）[M]. 南京：江苏科学技术出版社，2006.
[3] [美] 唐纳德·沃特森等. 城市设计手册[M]. 刘海龙，等译. 北京：中国建筑工业出版社，2006.
[4]《济南市城乡规划管理技术规定（试行）》.
[5]《济南市城市设计编制技术导则（试行）》.
[6]《济南市城市总体规划（2011-2020年）》.
[7]《济南市历史文化名城保护条例》.
[8]《济南15分钟社区生活圈规划导则》.

02
设计成果

山东建筑大学

指导教师：杨 慧　陈 朋

泉行十里 · 与忆重逢

设计成员：曲佳音、黄筱雨

泉韵延承 · 城创新生

设计成员：曲浩铭、马天峥

泉汇西关 · 忆脉相承

设计成员：李晓萌、邴雪桐

泉行十里·与忆重逢

——济南市大明湖周边地区城市更新设计

学　　校：山东建筑大学
设计成员：曲佳音、黄筱雨

曲佳音

黄筱雨

设计说明：

本次设计针对济南老城区大明湖片区进行以旧城更新为主题的城市规划设计，设计过程中采取自下而上的路径，通过前期的分析、调查，对基地内的问题进行归纳、总结，根据居民意见调整规划策略，以满足居民生活情景为目的进行规划方案调整，协调规划理性与感性体验以求得平衡。

规划方案从四个方面进行策略的实施。一是功能活动：游忆新兴，策略为社区创意自营、游览路线组织人居环境；二是居忆还兴：策略为街道空间归还、配套指标提升；三是城市风貌：泉忆复兴，策略为滨水空间复兴、绿地系统提升；四是城市文脉：文忆重兴，策略为文化基因重现，城市档案建立。

规划结构方面，形成“两带七区，三轴四心”。“两带”为环城绿廊，滨河绿带；“七区”是两个生活居住区，两个泉水公园区，一个娱乐商业区，一个休闲文创区，一个古韵文博区；“三轴”是横向的城市发展轴和景观风貌轴，以及纵向的城市风貌轴；“四心”是北部文化区内以改造造纸厂为中心的文化核心，两个公园的景观核心，绿地及南部麟趾巷的商业核心。

景观结构方面，形成“两带双核三廊”。“两带”：“一湖一环”景观带，圩子壕滨水绿带；“双核”为五龙潭景观核，趵突泉景观核；“三廊”是文化创意景观廊，通景融城景观廊，文博体验景观廊。

设计感悟 | 曲佳音

古城的衰败是时代的必然选择。古代城市需要城墙、城门、城壕这样的防御设施，交通主要依靠船舶、马车，所以才形成了独特的河道空间和密集的街巷体系。但如今这些空间中的相当一部分已经失去了它的社会功能，如果只是一味地照搬或复原这些场景，那么最终形成的只会是布景一条街，而无法真正的再次激发往日人在其中繁荣生活的情景，也无法真正地再现城市文脉记忆，承载城市内涵情感。在当代语境下，城市更关注的是人的情感追求、便利的交通组织、高品质的生活空间、宜人的文化休闲场所，这些成为现代城市空间营建的关键。那么如何在符合现代生活要求的条件下，对往昔城市记忆情景进行符合其社会属性的探寻唤起，也就是我们设计所面对的主要问题。

最终我们的主题理念定为“泉行十里·与忆重逢”，希望通过现代运行和文脉唤起这两大方面进行的梳理，对往昔情景和现代要求进行矛盾识别，对两者关系进行判定。对于旧城中与现代需求冲突的记忆，进行仅提取核心元素的现代改造；对于符合现代需求的旧城记忆进行复苏唤起，以期能够真正地再现往日繁荣。

本次毕业设计是对旧城从外在人居品质到内在生命活力的全面更新优化，在各位老师的指导、帮助下和与各位同学的交流学习中，我们对旧城复兴的内涵要求，旧城该为谁而复兴等问题有了更深入的理解与思考。非常感谢大家，在今后的规划学习中，我们会更加努力。

设计感悟 | 黄筱雨

这次毕业设计对我而言既是对我们五年学习的一个总结，又是对于济南这座城市的一个告别。对于一座城市如何在发展中不丢失特色，最大程度保留城市的“魂”，这种探索指导着我们完成了这次毕业设计。我和队友都是济南人，因此，对于这次的题目更加有共鸣。一方面，我们作为规划者，用理性的视角去看待城市以及片区的未来；另一方面，我们对于老城的熟悉和回忆，又使得我们采取一种本地市民的角度去看待。因此，我们这次的设计也是采取自上而下和自下而上相结合的视角，试图在两者之中取得平衡。

或许就是这种本地市民的感受，让我们不愿意放弃基地内的现状民居，以及他们所守护的济南传统的生活模式，也不愿意为了构建所谓的商业商务带而在顺河东街建起高楼，因为在我们看来，趵突泉和五龙潭的景色，不应该成为高楼里的使用者独占的景观，它们属于每一个济南市民。当然，方案由于各种原因，最终也还存在一些问题，或许需要未来的再次修改，但这也是我们交上的自己所满意的答卷了。

最后，很感谢在过程中给予我们帮助的杨慧老师，在设计过程中对我们的方案进行指导和修正，并且为我们明确了设计方向。也感谢队友的帮助和支持，使得我们在设计过程中互相探讨，共同进步。希望以此次毕业设计为起点，可以在未来继续努力。路漫漫其修远兮，吾将上下而求索。

泉行十里 · 与忆重逢 ——济南市大明湖周边地区城市更新设计

01

规划理念

设计视角

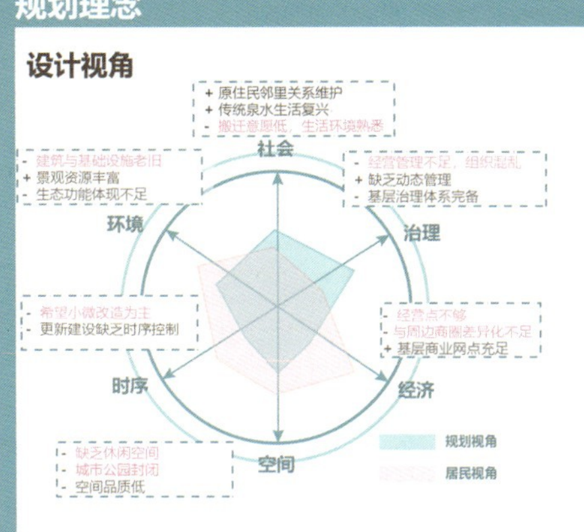

理论依据

传统精英规划模式

现状输入 — 社会影响、环境因子、方案B、方案生成、方案A、功能要求、经济效益 — 方案输出

城市发展的复杂程度超越少数个人能力，城市设计不应该是少数人的意志。

发挥自下而上的力量

现状输入 — 问题分析、民意收集、汇总复合 — 综合判断

多方协作体系

方案生成A — 指导 — 感性体验、平衡、设计理性 — 指导

品质提升　功能合理　意愿实现

方案生成A′ 设计迭代 — 最终方案

多元融合　品质提升　网络组织　生态和谐

本次设计针对济南老城区大明湖片区进行以旧城更新为主题的城市规划设计，设计过程中采取自下而上的路径，通过前期的分析调查对基地内的问题进行归纳总结，根据居民意见调整规划策略，通过空间改造、居民自营经济策划、景观提升、交通梳理等方面，全面提升基地内的空间品质和运行效率，与城市规划结构相衔接，发挥泉城“大客厅”的带动作用，构建绿色、活力、宜居家园。

设计目标

区位分析

城市尺度

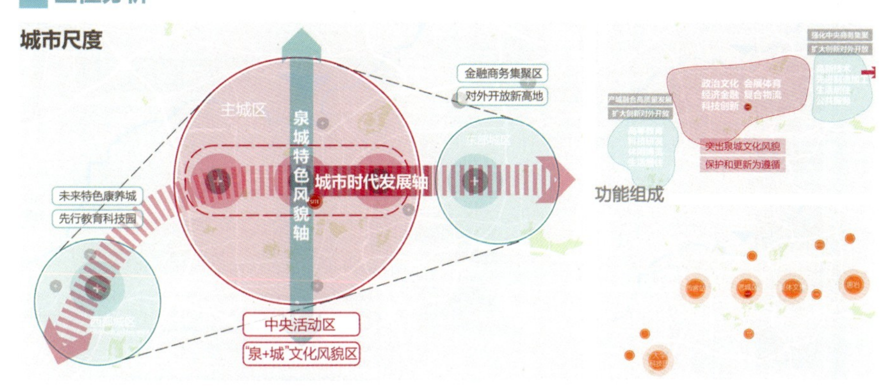

从城市尺度来看，基地位于济南市时代风貌发展轴线上，同时也在济南市泉城风貌特色轴线上，处于济南市的核心位置，属于中央活动区的一部分，同时也是“泉 + 城”风貌文化区。因此，基地主要面临的是兼顾旧城风貌和泉水特色，同时也要对于城市发展和现代都市特色兼收并蓄。

片区尺度

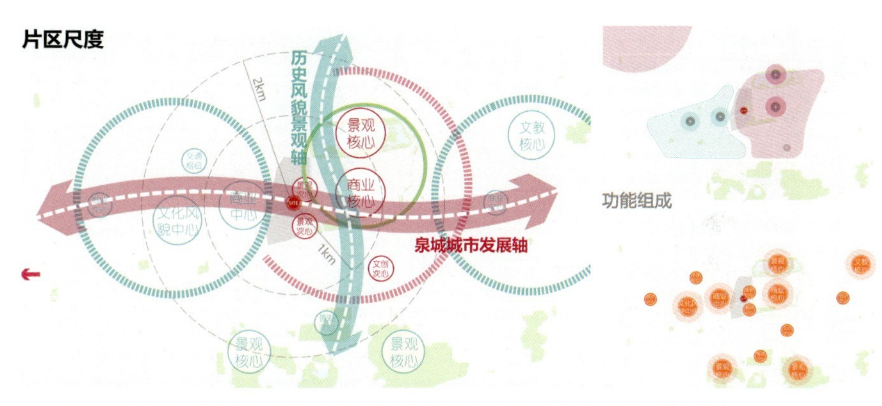

从片区尺度来看，基地东西两侧均为济南市核心商务圈。同时，北向衔接大明湖为核心的济南“一湖一环”景观带，基地周边存在多个旅游景点，在古城片区内处于核心位置。一方面存在古城的居住功能；另一方面也是商业网络和景观网络体系上的重要节点。

土地利用

土地利用

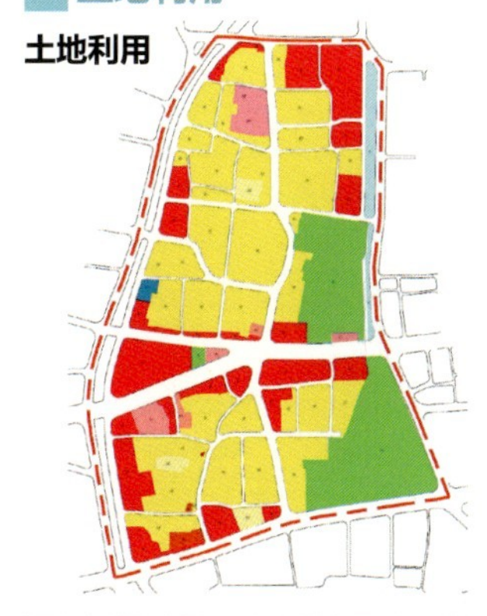

用地代码		用地名称		用地面积(hm²)	用地比例(%)
H11		城市建设用地		117.96	98.3
其中	R	居住用地		45.16	37.63
	A	公共管理与公共服务设施用地		5.51	4.59
		其中	行政办公用地	1.38	1.15
			教育科研用地	3.11	2.59
			医疗卫生用地	0.46	0.38
			宗教用地	0.55	0.46
	B	商业服务业设施用地		21.41	17.84
	S	道路与交通设施用地		27.31	22.76
		其中	城市道路用地	27.31	22.76
	U	公用设施用地		0.36	0.30
	G	绿地与广场用地		18.21	15.18
		其中	公园用地	18.21	15.18
E		非建设用地		2.04	1.7
其中	E1	水域		2.04	1.7
城乡用地				120	100

对比基地现状用地与最新古城片区控规可以发现：

A. 对于基地东北侧用地进行性质调整，拆除原有旧居住区和沿街商业，打造南北贯通的城市沿河绿带，沿河塑造商住混合用地；

B. 扩大原有趵突泉用地，使得趵突泉景区与五龙潭景区联系更加紧密。

权属分析

居住为主，辅以商业

现状基地内用地以居住为主，沿顺河东街和共青团路，为主要商业界面，基地内商业分布较为零散

公共服务设施用地占比低

基地内部公共服务用地主要为中小学和医院占地，缺乏文化设施，对于基地内部文化遗产未有合理开发利用

居住区内绿地缺乏，不合标准

基地内目前绿地主要为趵突泉和五龙潭两个城市公园，而居住区内绿地率不及25%

基地内权属复杂，空间断裂

根据实地调研，基地内统计有39个权属单位，权属关系复杂，产权边界多以院墙分割，空间连续性较差，基地内居住区均为封闭小区

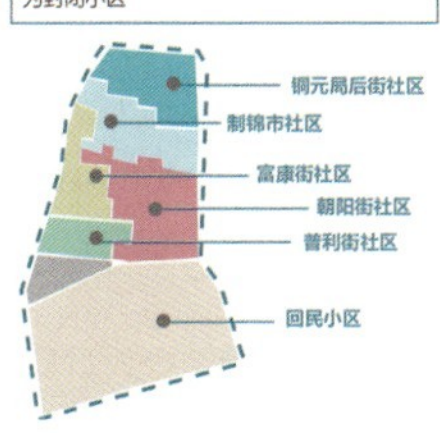

对于居住区来说，基地内6个社区，同时各社区下又细分为不同单位宿舍等，不同的小区之间以封闭院落进行划分，基地内现存住区多数为封闭小区；对于商业设施来说，基地内目前主要存在14个产权单位。

活动场所

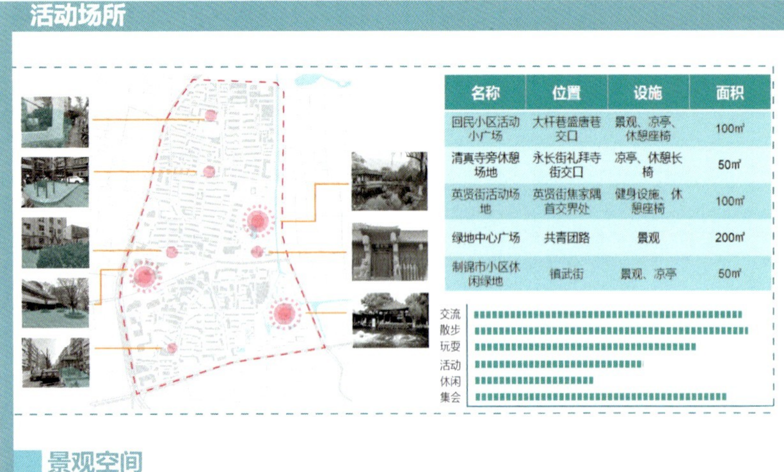

名称	位置	设施	面积
回民小区活动小广场	大杆巷盛唐巷交口	景观、凉亭、休憩座椅	100㎡
清真寺旁休憩场地	永长街礼拜寺街交口	凉亭、休憩长椅	50㎡
英贤街活动场地	英贤街焦家隅首交界处	健身设施、休憩座椅	100㎡
绿地中心广场	共青团路	景观	200㎡
制锦市小区休闲绿地	镇武街	景观、凉亭	50㎡

交通效率

少年路公共停车场
车位：30个
类型：开放计费停车

铜元大厦停车场
车位：24个
类型：内部停车

五龙潭公共停车场
车位：50个
类型：开放计费停车

少年路公共停车场
车位：26个
类型：内部停车

车位不足，占道停车现象严重，形成消极街道空间

由于车位不足，在居住区内部的机动车大多采取沿街停车，占用道路空间，使得道路通行受阻，同时机动车停放使得部分非机动车在人行道行驶，行人路权得不到保障，形成消极的街道空间。

原D/H：1/3
占道后D/H：1/5
遮挡沿街店面，通车距离狭窄

停车占用活动空间
空间消极，使用者减少

停车堵塞消防通道形成安全隐患

景观空间

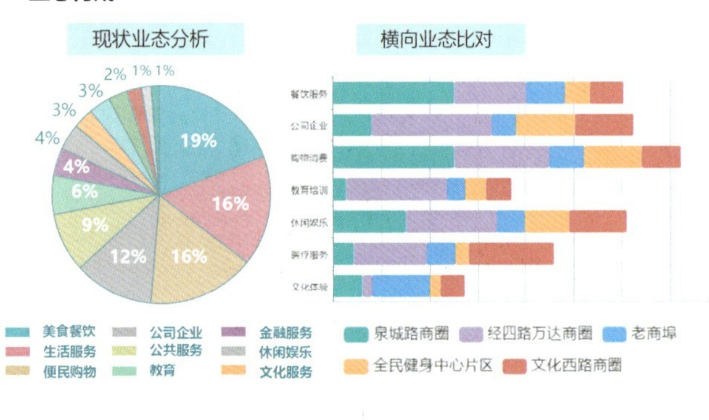

经济活动

业态构成

现状业态分析

横向业态比对

经营空间

分布位置	空间形态	经营模式	现场照片	规划设想
				构建场所使点状经营聚集，集中统一规划管理，保证活跃性与秩序性
				保留并提升集中经营空间，对业态定位进行策划，增强差异化优势
				对现状质量较好的底商进行保留，对影响街道空间的经营空间进行拆除改造

餐饮服务为核心的业态模式缺乏差异化，居民自营混乱，缺乏统一管理

基地内目前主要以餐饮服务等便民服务为主要业态，服务基地内居民及周边人群，沿顺河东街和绿地中心分布有商业办公和购物场所，存在相当规模的居民自组织经营，经营空间以门头房和流动摊点为主要模式，缺乏统一规划管理和场所集中，杂乱无章，对片区街道景观造成负面影响，横向与周边商圈进行业态比对，基地内目前商业组织不够丰富且聚集吸引性不强，缺乏独特的商业形式定位，也没有形成与周边一元十二坊、芙蓉街泉城路等商业地段的差异化特色风貌。

问题归纳

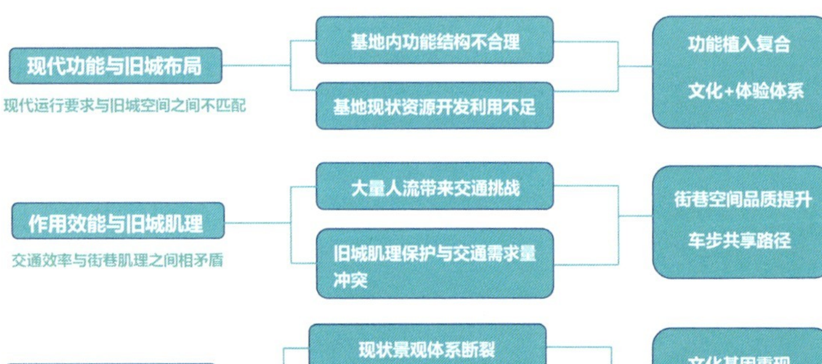

基地承载的不仅是居民日常生活需求，在城市尺度下也是重要的城市空间体系节点，因而需要结合城市功能体系组建复合网络，充分实现资源开发，调动居民参与。

老城肌理的修复与维护需要与城市交通需求相互协调，基于对基地内主要出行方式判断，打造兼顾安全、绿色的城市道路，复兴街巷生活。

针对基地内的重要文化景观资源，挖掘城市文化基因，利用绿地系统的构建，沟通基地内外，联系城市景观体系结构。

泉行十里 · 与忆重逢

——济南市大明湖周边地区城市更新设计

功能织补 功能复合，主客共享 居民自营，协调发展

环境提升 空间提升，乐享生活 街道归还，绿色出行

风貌塑造 水绿织网，特色构筑 品质优化，游览体验

功能活动：游忆新兴　人居环境：居忆还兴　城市风貌：泉忆复兴

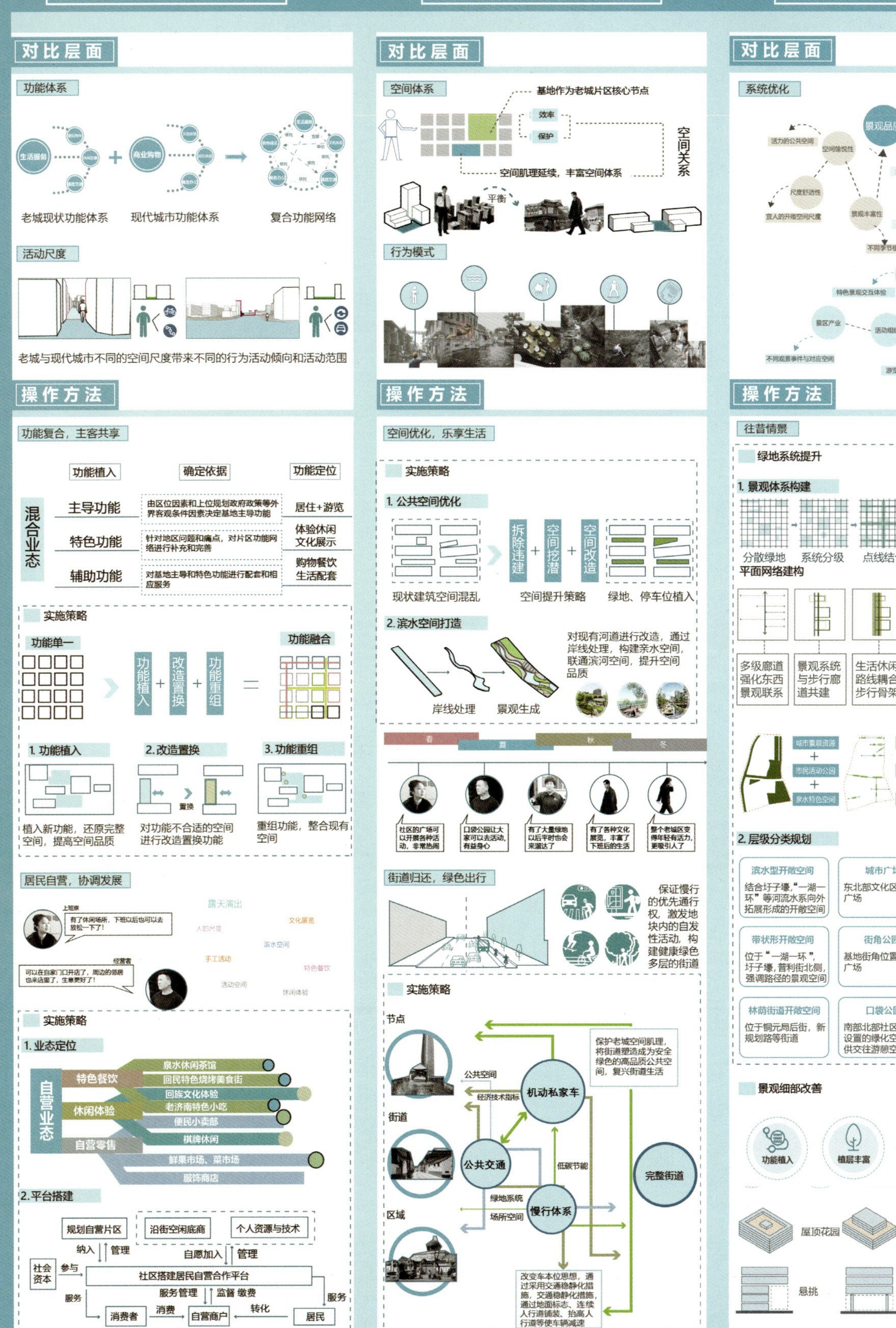

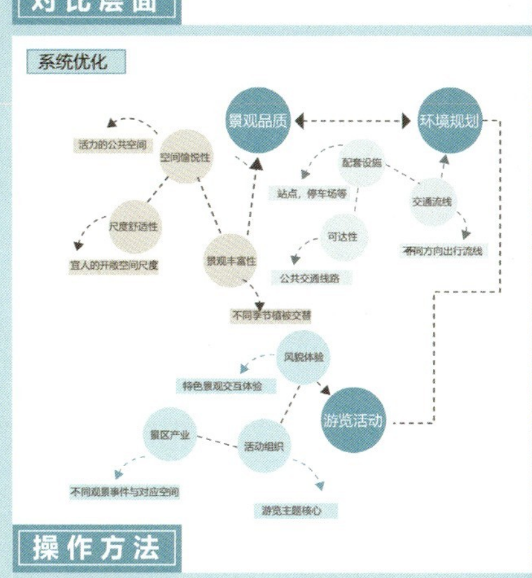

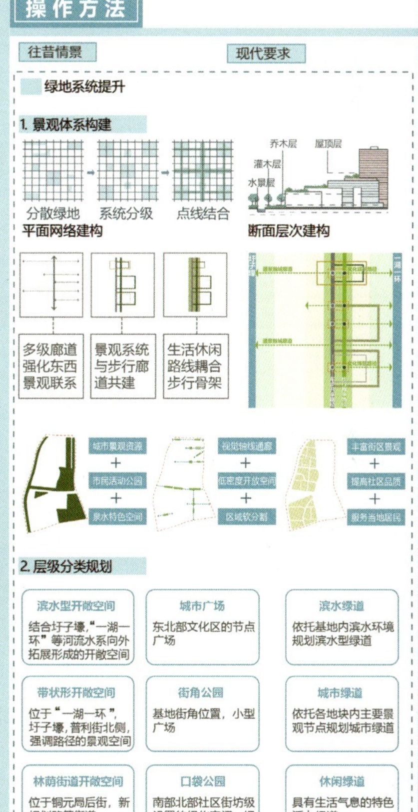

总平面图

1 购物办公综合体
2 麟趾巷文化步行街
3 休闲购物区
4 文化展览体验区
5 万竹园
6 趵突泉公园
7 社区综合服务中心
8 清真北大寺
9 回民特色美食街
10 社区健身乐园
11 清真南大寺
12 五龙潭公园
13 社区公园
14 圩子壕公园
15 居民自营商业街
16 护城河绿带公园
17 创意展览工坊
18 品质餐饮街
19 鲁坊文化街区
20 社区夜市
21 儿童活动场地
22 张东木故居
N
0 40 80 160m
少 年 路
铜元局后街
制锦市街
周公祠街
顺河街
英贤街
花店街
普利街
共青团路
趵突泉北路
朝阳街
西河东街
饮虎池街
芙蓉子巷
长春观街
长街
永源街
泺源大街

泉行十里 · 与忆重逢 ——济南市大明湖周边地区城市更新设计

设计导则

风貌分区

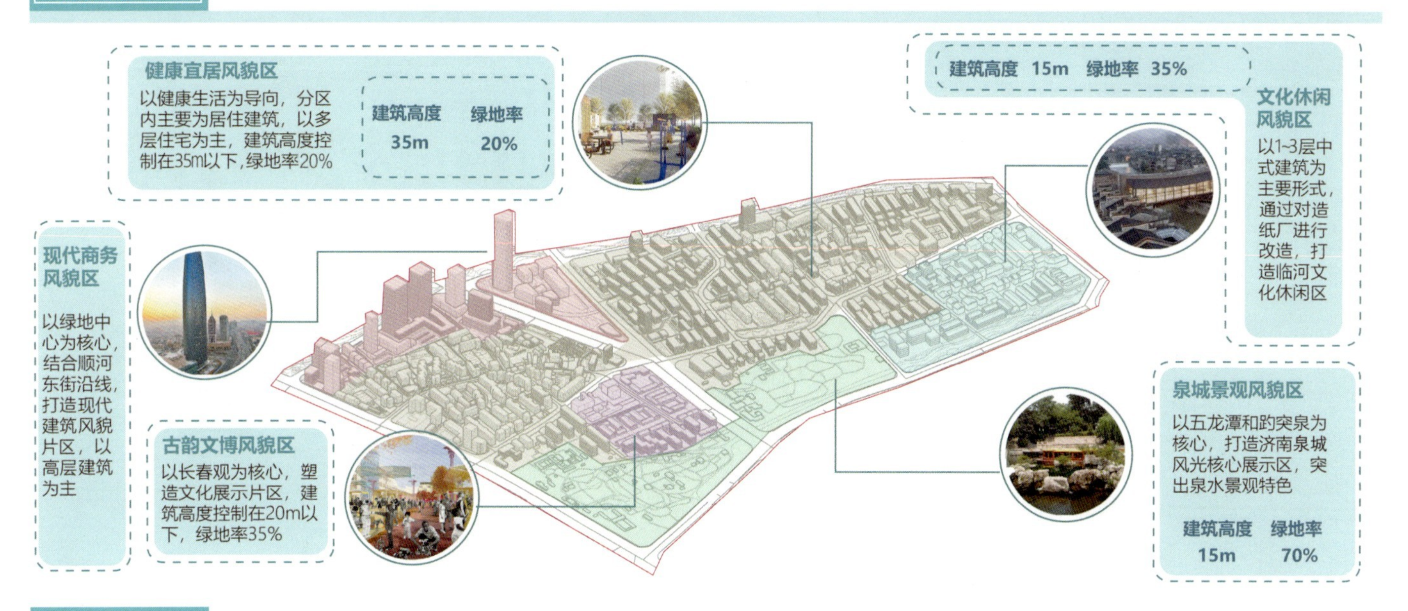

建筑形态

现代型

建筑以商务办公为主要功能，结合底层裙房，集合办公、购物中心为一体，以现代高层建筑形式为主

生活型

建筑以原有的20世纪90年代居民住宅为主体，在保留原特征不变的基础上，进行立面整治和电梯加装，方便居民生活

传统型

保留原有的传统民居聚落，提取抽象元素应用在新建建筑中，使得城市原有肌理不被破坏，构成完整、统一的城市传统空间尺度

视线控制

天际线控制

天际线控制上考虑地块与周边的关系，整体天际线由东到西逐渐升高，东部靠近趵突泉、五龙潭公园部分为核心建筑高度控制区，新建建筑不宜高于20m，中部为居民生活区，主要以多层住宅为主；西部由于绿地中心高度，结合周边商务办公建筑，高度为控制范围内的顶点，形成完整、连续的城市界面。

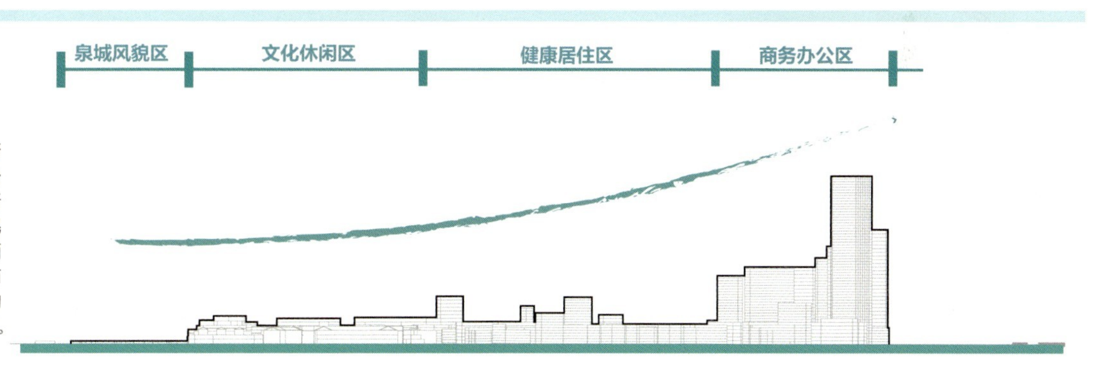

技术要求

海绵城市设计

在规划设计中，对于旧区改造部分，通过植入绿地来降低硬质率，基于绿地不同功能及形态，结合“渗、滞、蓄、净、用、排”六大处理机制，从空间的点线面着手布局海绵设施。

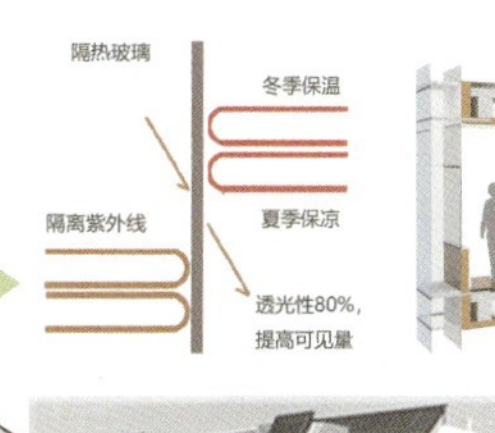

绿色建筑技术

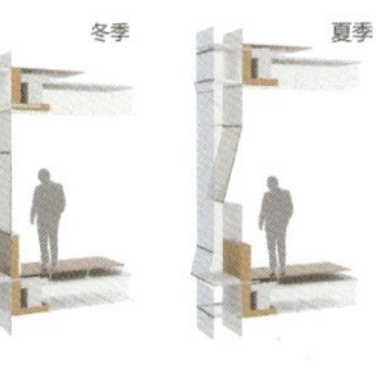

“绿色城市”是未来城市的发展方向，设计尽可能减少能耗，因此新建建筑充分利用太阳能，节约资源，做到真正的低碳建筑。与此同时，该太阳能板采用太阳能跟踪系统，最大限度地吸收、利用。

泉行十里 · 与忆重逢

——济南市大明湖周边地区城市更新设计

06

土地利用

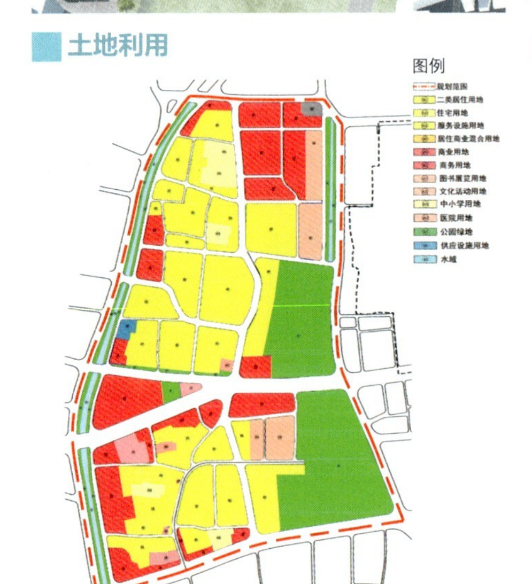

开发强度

建筑高度

规划结构

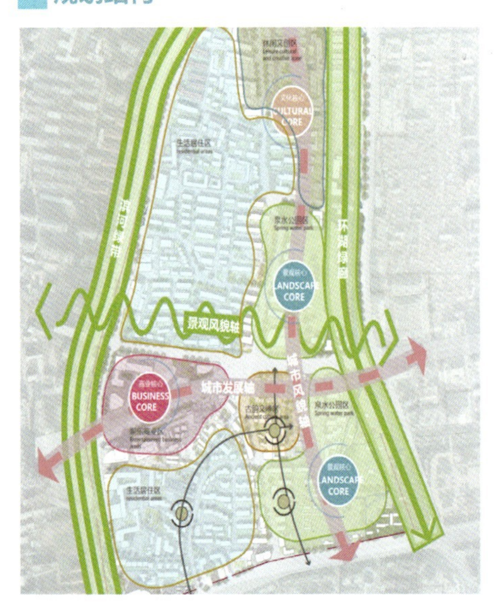

交通体系

生活圈规划

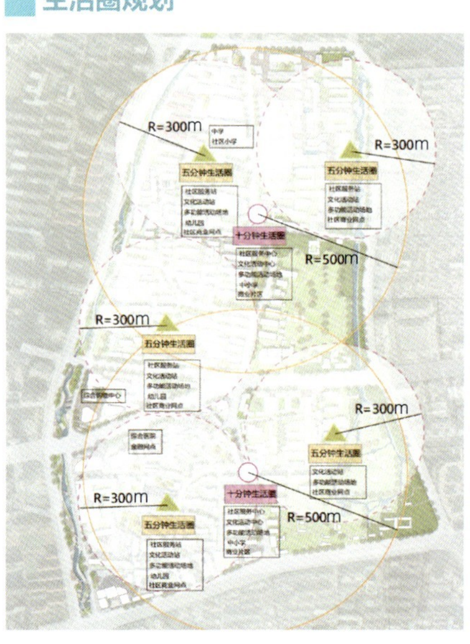

泉韵延承 · 城创新生

——济南市大明湖周边地区城市更新设计

学　　校：山东建筑大学
设计成员：曲浩铭、马天峥

曲浩铭

马天峥

设计说明：

基地位于济南中心城旧城片区，圩子壕保护区内，紧邻古城。具体规划范围北起少年路，南至泺源大街，西至顺河街（顺河高架路），东跨护城河至趵突泉北路，总面积约 1.2km^2。基地内部有趵突泉公园、五龙潭公园两处城市公园，与大明湖风景区遥相呼应，是济南市著名的旅游目的地。

通过前期的调研，总结出基地的四大核心特征：绝对的城市中心地带、优越的景观条件、丰厚的文化积淀、典型的旧城风貌。同时，发现了基地区域之间联系弱，交通流量大、容量低，居住环境较差等发展阻力。

本次设计对基地的规划目标为：通过功能的植入与替换、物质空间品质的提升，重塑地区发展活力，打造济南老城区城市复兴的先行区。同时，针对基地的现状条件，主要采取三个设计策略：产业升级、资源整合与活力重塑。产业升级要求“退二进三”，着力发展旅游经济；资源整合方面要梳理基地内的旅游资源，发挥地区优势；活力重塑则需要我们改善居住环境，升级配套设施，最终实现城市复兴的目标。

在产业升级上，对普利街进行商业扩容，重新发挥其作为往来于老城与商埠间的“黄金通道”的作用，对五龙潭南门处的党史馆进行再开发，恢复商业功能。同时，在趵突泉西侧拆除现状老旧居民楼，发展夜经济，打造不夜城。打通了大明湖——五龙潭——趵突泉生态景观带。

设计感悟 | 曲浩铭

这次联合设计是大学五年来所接触到的最全面、最系统的一次方案设计。从基地前期分析到规划定位，再到规划策略，以及后期的图纸绘制与表现，每一个部分都是对本科五年学习的一次巩固和认知深化。同时，也是一次对之前所学知识的查漏补缺。本次城市设计对用地更新模式的制定提出了要求。同时，也强调了基地的中心功能区定位、业态选型等多方面的考虑。也正是这次的选题，让我认识到平时不够重视对城市中心区用地功能、建设量的研究，也感谢能有这次机会，跟着杨慧老师和陈朋老师一起学习，在老师的指导和与同学之间的交流下，对城市中心区课题有了一个系统的设计理解，自己对案例分析、文献收集与归纳、方案构思能力也有了显著的提高。毕业设计给予我的不仅仅是一次难忘经历，更是慢慢培养出自己的一套设计逻辑和手法，让我能够更好地应对其他类型的课题，对日后的学习和工作都将有巨大的帮助。

虽然由于疫情的原因，开题时其他学校的同学没有来到济南，没能与他们一起讨论基地现状，但是中期与终期的答辩依旧是采取的线下答辩形式，与其他学校的同学、老师们有了一个充分的讨论机会。这种院校之间的碰撞，让我们能够清醒地认识到自己的不足，能够跳出平日相对局限的逻辑，开拓更多的设计思路。兄弟院校间因交流而显得友谊弥足珍贵，来日方长，定能再会！

设计感悟 | 马天峥

目前城市更新、旧城改造等进行得如火如荼，对于城市更新的研究也日渐完善，此方案是对济南大明湖周边地区城市更新的探索，方案设计过程中对土地利用价值提升进行研究，探索可行的城市更新模式，对以后城市更新提供有价值的思路。

刚开始研读任务书时觉得任务量大、困难重重，但是当我们实际操作起来，又会觉得事在人为。只要认真对待，所有的问题也就迎刃而解。

这次联合毕业设计对我们来说是彼此进阶的成长，从各方面都锻炼了学习能力。在联合毕业设计中有机会一睹各校同学们的风采，受益匪浅。感谢设计过程中各位老师们的帮助，在困难重重的新冠肺炎疫情期间顺利完成了设计。

区位背景

城市层面

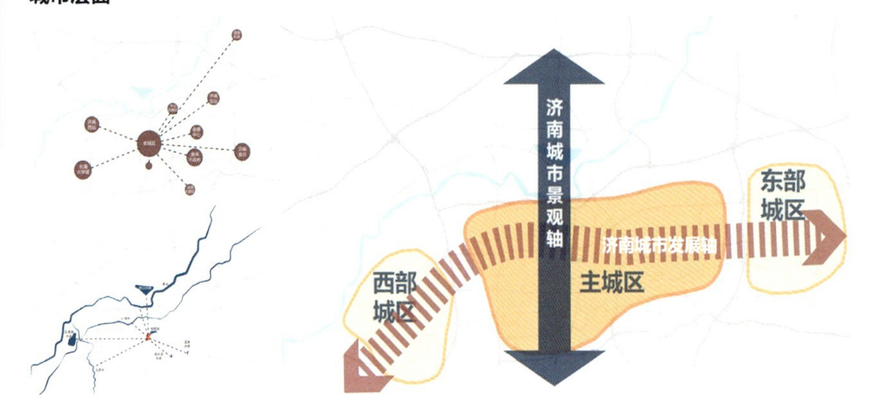

基地位于济南市主城区，济南市城市发展轴与城市景观轴的相交处，地理区位优势显著，在济南市中承担延续济南主城特色、延续济南城市景观的职能。

城市层面

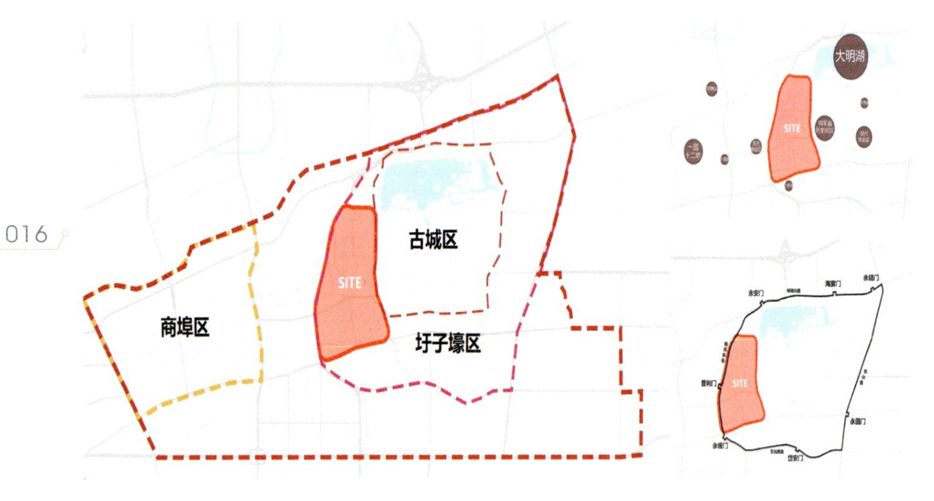

基地位于济南市历史文化名城保护范围之中，圩子壕城区以内、古城区西侧，商埠区东侧，是连接商埠区与古城区的重要过渡地段。

规划背景

《济南市城市总体规划（2011—2020年）》

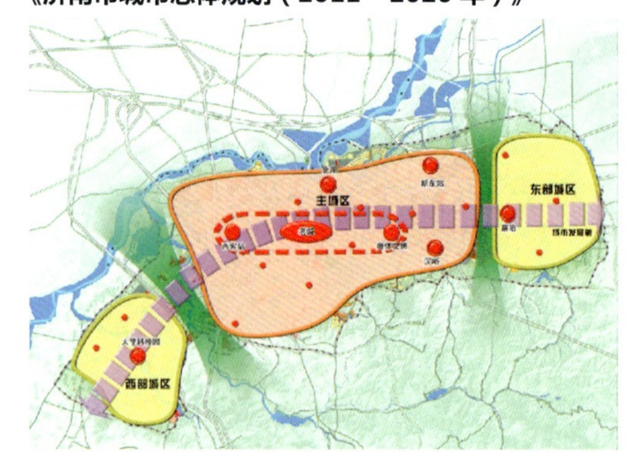

中部主城区定位为世界级的文化魅力地区，济南是文化艺术、旅游休闲、商业商务聚集区。以建设泉道、泉景为契机，形成点、线、面结合的泉水深度体验空间，彰显泉文化、拓展泉品牌。

《济南城市发展战略规划（2018—2050年）》

以泉水文化景观申遗为契机，落实遗产本体保护工作，实施环境整治工作，系统地讲述泉水故事。

历史背景

济南古城

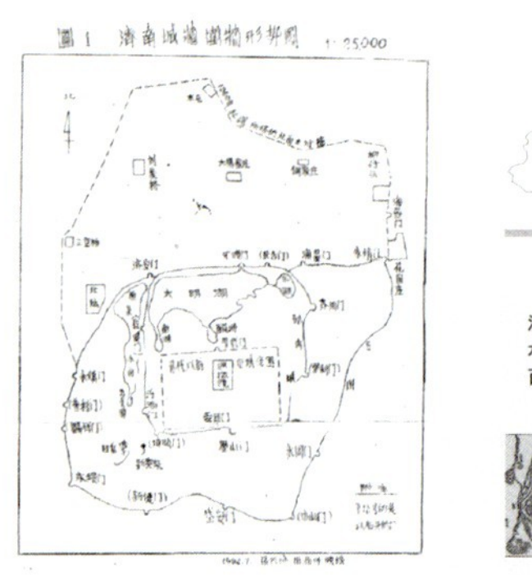

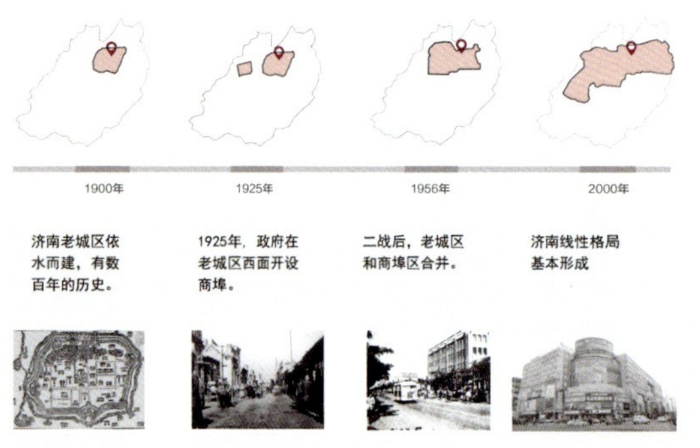

济南古城经历了历下县、祁州和济南地级市三个发展阶段，并逐渐形成了独具特色的格局，独具特色的古城风貌。济南古城是一个广场，有四个城门。古城的一大特点是四门不对称，不开门。城北以省长府为中心，城外民居星罗棋布，护城河纵横。南北轴线尚不清楚，但结构与大城府古城基本一致。

济南旧称“济南府”，这是北宋末年至明清时期的名称。1948年以前的济南有一道城墙和一道围子墙（也叫“圩子墙”）围着。城墙比较高大、坚固；圩子墙就窄矮一些。区域的划分是：城墙以内叫“城里”（也叫城内）；城墙以外至圩子墙之间叫“城关”，分东关、西关、南关、北关。出了西边圩子门至纬十二路叫“商埠”。

《济南历史文化名城保护规划（2015—2020年）》

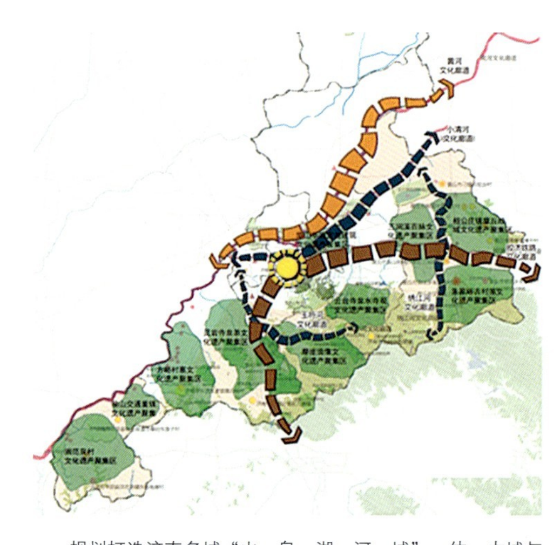

规划打造济南名城“山、泉、湖、河、城”一体，古城与商埠区东西并举的格局。在历史文化遗产保护方面，还将形成“一核、五廊、十片”的整体格局，是遗产聚集区。

土地利用

现状用地分布

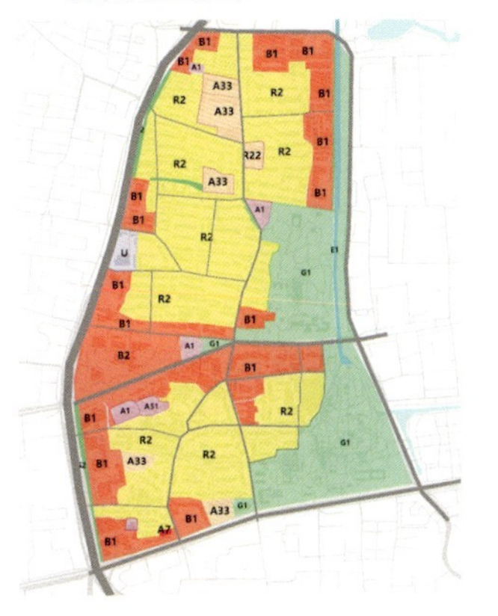

用地代码			用地名称	用地面积（hm²）	用地比例（%）
H11			城市建设用地	117.96	98.30
其中	R		居住用地	45.16	37.63
	A		公共管理与公共服务设施用地	5.51	4.59
		其中	行政办公用地	1.38	1.15
			教育科研用地	3.11	2.59
			医疗卫生用地	0.46	0.38
			文物古迹用地	0.55	0.46
	B		商业服务业设施用地	21.41	17.84
	S		道路与交通设施用地	27.31	22.76
		其中	城市道路用地	27.31	22.76
	U		公用设施用地	0.36	0.30
	G		绿地与广场用地	18.21	15.18
		其中	公园用地	18.21	15.18
E			非建设用地	2.04	1.70
其中	E1		水域	2.04	1.70
			城乡用地	120	100

现状基地内用地以居住为主，沿顺河东街和共青团路为主要商业界面，沿趵突泉北路为滨河景观廊道。内有水利集团、国家电网两处公用设施用地。

现状权属分布

基地内部权属复杂，居住区改造时需对安置问题进行考虑。

产值分布

2019 年全国主要城市 GDP 总值（亿元）

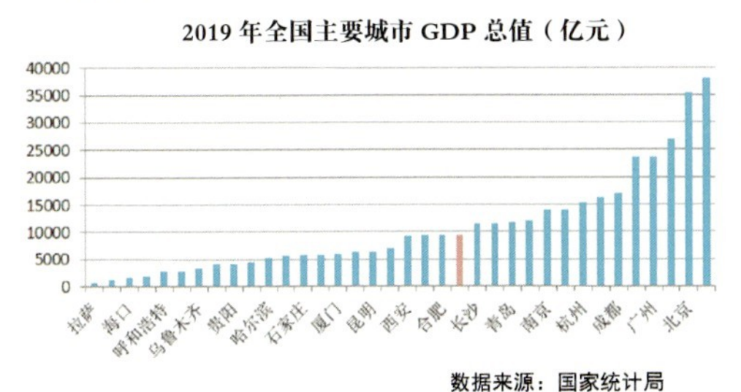

数据来源：国家统计局

济南位于我国 39 个主要城市中第 15 位，在全国主要城市中处于中等位置。

2019 年山东省各市产值分布图（亿元）

数据来源：山东省统计局

济南市 2019 年总产值位于山东省第二，位于山东省经济发展第一梯队。

2020 年济南市各县（区）产值分布图（亿元）

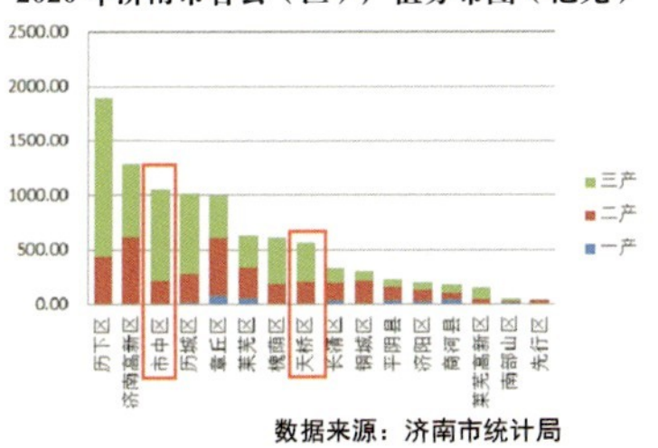

数据来源：济南市统计局

基地所处的市中区及天桥区产值分布中以第三产业为主。

道路交通

城市对外交通

基地靠近大明湖站和济南站，与城市对外交通设施联系紧密。方便的对外交通带来了丰富的客流量。但便捷的对外交通造成过境交通，对基地影响大，加大了基地内道路的通行压力。

公共交通

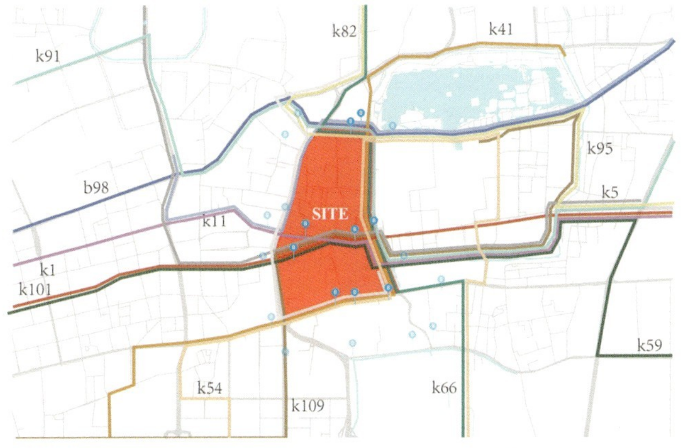

便利的公交系统为基地带来活力和大量的人流量。高效率的公交系统提高道路通行效率，降低交通压力。泺源大街、普利街过往公交线路多，换乘人员密集，带来过多的过境人流量，增加交通压力。

静态交通

基地内部目前集中停车场地共有 7 处，银座晶都广场为地下停车，其余均为地面停车，停车场数量少，且车位紧张。仅针对游客和购物人员服务也显得数量不足，居住区内缺乏集中停车场所。机动车停车缺乏秩序，乱停乱放问题突出，较多的非机动车停靠在路边，占用了较大的道路面积，严重影响道路的正常使用。

泉韵延承·城创新生——济南市大明湖周边地区城市更新设计

区位背景

基地周边景观资源

景观资源 现代商业 历史街巷

泉城申遗

媒体和公众关注度提高，成为加速大明湖周边地区发展的推动力

居住区改造机遇

制锦市街道15分钟生活圈规划

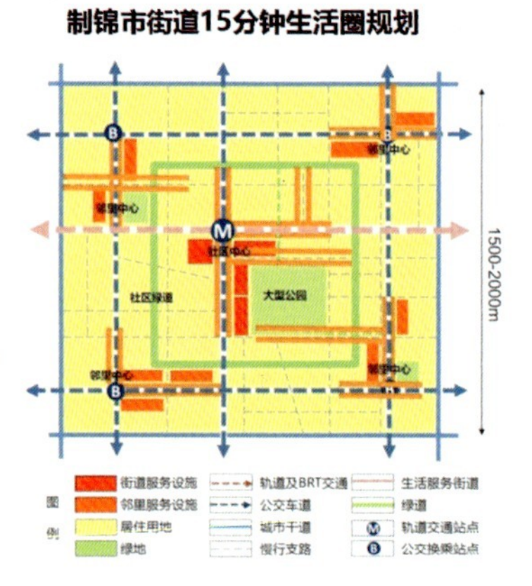

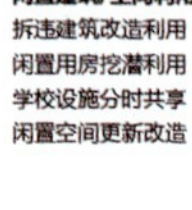

地块整体更新
旧厂房开发利用租/买商办建筑补缺口，置换沿街底层置换

闲置建筑/空间利用
拆违建筑改造利用
闲置用房挖潜利用
学校设施分时共享
闲置空间更新改造

消极空间激活
拆违拆临地块活化利用
现有绿地广场空间提升
挖潜空间补充停车

消极空间激活
拆违拆临地块活化利用
现有绿地广场空间提升挖潜空间补充停车

改造潜力

发展现状
济南古城区周边休闲娱乐业分布较散，未形成强大的集聚性

再开发潜力
济南古城区历史文物保护单位众多，且建筑产权复杂，再开发难度大

技术路线

核心理念

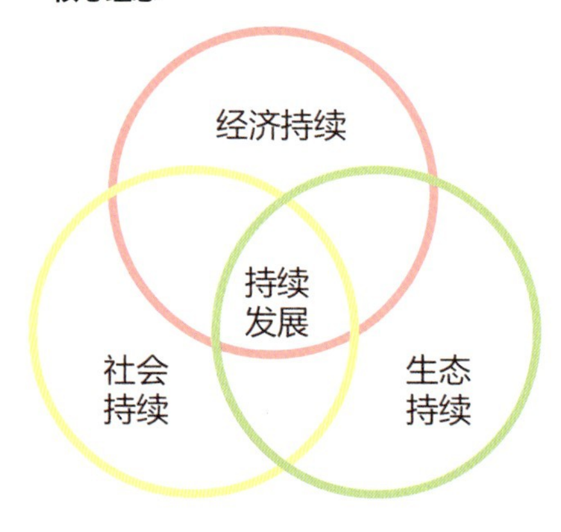

理念推演

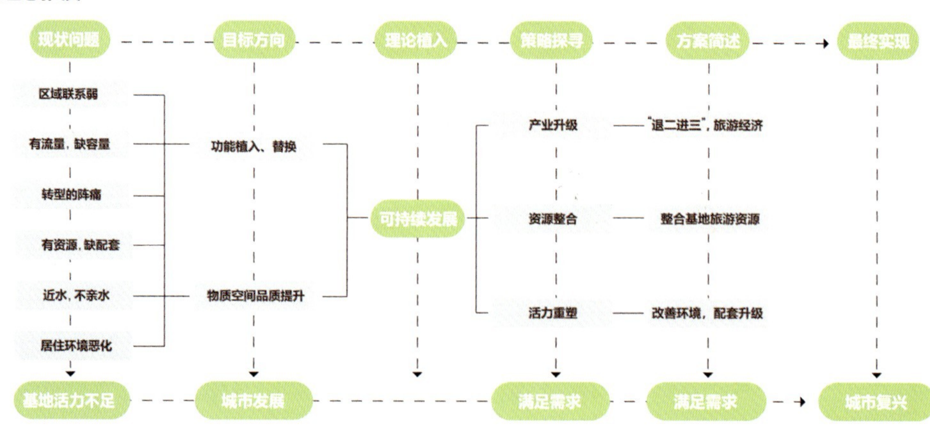

发展平衡

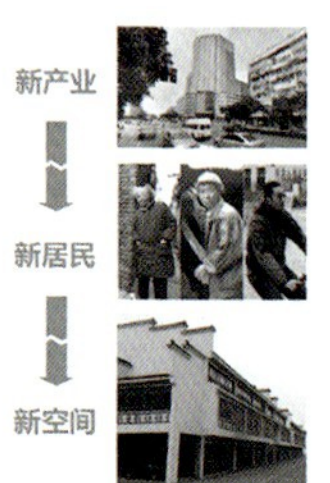

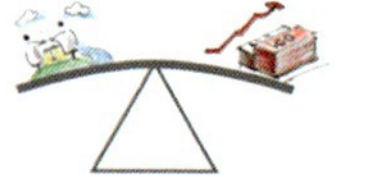

城市品质与发展速度的平衡

城市生活与自然生态的协调

现代文明与传统文化的统筹

区位背景

构建完整的普利街商业街

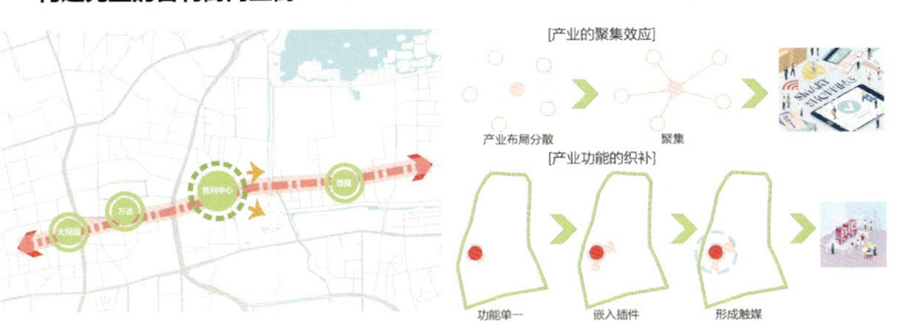

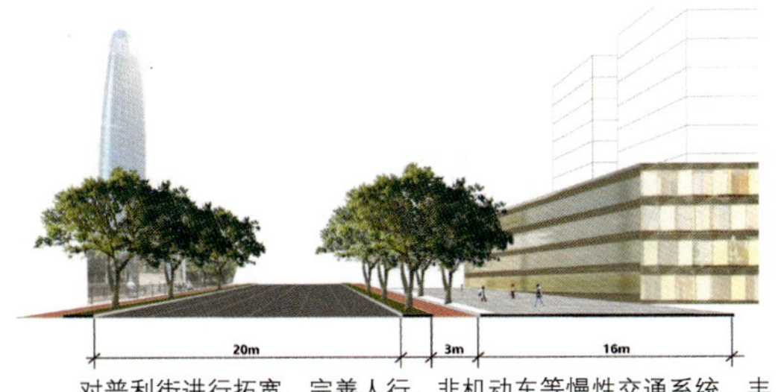

对普利街进行拓宽，完善人行、非机动车等慢性交通系统，丰富街区空间层次，营造宜商的消费体验环境。

普利街业态分布

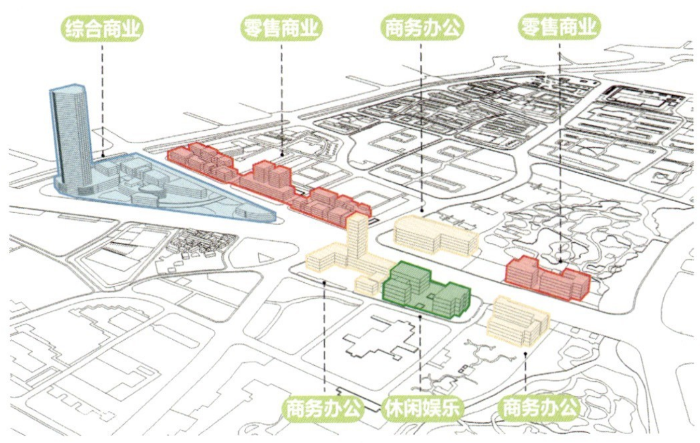

发展夜经济，打造不夜城

资源整合

万竹园步行系统

现状趵突泉中万竹园较为封闭，万竹园北侧现状为建筑质量较差的居民楼，与内部万竹园的对外联系差。

规划将万竹园北侧的趵突泉打开，提高万竹园与长春观、规划商业街、民宿的联系。

滨水空间

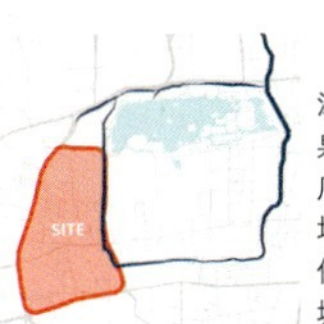

“一湖一环”周边规划设计要深刻挖掘历史文化内涵，突出泉水文化特色、彰显深厚历史底蕴，高标准、高起点确定该地区功能定位，同时要尊重和保护好古城文脉肌理，体现泉城古老街区的风格。

改造现状护城河两侧驳岸，塑造宜人、亲水的活力岸线。

活力重塑

要素提取

居住环境提升

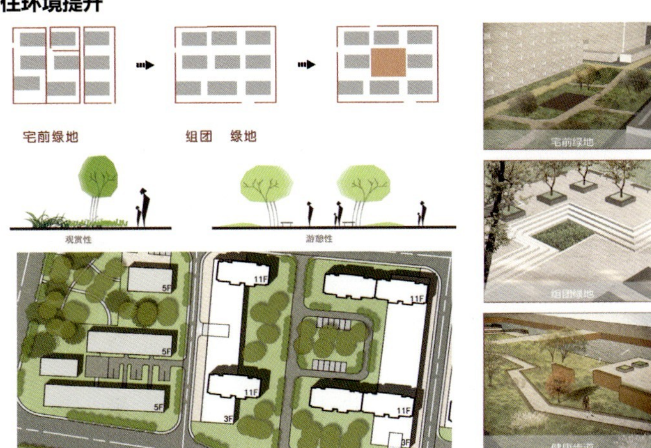

平面表现

0 63 125 250m
N
少年路
大明湖路
铜元局后街
制锦市街
朝阳街
趵突泉北路
顺河西路
顺河东路
普利街
共青团路
饮虎池街
泺源大街
❶ 商务酒店
❷ 工厂改建餐厅
❸ 工厂历史展厅
❹ 泉水博物馆
❺ 集中式民宿
❻ 园林式民宿
❼ 小高层住宅
❽ 社区中心
❾ 新建幼儿园
❿ 商业建筑
⓫ 现代商业街
⓬ 商业综合体
⓭ 新建医院
⓮ 社区商业
⓯ 住宅
⓰ 传统商业街
⓱ 园林式酒店
⓲ 传统商业街

泉韵延承 · 城创新生

——济南市大明湖周边地区城市更新设计

车行交通

图例
主干路
次干路
支路

步行交通

图例
生活步行系统
游客步行系统
商业街步行系统
人行节点

景观系统

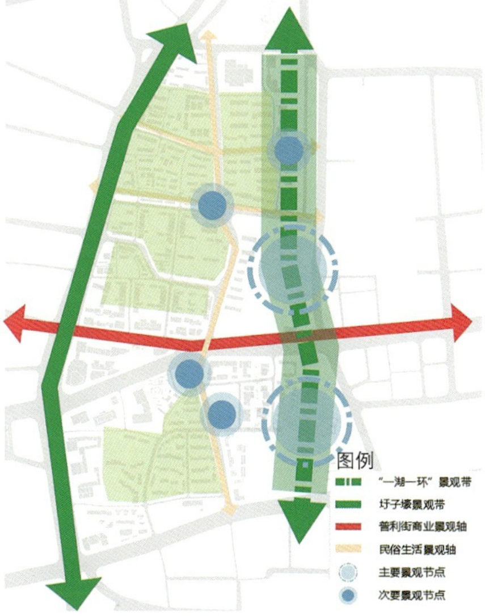

图例
"一湖一环"景观带
圩子壕景观带
普利街商业景观轴
民俗生活景观轴
主要景观节点
次要景观节点

容积率

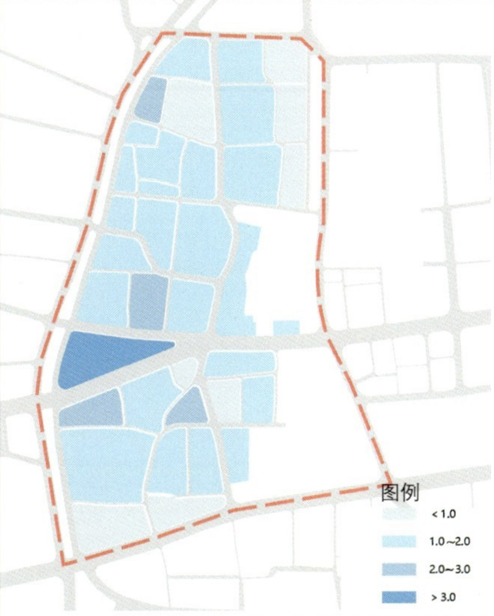

图例
< 1.0
1.0~2.0
2.0~3.0
> 3.0

建筑高度

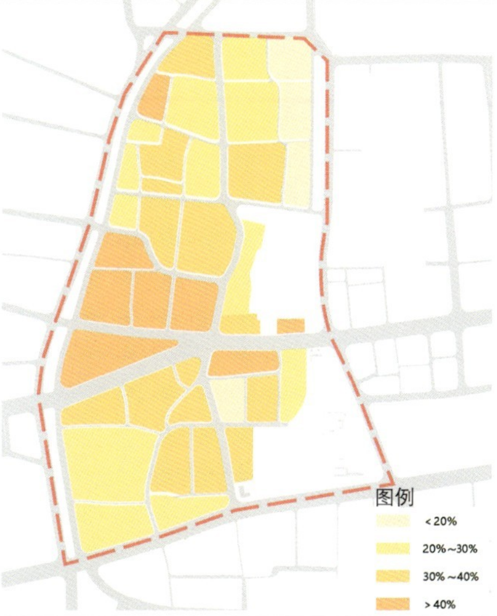

图例
< 20%
20%~30%
30%~40%
> 40%

建筑密度

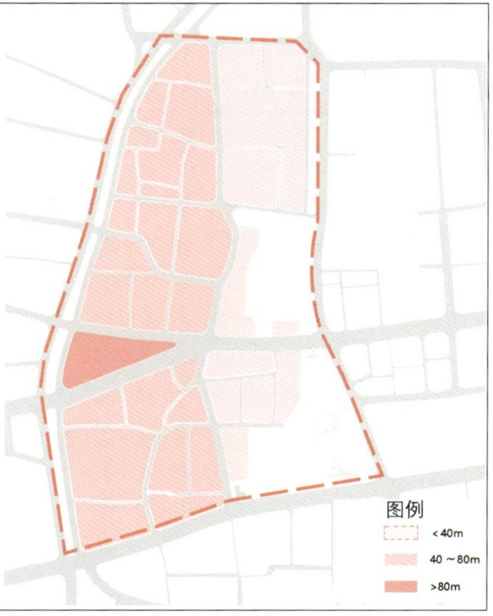

图例
< 40m
40 ~ 80m
>80m

泉汇西关·忆脉相承

——济南市大明湖周边地区城市更新设计

学　　校：山东建筑大学
设计成员：李晓萌、邴雪桐

李晓萌

邴雪桐

设计说明：

本次毕业设计基地位于济南城关，古城片区也是济南的老西厢，是一个具有浓厚历史文化沉淀的地块。以济南发展战略中提出的“中优”战略为契机，结合历史文化名城保护引导，提出了“泉汇西关·忆脉相承”的设计主题，将基地致力打造成“泉城文化新名片·乐享文创商旅区”。本次设计虽然在高度、风貌、功能方面有较大限制，但也更好地引导我们对基地现状的深究。在调研阶段，我们发现基地有三大优势：山泉湖河城，山水圣人中华文化轴的核心；“中优”战略，旧城功能优化，品质提升的首冲区；“十字联动”，古城商埠的重要过渡地带。

基地内部文化资源、景观资源丰富，作为整个基地品质提升的基础。通过对现状建筑分析，结合活力与弹性空间的设计特点，确定了对基地建筑的保留、更新、新建和拆除；通过路网的梳理及人流量分析，确定了快慢交织，慢行主导的交通方式；通过对景观资源的整合、开发与再利用，确定了“两带三轴多节点”的景观结构。

设计目的在于唤醒人们对西关商业繁华的记忆，积极宣传回族文化与泉水文化。因此，设计泉水体验区与泉水商业区，并与五龙潭衔接，活化生产渠与护城河的公共功能；临近趵突泉设计回族文化体验区与回族特色商业区，系统地体验回族文化的内涵，在基地内形成一个南北向的行为动线。活化历史悠久的圩子河，拆除遮挡它的顺河高架，结合水系西侧的商务功能，打造滨水活力商务区，对青年人有一定的工作吸引，为基地注入新的活力。

规划通过路网骨架梳理、开敞空间植入、交通流线完善等策略构建基本形态，以塑造中心区城市界面、引导视线廊道为目标进行高度控制，深入推敲不同地段空间组织关系，重点规划环周边地段，通过活动策划、特色功能植入塑造活力源点，从而打造“泉城文化新名片·乐享文创商旅区”，实现济南老城区的活力复兴，推动泉城文化面向未来、走向世界。

设计感悟 | 李晓萌

时间飞逝，三个月的毕业设计转瞬即逝，转眼间就到了毕业的时候，这期间有眼泪、也有收获，最后也为我的大学五年画上了圆满的句号。回首往事，心潮难平，感慨良多。但无论如何，这些实实在在的经历，是我人生中弥足珍贵的记忆。在此，要特别感谢求学过程给予我无限支持和帮助的老师、朋友和亲人们。感谢杨慧、陈朋、赵亮、赵健等老师的悉心指导，也正是在老师们的指导和督促下，我们的毕业设计才得以如期完成。

感谢和我们一起在学校努力的同学，我们彼此关心、互相支持和帮助，留下了许多难忘的回忆。感谢我的父母和家人，感谢他们在我学习、生活上给予的支持和照顾。在毕业设计的过程中，还获得了许许多多人的帮助与先前研究工作者的宝贵资料，论文的研究成果离不开你们的协作和帮助，在此对你们表示深切的谢意。希望可以以本方案向你们汇报，你们永远是我的精神支柱和继续前进的动力。

所有帮助和关心过我的人们，尽管与你们为我付出的一切相比，所有的语言都显得苍白无力，我仍要真诚地说声：“谢谢你们！”

设计感悟 | 邴雪桐

为期三个月的毕业设计结束了，本来会觉得是一个漫长的过程，没想到时间飞逝，像是一眨眼就到了终期，也为正式毕业开了一个头。这是大学五年第一次与其他高校同学共同设计一个地块，很荣幸能与另外 4 个高校的老师和同学们进行交流与沟通，在这个过程中学到了很多，也对城市设计有了更加深入的理解。在各个时期的答辩中，我也体会到了不同学校的设计风格，接受到了其他兄弟院校老师们的指导意见，在老师和同学们热情的氛围中，各抒己见，发表了对基地设计的或创意、或想法，顺利地完成了此次五校联合毕业设计！

感谢杨慧老师与陈朋老师的悉心指导，他们给我们的方案提出了很多好的建议，让人茅塞顿开，也对我们各方面的成果进行了无微不至的纠错与优化。感谢联合毕业设计让我收获颇丰，也祝以后五校联合的同学们能越走越远。

上位规划

格局优化：构建“一体两翼多点”空间格局

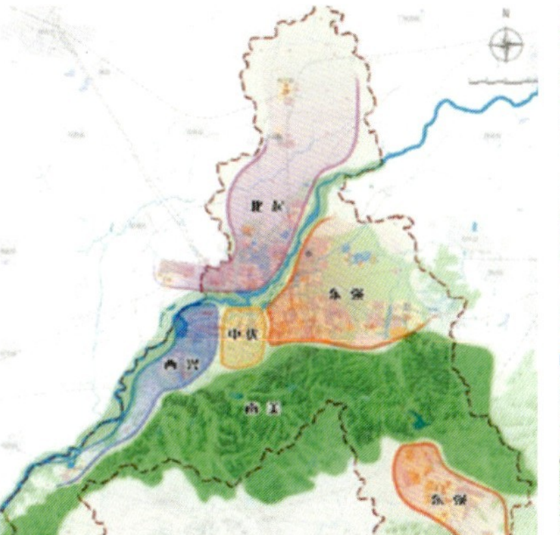

一体：泰山和黄河之间的济南中心城区；
北翼：黄河以北的北岸先行区，强调与齐河的同城化发展；
南翼：泰山以南的莱芜区和钢城区，实现六个融合；
多点：商河、平阴等城区功能节点。

优化城市风貌和业态，提升城市品质和功能

构建“东强、西兴、南美、北起”的城市发展新格局，优化旧城区城市功能，全面提升城市品质。
中部主城区定位为世界级的文化魅力地区，济南的文化艺术、旅游休闲、商业商务集聚区。

加强泉水保护，彰显泉城特色景观风貌

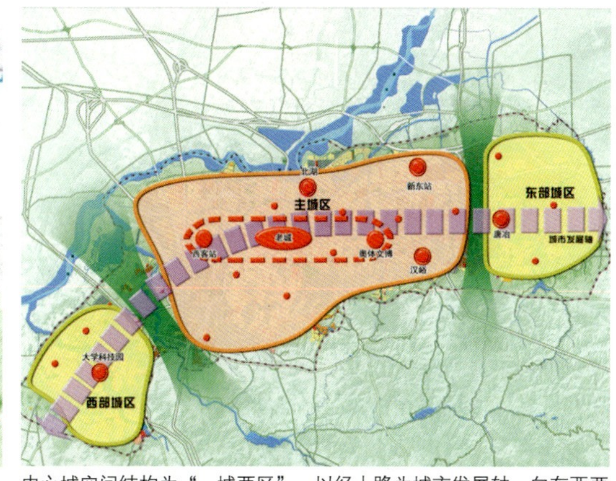

中心城空间结构为“一城两区”，以经十路为城市发展轴，向东西两翼拓展。
旧城加强古城和商埠保护的同时，完善提升商业、服务业中心功能，发展商业、金融、旅游等现代服务业。

区位背景

【交通枢纽，现代泉城】

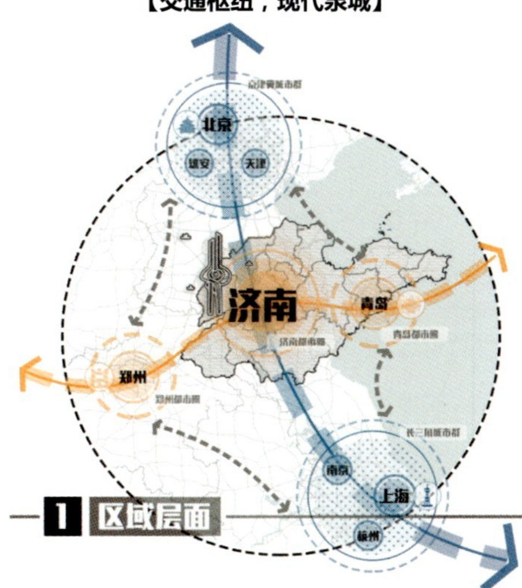

既是环渤海经济区和京沪经济轴上的重要交会点，也是环渤海地区和黄河中下游地区中心城市之一；作为山东省会，区位交通优越，生态文化突出。依托铁路、水道形成海陆空一体的国际内陆港。

【山水环城，生态泉城】

基地位于济南市中心城区的中优范围内，北依黄河，南靠千佛山。
上位规划：
1.“中优”新格局：疏解非核心功能、保护传统风貌、进行业态优化；
2. 齐鲁文化轴：控制老城周边视廊、作为山水泉城的重要拼图。

【文化泉城，古城西厢】

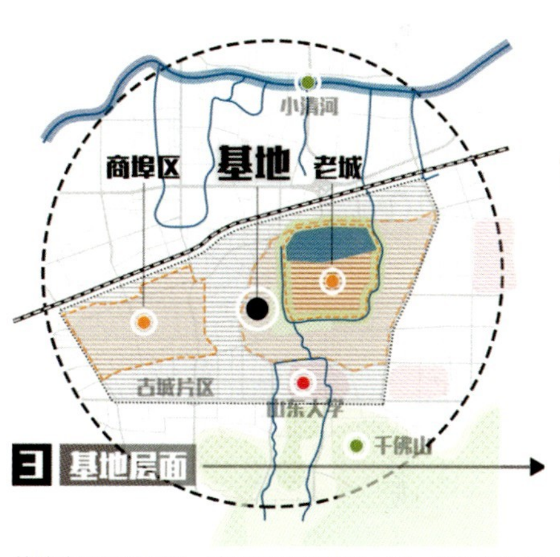

基地位于圩子壕内，古城及商埠片区之间，东南侧分布若干高校。
上位规划：
“一湖一环”大明湖周边地段城市设计：贯通“大明湖—护城河”游览步道，提升趵突泉及五龙潭公园，改造泺源造纸厂片区。

历史格局

【历史城区保护区划总图】

保护双城并置的古城特色，加强周边环境提升

保护古城护城河环绕、四门不对的城垣格局特征。
古城内外珍珠泉、趵突泉、五龙潭、黑虎泉泉群四泉鼎立，各具特色。

【历史城区风貌控制规划图】

依托双城并举的空间结构，划分风貌控制区

五龙潭、趵突泉处于一类风貌控制区，此外均处于二类风貌控制区内。
整体对建筑色彩、高度、体量、屋顶形式等要求较高。

【历史城区及周边传统街巷保护规划图】

严格保护泉水街巷，不得破坏街巷空间组织特色

保护和延续古城内街巷南北向贯通、东西向联系的街巷格局特征。
不得随意更改古城内街巷走向和位置。

土地利用

【土地利用现状】

现状基地内用地以居住为主，沿顺河东街和共青团路为主要商业界面，沿趵突泉北路为滨河景观廊道。内有水利集团、国家电网两个单位公用设施用地。

【建筑质量分析】

基地内质量好的建筑多为商务办公，以及市政设施用房，且多沿主干道或快速路布置；老旧小区内的居住建筑质量均一般；一些低矮平房质量较差，后期考虑改建或拆除。

【建筑高度分析】

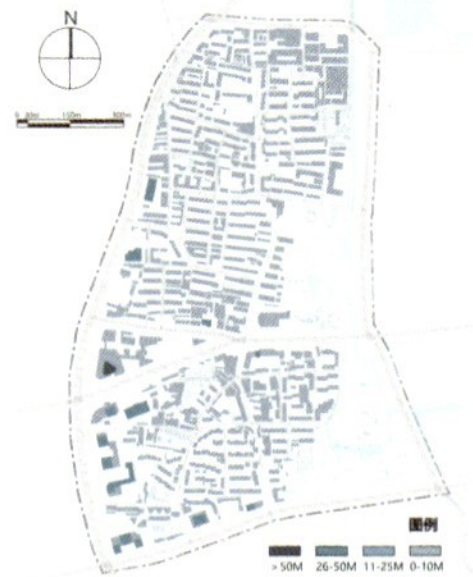

基地内建筑高度较为统一，多以7层以下建筑为主；五龙潭与趵突泉内建筑与景区风格统一，多为3层以下建筑；靠近顺河高架路一侧以高层为主。

【建筑风貌分析】

基地内建筑风貌以欧陆风貌为主，东侧衔接古城存在一定的传统风貌，向西衔接商埠以现代建筑为主，基地东北部为工业遗址，以工业风貌为地块特色。

道路分析

【道路等级分析】

机动车东西侧疏通能力较差，现状基地在工作日时，西侧顺河高架的对外交通疏解能力较差。

【车道限向分析】

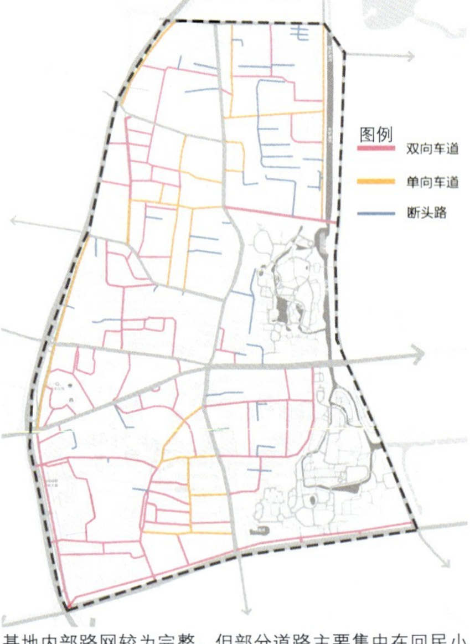

基地内部路网较为完整，但部分道路主要集中在回民小区内限制行车方向，造成行车混乱，体验感差。

【街巷功能分析】

基地内部街巷功能有沿街商业街巷、生活同行街巷、临水街巷和胡同四大类。

公服设施

【商业服务设施分析】

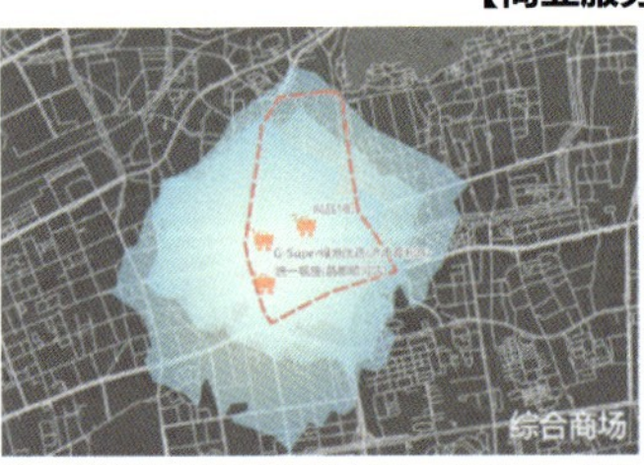

商业服务设施基本满足基地内部需求，综合商场位于基地中部，生活超市类的小型商业网点分布较为分散，能够服务基地各个角落，但是类型较为单一。

【教育服务设施分析】

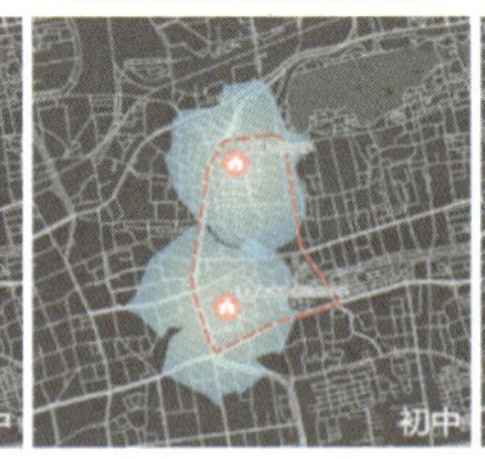

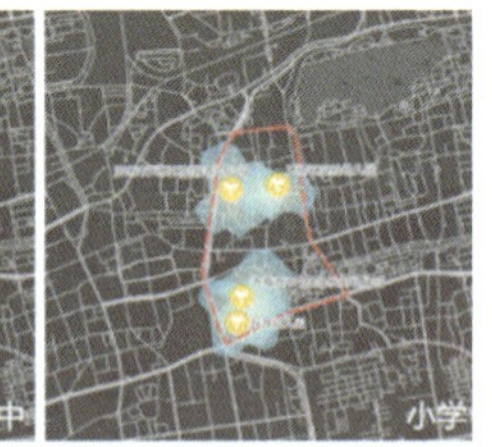

中小学教育设施比较好地覆盖到了地块内的各个小区，但是学校交通联系较少，不利于通行；基地东北角未被幼儿园范围覆盖，后期注意更换地块功能或新增幼儿园。

【医疗服务设施分析】

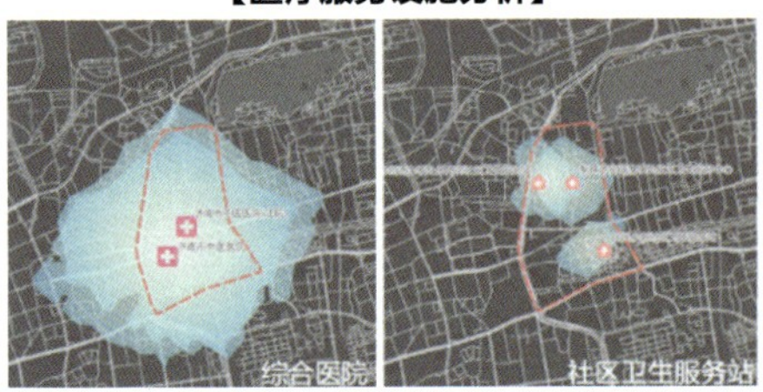

中医院北院质量较差，后期规划将其与总院集中地块联合布置；现状社区卫生服务站没有很好地覆盖到地块，后期需要增设。

【文化服务设施分析】

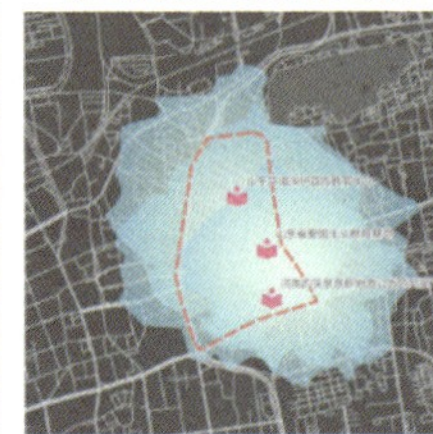

三处文化服务设施满足基地内部文化活动需求。

【社会福利设施分析】

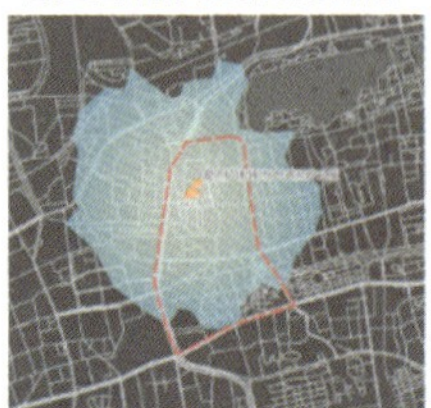

基地内原本有两处日间照料中心，但位于回民小区内的设施暂停使用。

【配套服务设施分析】

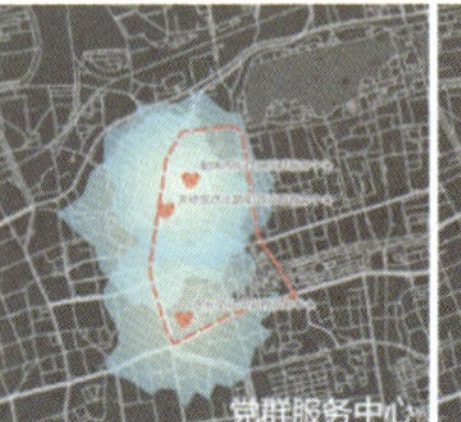

党群服务中心和公共厕所类的配套设施在基地内分散布置，目前基本能够满足基地内部需要。

空间结构设计策略

“两带三轴六心八分区”

打造“两带三轴六心八分区”的功能结构：
“两带”：泉水文化体验带、沿河亲水休闲带；
“三轴”：泉水特色商业轴、济南记忆商业轴、民族文化体验轴；
“六心”：趵突泉景区核心、五龙潭景区核心、泉水广场核心、泉水商业核心、滨河商务核心、回民文化核心；
“八分区”：泉水特色商业区、泉水文化体验区、景观生态区、回民特色居住区、回民特色商业区、滨河商务区、泉水经济乐活区、传统居住区。

“两带贯通”

“三轴渗透”

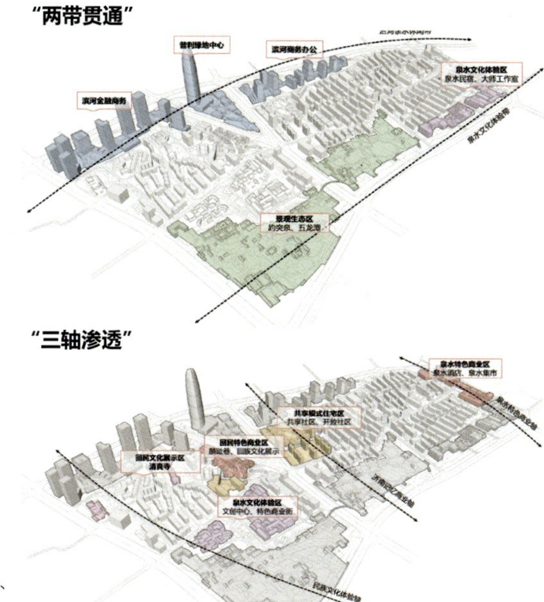

道路交通设计策略

道路断面设计

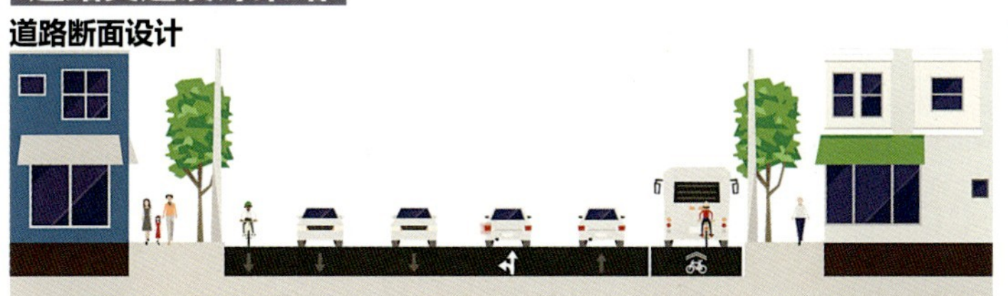

普利街剖面图

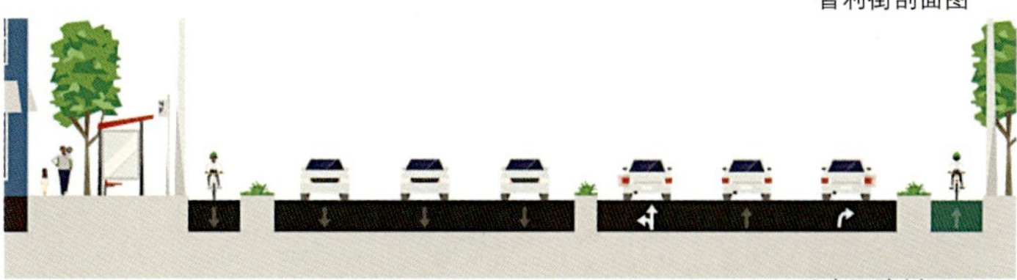

共青团路剖面图

滨水道路断面设计

顺河西街—圩子河剖面图

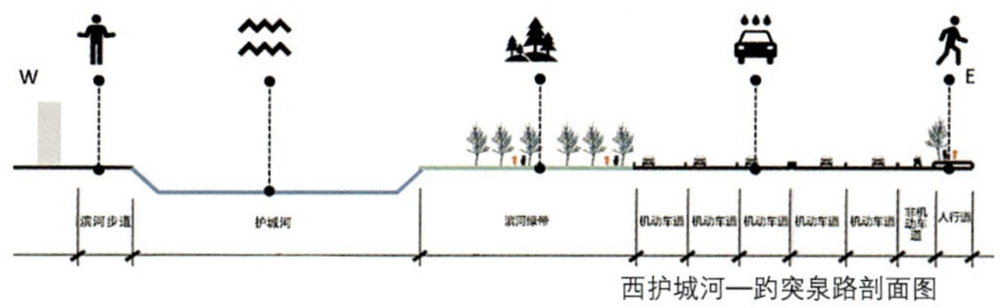

西护城河—趵突泉路剖面图

静态交通设计

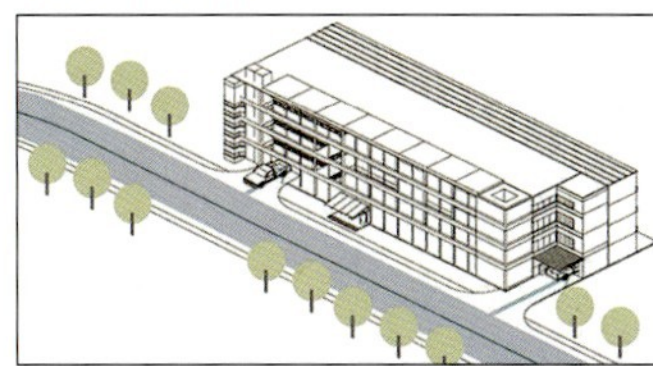

建造立体停车场，解决居民停车难问题

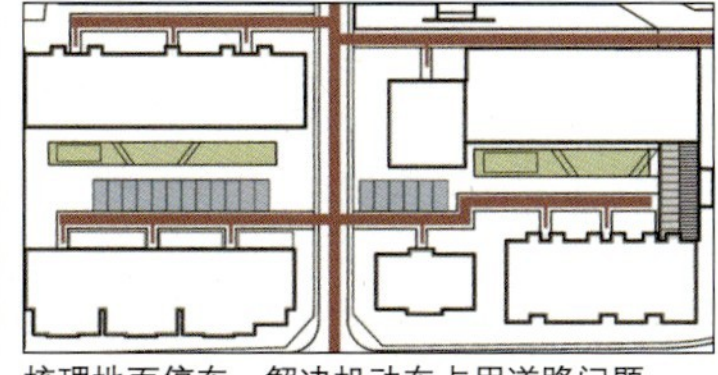

梳理地面停车，解决机动车占用道路问题

滨水道路断面设计

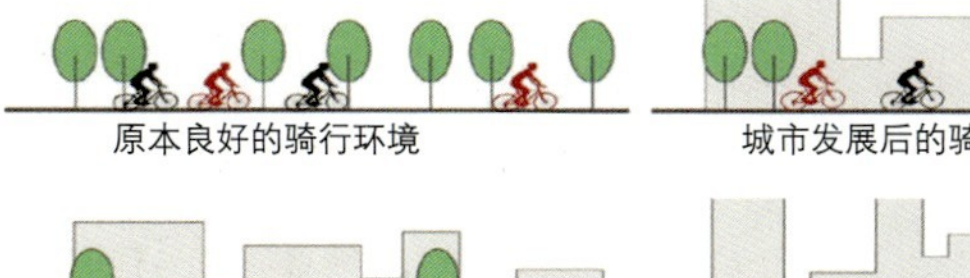

原本良好的骑行环境

城市发展后的骑行空间缩小

城市进一步发展，骑行空间进一步减少

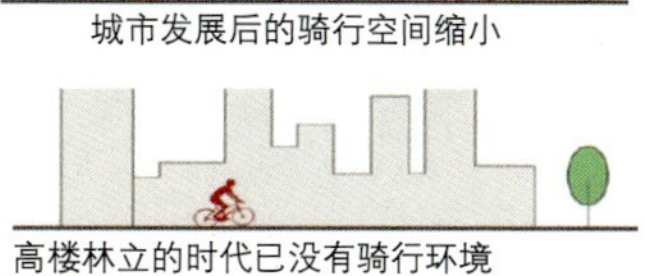

高楼林立的时代已没有骑行环境

公共空间设计策略

滨水空间梳理

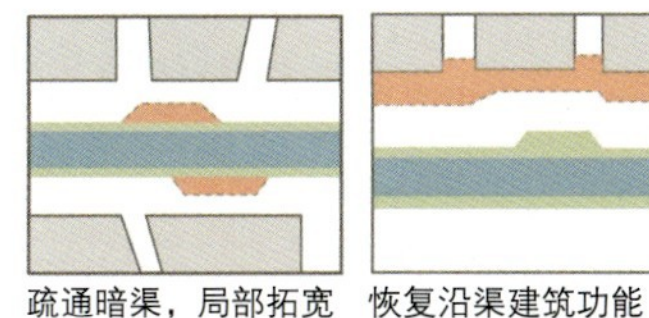

疏通暗渠，局部拓宽　恢复沿渠建筑功能

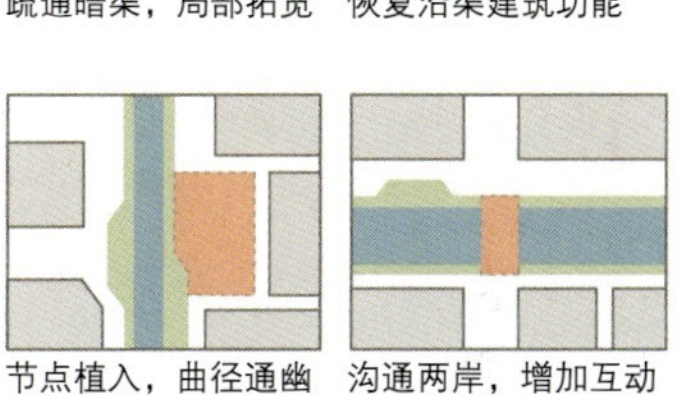

节点植入，曲径通幽　沟通两岸，增加互动

公共空间缝合

A. 完全去单元化

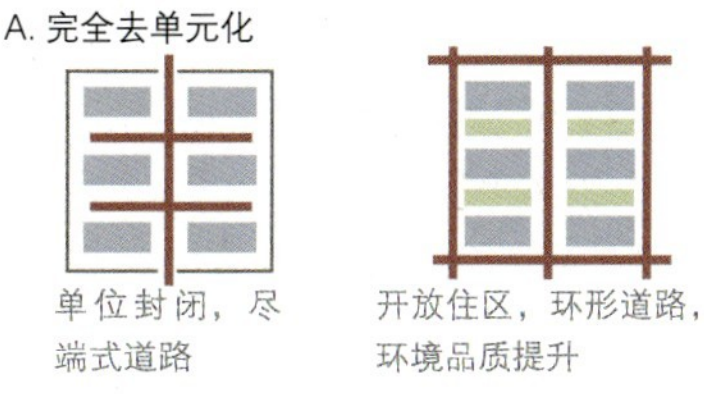

单位封闭，尽端式道路

开放住区，环形道路，环境品质提升

C. 保留单位，局部改善

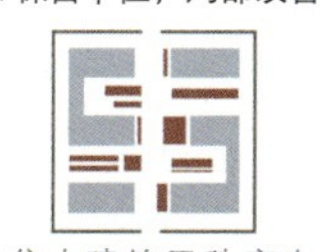

单位内建筑无秩序生长，环境品质低

拆除搭建，设置活动单元，促进交往

B. 不完全去单元化，拆除围墙

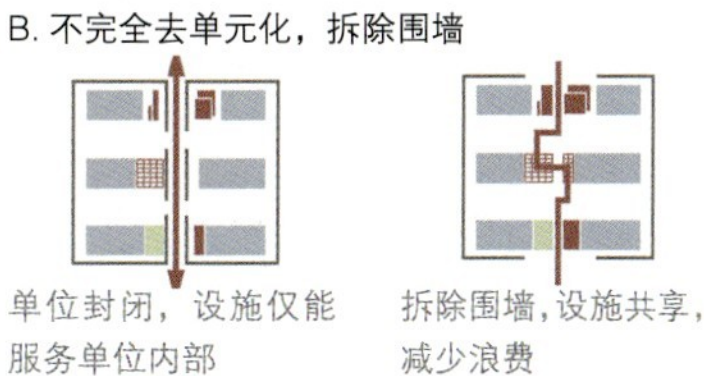

单位封闭，设施仅能服务单位内部

拆除围墙，设施共享，减少浪费

D. 完善服务配套，塑造开放式居住小区

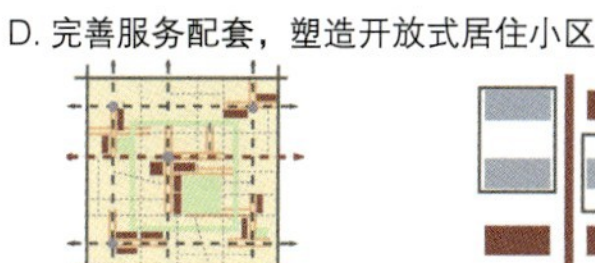

老城区生活圈模式，原肌理、微更新

按标准增配设施，服务生活圈住民

平面表现

顺
河
西
街
普
利
街
共
青
团
路
趵
突
泉
北
路
泺
源
大
街
1 工业遗址公园
2 工业记忆餐厅
3 工业记忆酒馆
4 泉水风情酒店
5 近代工业文化展览
6 泉水博物馆
7 泉水剧场
8 泉水创意集市
9 泉水主题民宿
10 大师工作室
11 铜元大厦
12 省残疾人联合会
13 停车楼
14 彩虹大酒店
15 综合商场
16 社区运动休闲
17 制锦市小学
18 第十三中学
19 水边茶室
20 游船码头
21 张东木故居
22 幼儿园
23 滨水景观休闲
24 省环保厅
25 五龙潭
26 共享社区
27 国家电网充电站
28 迎仙泉
29 济南水务集团有限公司
30 沿街商业
31 招商大厦
32 关帝庙
33 五龙潭展览馆
34 绿地中心
35 泺源街道党群服务中心
36 麟趾巷
37 济南市中医医院
38 山东省审计厅
39 交通银行
40 街角公园
41 中国移动
42 青年公寓
43 特色商业街
44 文创中心
45 五三纪念堂
46 文化休闲公园
47 长春观
48 清真北大寺
49 回族文化展览馆
50 永长街回民小学
51 社区服务中心
52 清真女寺
53 清真南大寺
54 济南市泺源学校
55 白龙湾
56 万竹园
57 趵突泉
58 游客咨询中心

鸟瞰图

结构分析

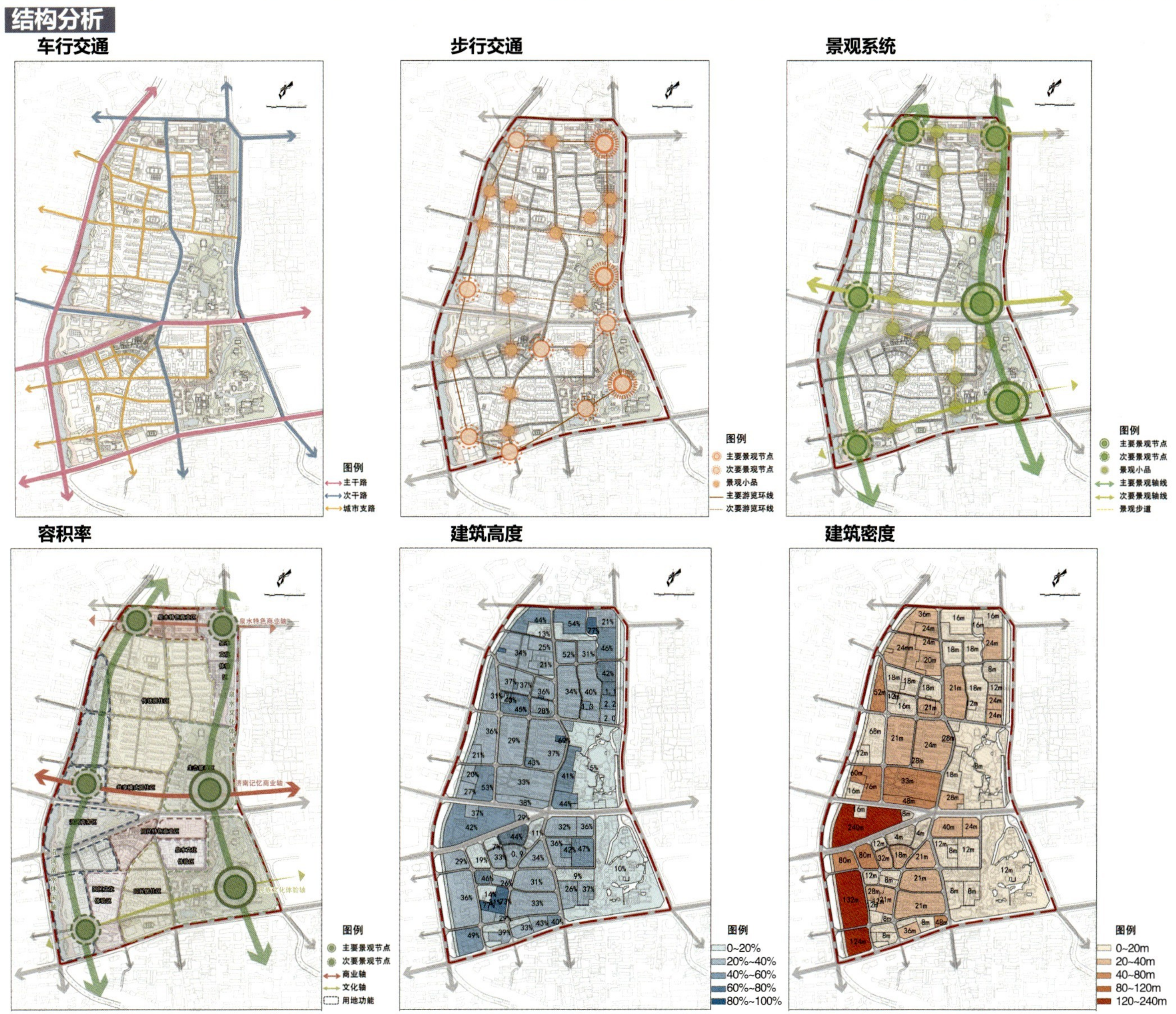

车行交通
图例
主干路
次干路
城市支路
步行交通
图例
主要景观节点
次要景观节点
景观小品
主要游览环线
次要游览环线
景观系统
图例
主要景观节点
次要景观节点
景观小品
主要景观轴线
次要景观轴线
景观步道
容积率
图例
主要景观节点
次要景观节点
商业轴
文化轴
用地功能
建筑高度
图例
0~20%
20%~40%
40%~60%
60%~80%
80%~100%
建筑密度
图例
0~20m
20~40m
40~80m
80~120m
120~240m

节点设计

五龙潭—趵突泉步行系统连接设计

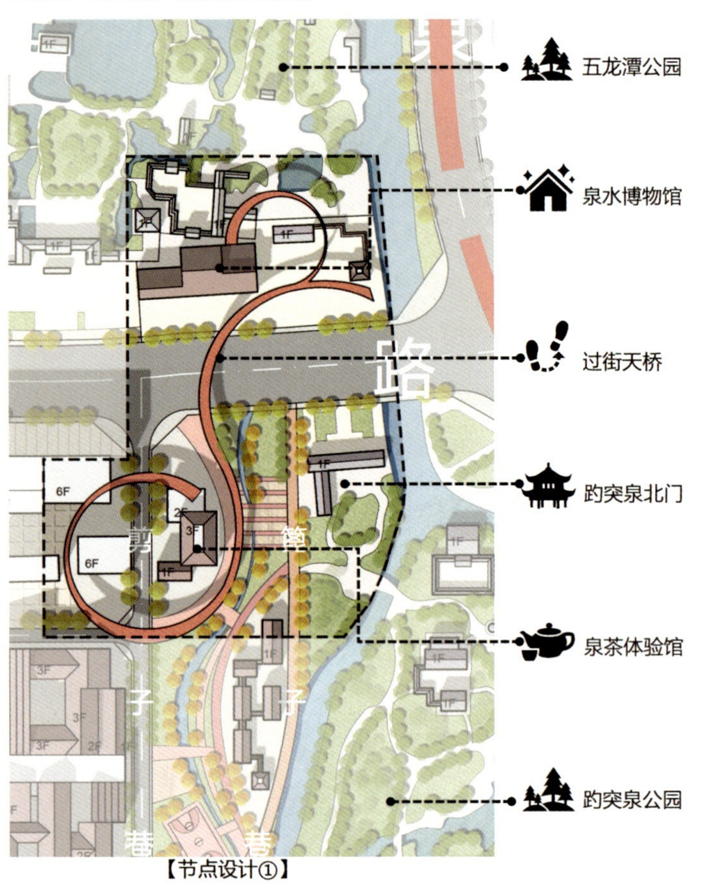

【节点设计①】

位置示意图

景观生态区
趵突泉、五龙潭

目的：

建立趵突泉与五龙潭的步行路线，丰富泉文化生活体验。

参考案例

临平星光街过街天桥

透视图

东北角泉水特色文化带设计

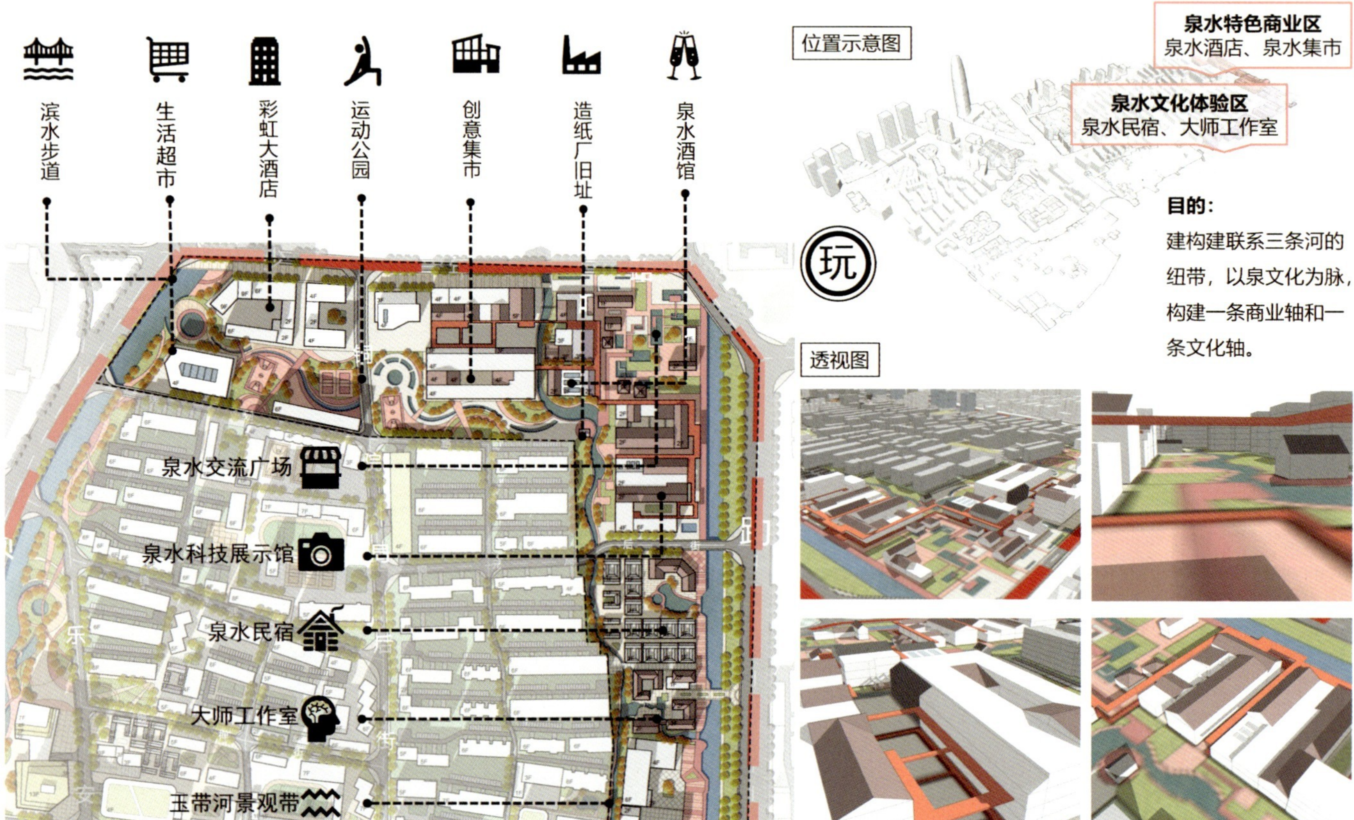

【节点设计②】

目的：

建构建联系三条河的纽带，以泉文化为脉，构建一条商业轴和一条文化轴。

苏州大学

指导教师：雷 诚

生态城市公园

设计成员：董沁、刘韵懿

泉 · 道相生

设计成员：刘彤、齐成宙、朱宇航

生态城市公园

——济南市大明湖周边地区城市更新设计

学　　校：苏州大学
设计成员：董沁、刘韵懿

董沁

刘韵懿

设计说明：

本次规划以“生态城市公园”为主题，其概念来源于“济南城市发展战略规划”中提出的要将此打造为世界知名的泉水文化会客厅，要建设出与世界接轨的魅力品质之城，目的在于在济南市古城区与商埠区的交界区域打造尺度宜人、功能多元、绿色生态的城市公园，以解决基地眼下交通体系缺乏、景观水体破碎、城市功能单一的问题。在已知基地未来发展定位的前提下，采用回溯式情景分析进行路径过程的探究，通过生态引动、绿行联动、无界互动的设计理念，营造生态引导城市开发的新模式，打造生态与文化交融的城市核心。

在理念生成方面，通过对基地主要问题的梳理及优势的总结，提出发展要求，即“梳理优化交通、营造景观风貌、更新城市功能”；提出激活理念，即“承接新旧互补、打造文化景观”；提出推动策略，即“落实中优战略、泉水文化名片、打造城市核心”。最终生成规划的三大理念：“生态引动、绿行联动、无界互动”。通过对三大理念的理解和手法初探，将我们的基地向规划愿景——“打造山东济南古城区，向世界展示泉文化的生态城市公园”靠拢。

本次规划以济南市大明湖周边地区为对象进行更新规划，由传统的沿路发展模式改为沿景观发展模式，“绿脉渗透，城绿共生”，打造通泉达湖的绿网体系，构建生态引导开发新模式，最终将地块打造成向世界展示泉文化的生态城市公园。

设计感悟 | 董沁

这是一次收获满满的联合毕业设计，是我本科阶段非常宝贵的一次学习经历，也是对五年学习的一次检验。五校的师生们从前期的线上开题会、交流基地情况到中期答辩，再到最终前往我们苏州大学进行终期汇报，于我们而言，这不仅仅是一次设计作业，更是我们五校同学的思想碰撞，让我们建立了深厚的友谊。

由于疫情的影响以及时间安排问题，我们学校的小组成员们不得不先行前往山东建筑大学进行中期汇报，之后进行了实地调研。经过前期各阶段的草图绘制和方案推敲，我们进行了中期汇报，并对规划方案提出了初步的框架和理念，各校的老师们都对我们的方案提出了建设性的建议。例如，我们的规划愿景是“打造济南古城区面向世界的泉水文化会客厅”，老师们认为规划愿景符合上位规划对基地的发展要求，但是不够具体、不够实际，因此，我们在后续的方案深化中时刻注意这个问题，对方案既有大胆的设想，又有谨慎的思考。

在整个设计过程中，我们不断反思、完善方案，最终为这一届的联合毕业设计交出了我们的答卷。将来无论是在工作还是生活当中，我都会带着钻研和坚持不懈的精神，努力实现自己的目标。

设计感悟 | 刘韵懿

随着苏州大学金螳螂商学院的联合答辩落幕，时长三个多月、从线上到线下、从济南又来到苏州的五校联合毕业设计就这么结束了。对我而言，这是一次特殊的、令人难忘的毕业设计，为我的五年本科学习画上了圆满的句号。

毕业设计是本科生涯的最后一个环节，从当初和小伙伴一起选择五连联合毕业设计作为毕业设计选题开始，直到最后虽然在方案上还略有遗憾，但还算顺利完成。这是一个复杂的、中途充满了自我否定、自我怀疑的艰难过程。毫无疑问，这必定更是一段丰满的、充实的经历，让我们能够和兄弟院校的同龄学生们交流、进步，能够倾听其他学校老师们的指导、获得他们宝贵的指导意见。

对于毕业设计的方案本身，由于疫情的影响，在前期调研以及后续推进过程中，我们都有考虑不周的地方，各位老师也都有针对性地提出了建议，无论是中期汇报时认为我们的规划愿景过于宏大，不够切合实际，让我们及时把握住了深化方向，还是答辩时提出的更新拆建比、交通等实际该考虑到的问题，让我们在今后接触到实际项目时受益匪浅。

这次的联合毕业设计只是人生项目的初稿，我将会用余生来不断修改与感悟。

区位分析

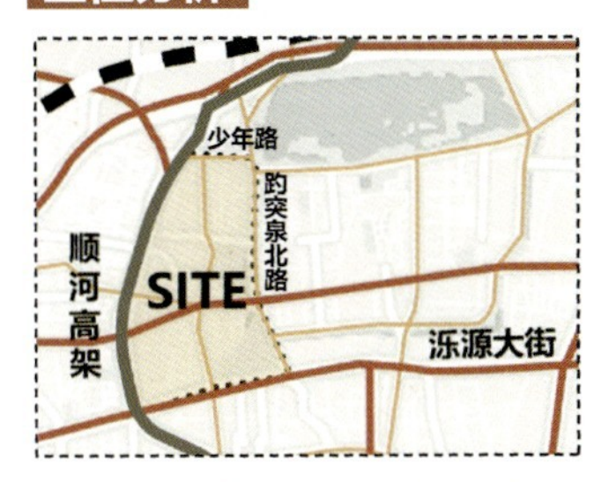

规划区位于济南中心城古城片区、圩子壕保护区内，紧邻古城。规划范围北起少年路，南至泺源大街，西至顺河街，东跨护城河至趵突泉北路，总规划面积约 121hm²。

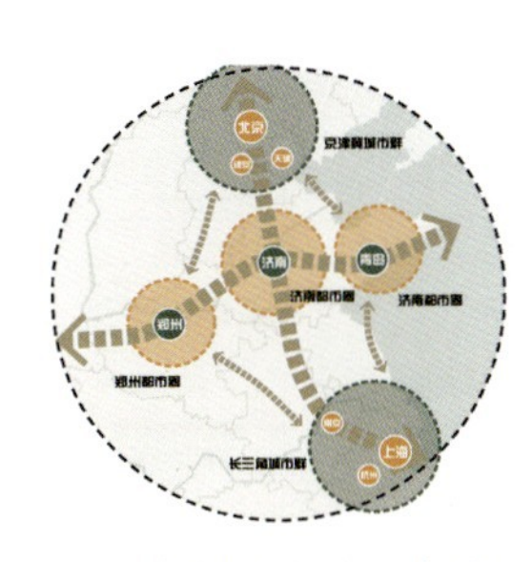

济南市正以都市圈为抓手，积极融入国家战略版图之中：北向全面对接京津冀，承接非首都功能疏解；南向积极对接长三角，加快融入长三角创新体系；东西向融入“一带一路”，加强济南对中西部腹地的影响。

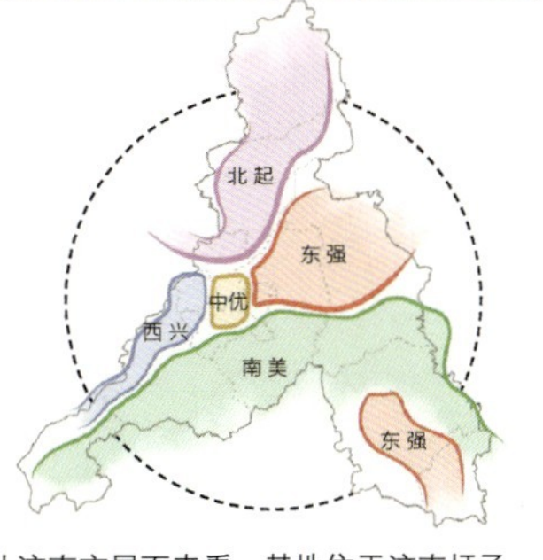

从济南市层面来看，基地位于济南圩子壕城区以内，是连接商埠区与古城区的重要地带，属于济南市城市发展新格局中的“中优”范围，涉及济南市内众多近期重点打造片区和项目行动方案。

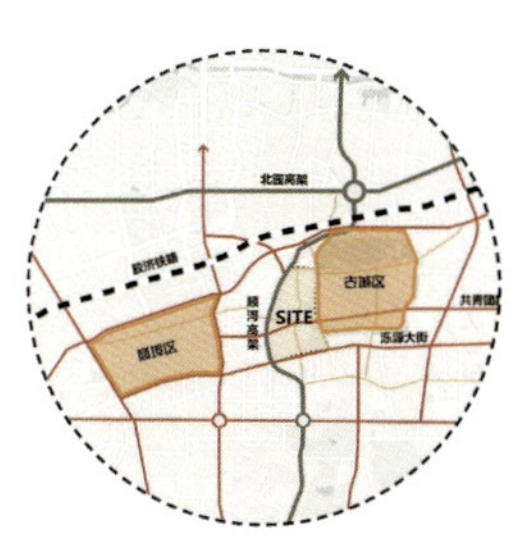

随着晚清时期商埠区的形成，济南市城市空间由单中心的结构逐渐转变为古城区、商埠区并立的双中心。基地位于双中心之间，承担了新、旧之间的互补。

上位规划

基地位于“一体”内的泰山和黄河之间的济南中心城区中的主城区，中部主城区定位为世界级的文化魅力地区，济南的文化艺术、旅游休闲、商业商务集聚区。

济南市“十四五”规划远景目标纲要

泉水是城市的灵魂。“中优”将保护弘扬泉城这一特色，实施天下第一泉风景区连片扩容和明泉泉水景观打造提升工程，建设泉水博物馆，加快“泉城文化景观”申遗。

突出泉城文化特色，推动城市品质化、功能现代化、业态高端化。

“中优”战略近期行动

遵循保护和更新，突出历史文化和泉城风貌核心，以“泉城文化景观申遗”为抓手，打造“宜居、宜业、宜行、宜乐、宜游”的老城区。

强化历史人文资源保护和利用，注入现代功能，导入高端产业，大力发展文化休闲产业，提升展览文创、时尚消费、艺术活动、数字经济等。

历史文脉

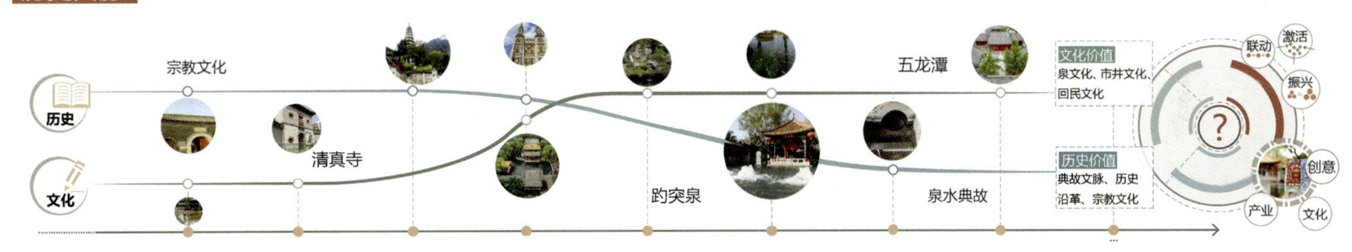

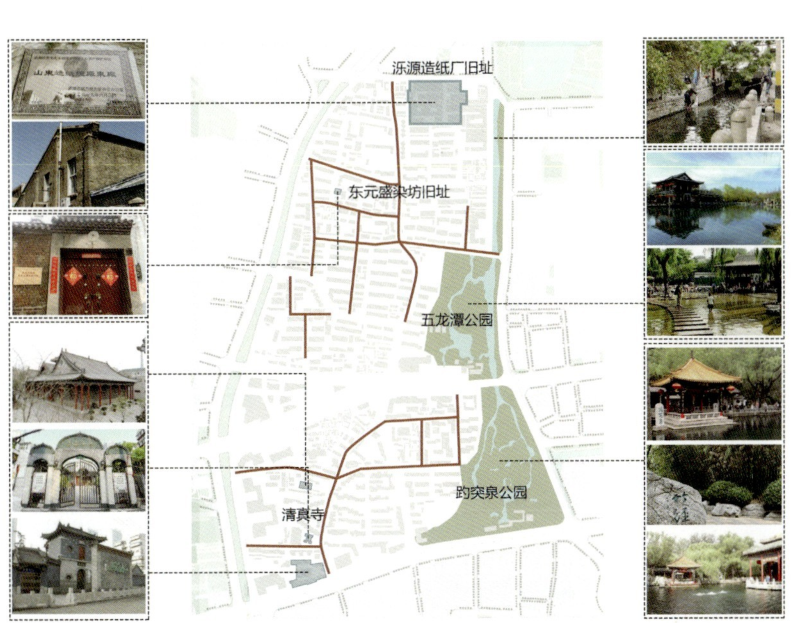

明清时期济南城市格局

此时济南城已经取代青州成为山东省的中心城市，借水陆交通之利，其城市影响力也向省外区域扩大。

趵突泉作为“泺水之源”，自建城开始便是城市的重要水源，经过历代执政官员的水利建设之后，为其风景营建提供了基础性的风景资源。

历史

五龙潭：元朝初年，在潭边建庙，内塑五方龙神，此后便称五龙潭。“历城西门外，唐翼国公故宅，一夕化为渊，即五龙潭也。”

趵突泉：相传乾隆皇帝南巡时因趵突泉水味醇甘美，册封其为“天下第一泉”。

文脉

黄河风采——黄河奔腾入海，鹊华秋色为代表的山水文化。

齐鲁风范——“礼乐为本、智创为先、开拓进取、大国之风”的齐鲁文化。

泉城风韵——“山、泉、湖、河、城”的泉城文化。

延续

以“天下泉城”建设为统领，以“泉·城”文化景观申报世界遗产为抓手，**把泉文化转化为泉城高质量发展的动力和优势。**

土地利用

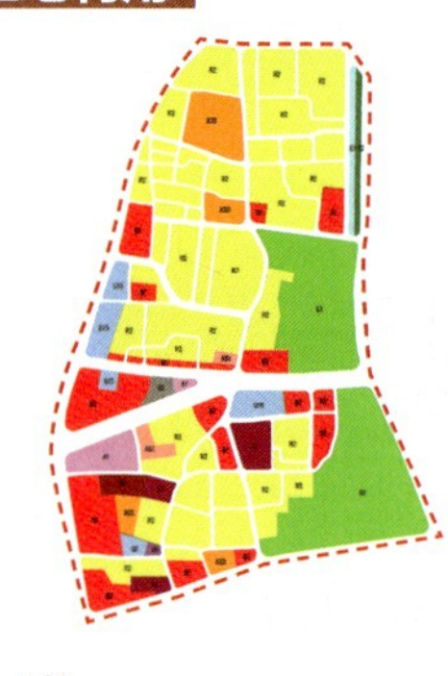

基地内部全部为建成区，居住用地比例较大，内部用地复合程度较高，基本为商业－居住混合或者商业－居住行政办公混合。且建筑建成年代跨度大，部分为老旧建筑，建筑风格及色彩冗杂，地区整体风貌受损严重，特色不够凸显。

基地内部基础设施承载力较差，各类公共服务设施配套不足。需要结合上位规划的发展目标进行用地调整，对大量居住混合用地进行用地置换。

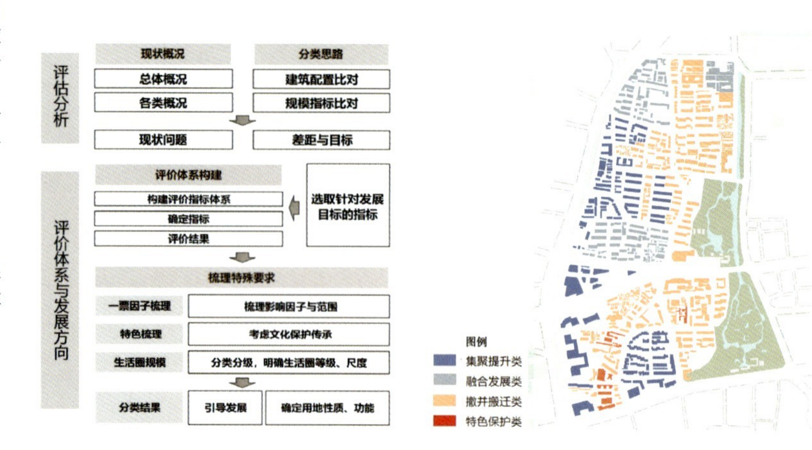

情景推动

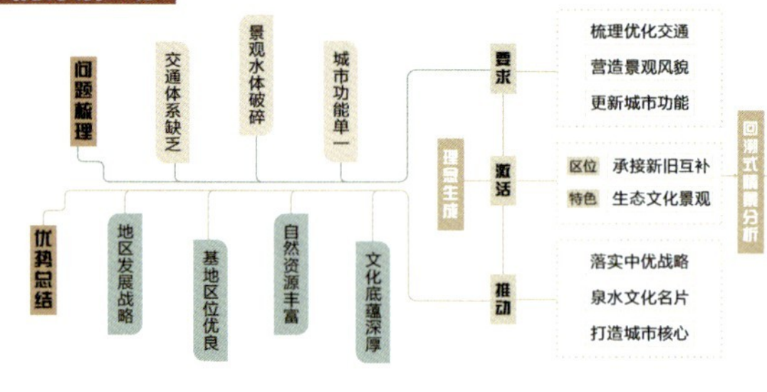

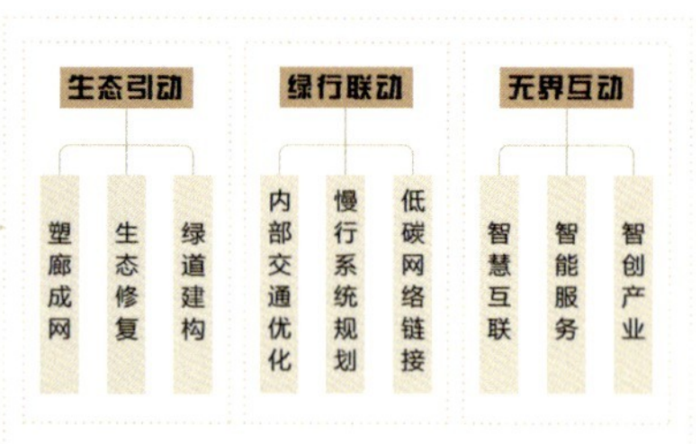

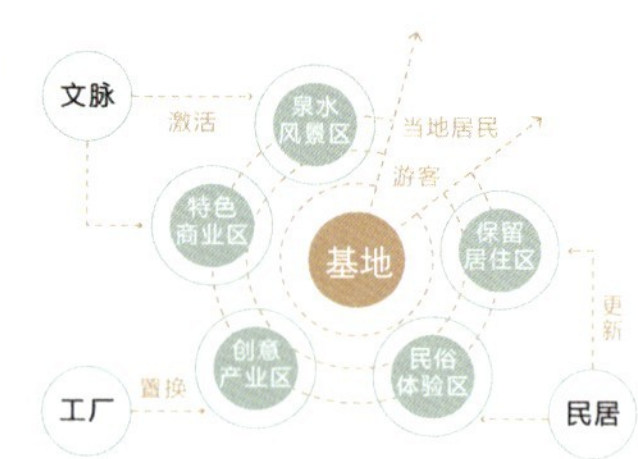

未来发展目标

发展战略规划：打造世界知名的泉水文化会客厅

【中优】战略：建设魅力品质之城 让济南与世界接轨

【泉·城】申遗：突出泉城文化特色 彰显历史文化底蕴

情景决策焦点

彰显文化：把握泉文化核心竞争力；将泉文化转化为发展动力

扩容生态：利用趵突泉、五龙潭资源；生态引导城市开发更新

接轨世界：提升产业发展层次；引入智慧生活；彰显区域中心价值

打造山东济南古城区向世界展示泉文化的生态城市公园

生态与文化交融的城市核心

生态引导城市开发新模式

绿道成网链接活力区域

打造泛在区域智慧系统

生态引动

——贯通一河两园生态景观，塑造环形生态活力廊道，打造基地内部沿景观发展模式

打通现状水系，以滨水景观带为轴梳理出三条生态活力廊道，与外围区域绿廊产生空间上的联系。

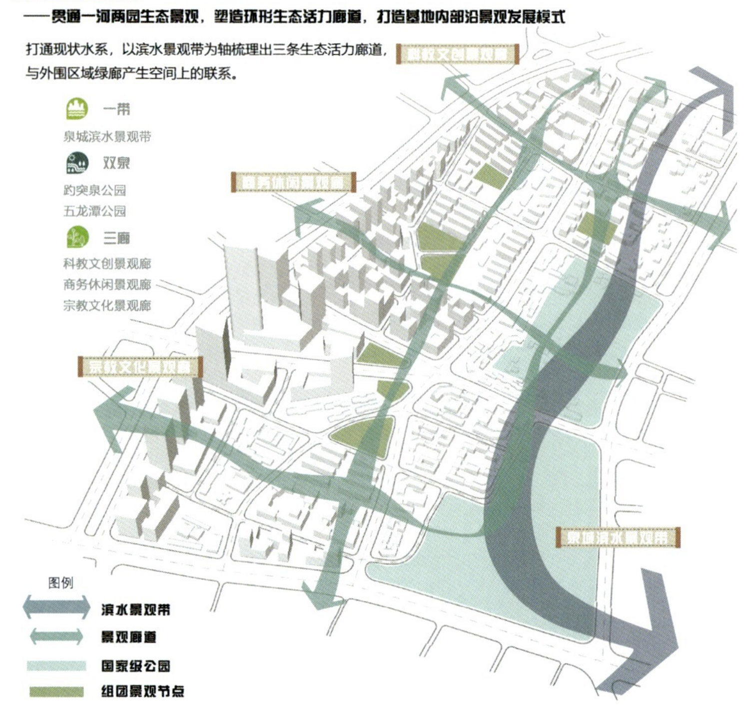

图例

打造多级渗透、城绿相融、连续通达的公共活动空间。

通过生态补源、提升水质、修复泉网，弹性调蓄泉水雨洪，打通基地与大明湖、护城河的水系环网，在部分河段适当扩大水面，形成蓄滞塘，缓解旱期缺水等问题。

内部水系连通使基地水资源与大明湖连通，满足水量需求的同时可以蓄积场地内部雨水，并进行自我调蓄。

实施水质净化措施，启动河道生态补水工程，运用进行技术开展泉水保护研究，科学分析地下水开采与泉水水位的相应关系。

基于不同生态绿地形态 规划布局多种设施 建立生态雨水综合管理系统

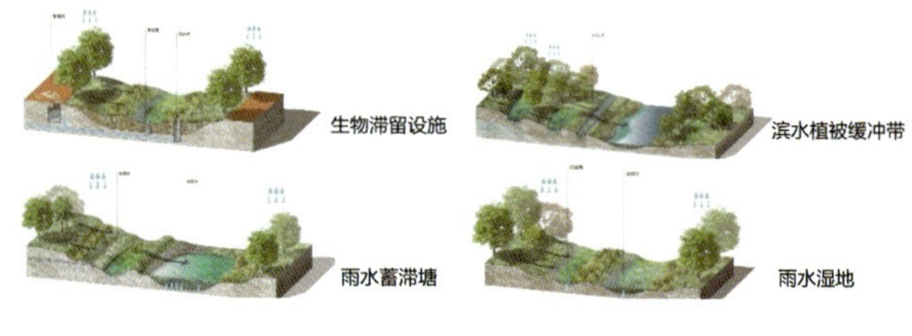

绿行联动

——调整优化道路交通设计，布置智能小运量内循环公交，构建环状慢行系统

因将五龙潭公园扩园增绿，由此对城市次干路朝阳街进行了线型优化，有序梳理了现状支路网，合理整合内部断头路，增强区域内部通达性，合理区分车行与人行体系，落实"公共交通+步行"的低碳交通网络。

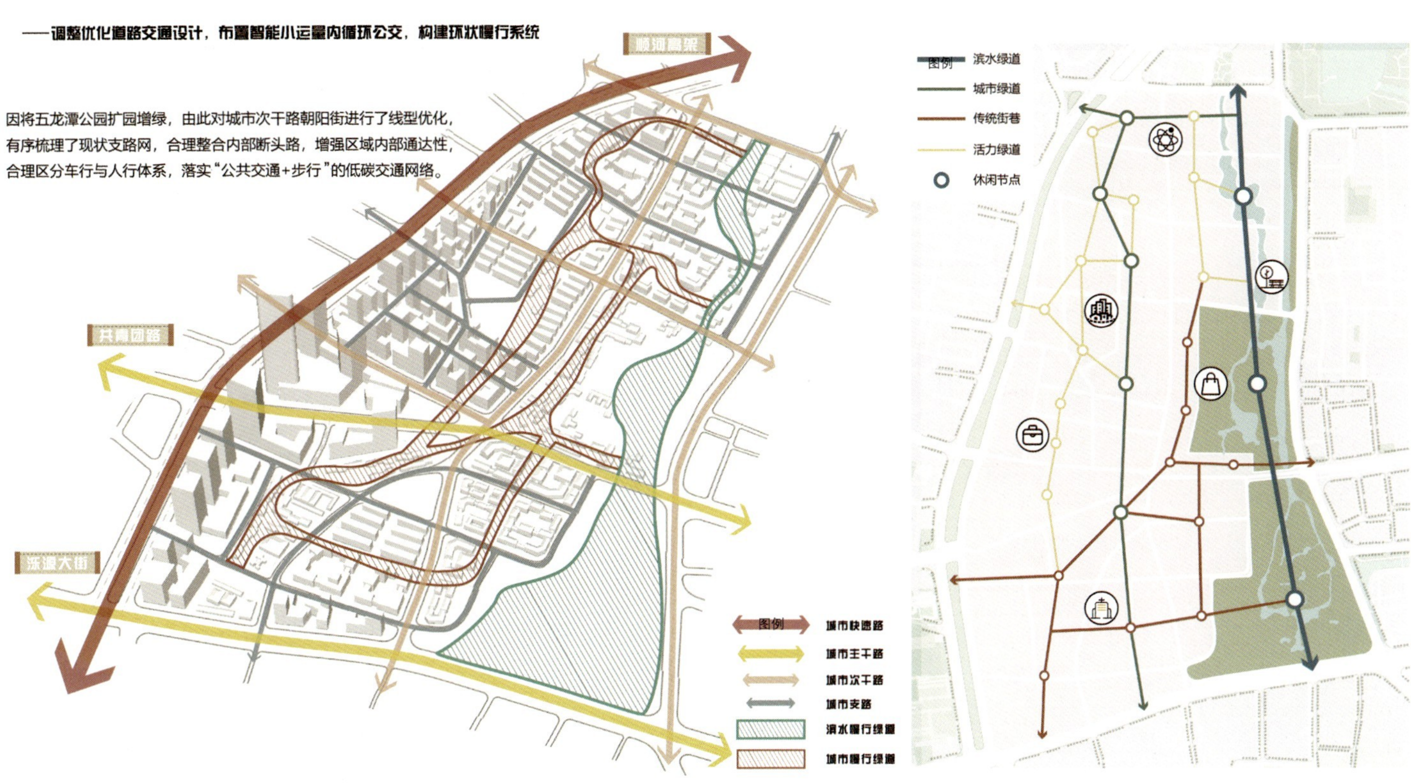

无界互动

——以智慧连接为骨架，智慧服务为支撑，智慧产业为引导，打造泛在的智慧系统

对基地更新的规划做到智慧集约，充分利用现有大数据、云平台等科技手段，对于城市空间的共享使用进行智慧监测与实时更新，促使各个场所功能使用的集约复合与智慧高效，做到城市各功能使用的互动共享，促使其维持多时段全场景的使用活力，从而做到基地内各片区的无界互动。

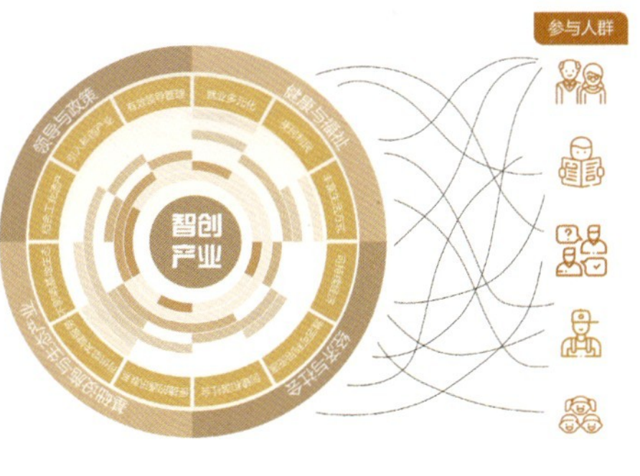

针对基地现状城市功能单一、地区活力严重不足的问题，结合基地发展愿景和未来目标消费投资人群，植入新兴智创产业，提升基地活力和发展前景。

——根据不同因子对基地产业发展的影响，形成信息化特色研发、生活性服务业、科创消费三大产业类型

产业根植性分析

主要特征	基本因子
自然禀赋基因	交通条件（内外部空间联系） 要素供给（自然资源数量）
社会资本基础	政府导向（产业政策） 劳动资源（人才基础）
市场需求偏好	全国（国际）产业发展趋势 参与人群需求偏好
基地资源优势	产业优势（现有产业资源） 人文脉络（文化资源）

信息化特色研发	生活性服务业	文创+科技消费
科创孵化大厦	商业零售	泉文化文创纪念品
大数据中心	休闲娱乐	工业遗址主题公园
创智共享服务平台	餐饮服务	主题民宿
智能办公	居住配套	数字化VR互动体验馆

总平面图

1 科创孵化中心
2 泉文化展览基地
3 工业文化体验馆（造纸厂旧址）
4 科教研发
5 科教文创商业街
6 济南市制锦市街小学
7 创意工坊
8 商务办公
9 综合社区
10 公共服务中心
11 邻里中心
12 商业服务
13 创意产业园
14 公共服务中心
15 居住区
16 城市公园
17 员工宿舍
18 商业大厦
19 商贸服务中心
20 泉引广场（五龙潭公园西入口）
21 老济南文化广场
22 五龙潭公园
23 五龙潭公园南入口
24 绿地中心大厦
25 观景平台
26 综合商贸大厦
27 园林式酒店
28 中央公园
29 清真北大寺
30 商务办公大楼
31 金龙大厦
32 清真南大寺
33 回民小区
34 回族文化展示馆
35 科创大楼
36 泉引体验馆
37 宗教文化一条街
38 清真女寺
39 趵突泉公园
40 趵突泉公园南入口

经济技术指标	
总用地面积	121hm^2
容积率	2.36
建筑密度	31%
绿地率	45%
地上停车位	1000个
地下停车位	5500个

规划结构

两带三轴 多区并联

两带：滨水景观带
传统文化带

三轴：科创互联轴
商务休闲轴
宗教文化轴

多核：科创活力核心
智创商业核心
泉文化生态核心

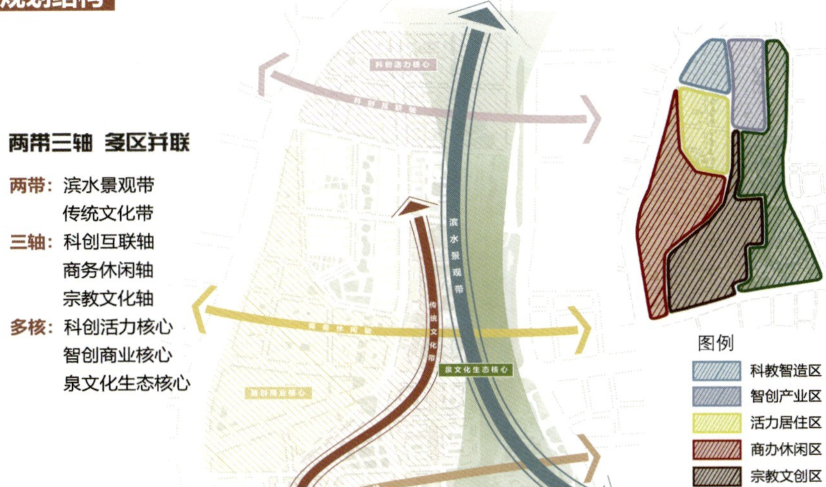

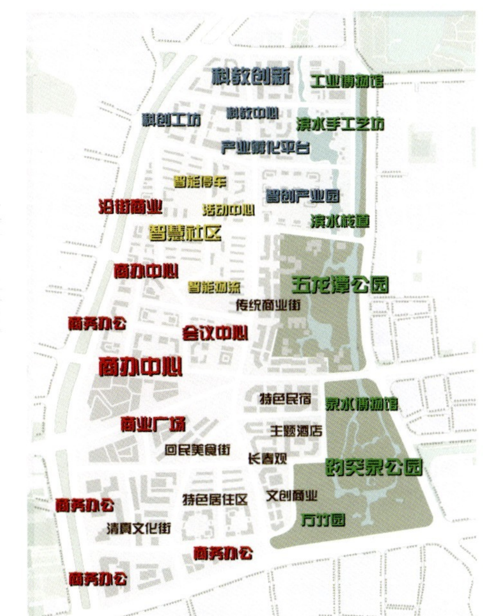

用地规划

类别名称		用地名称	用地面积（hm²）	占城市总建设用地（%）
大类	小类			
R	居住用地		5.67	4.84
	R2	二类居住用地	5.67	4.84
A	公共管理与公共服务设施用地		15.96	13.61
	A1	行政办公用地	0.35	0.30
	A2	文化设施用地	4.67	3.98
	A3	教育科研用地	4.81	4.10
	A7	文物古迹用地	2.39	2.04
	A9	宗教用地	0.14	0.12
	Aa	社区公共服务设施用地	3.95	3.37
B	商业服务业设施用地		46.63	39.77
	B1	商业用地	7.53	6.42
	B14	旅馆用地	4.89	4.17
	B2	商务用地	6.83	5.83
	B1B2	商业商务用地	16.57	14.13
	B2a	创意产业园用地	10.51	8.96
	B3	娱乐用地	1.8	1.54
M	Ma	混合用地	3.64	3.10
S	道路与交通设施用地		24.75	21.11
	S1	城市道路用地	24.75	21.11
G	绿地与广场用地		20.6	17.57
	G1	公园绿地	19.88	16.96
	G2	防护绿地	0.72	0.61
合计			117.25	96.38
非城市建设用地				
E	水域和其他用地		4.4	3.62
	E1	水域	4.4	3.62
城市规划总用地			121.65	

交通规划

生态规划

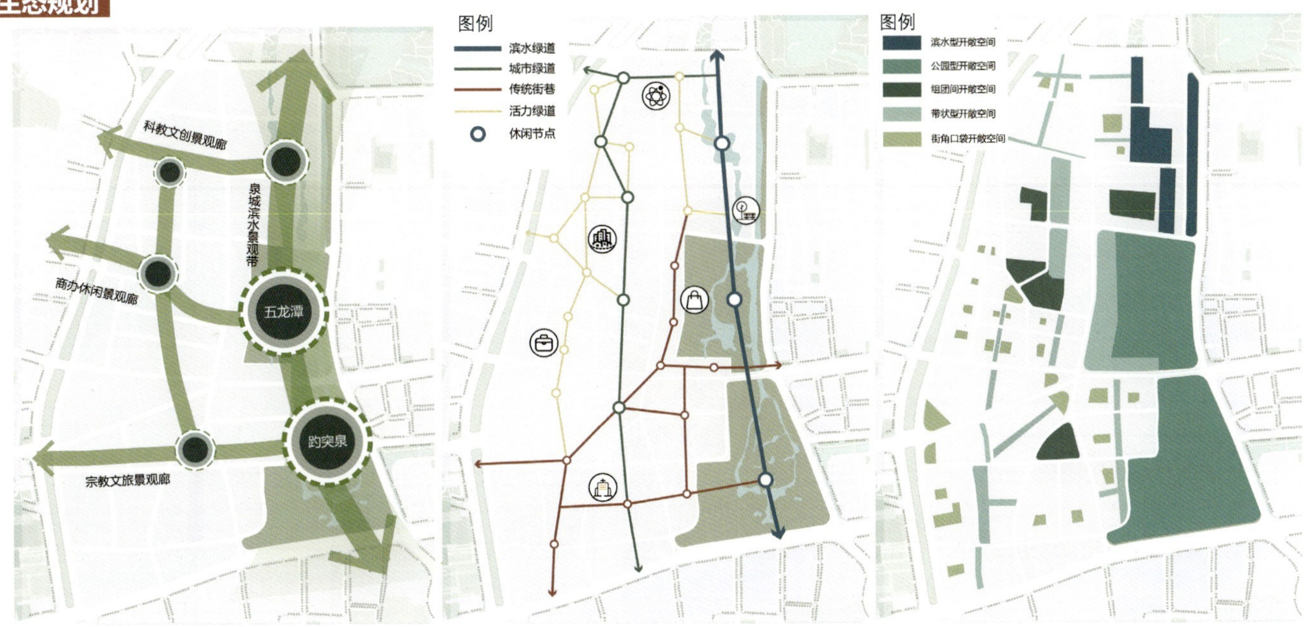

生态结构　　慢行绿道规划　　开敞空间规划

鸟瞰图

重点片区

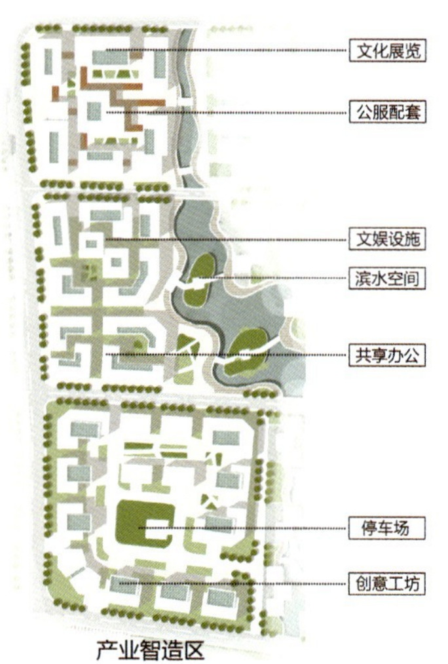

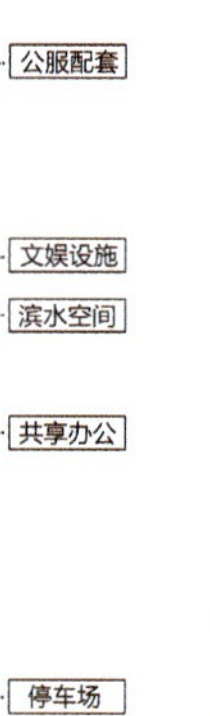

产业智造区

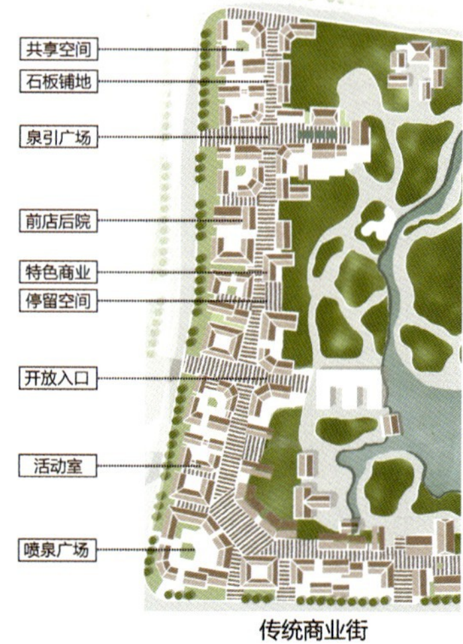

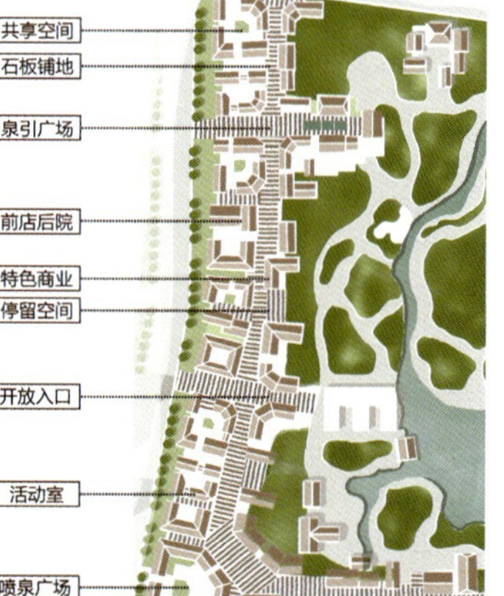

传统商业街

节点效果图

泉·道相生

——济南市大明湖周边地区城市更新设计

学　　校：苏州大学
设计成员：刘彤、齐成宙、朱宇航

刘彤

齐成宙

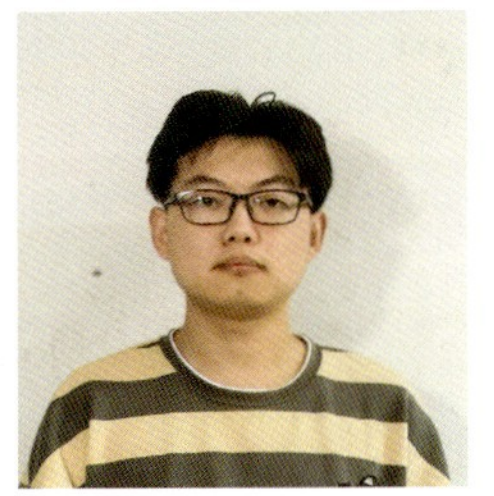
朱宇航

设计说明：

设计方案在对文化导向型城市设计的研究基础上，借鉴国内外经典案例，以泉文化为抓手，融合传统道教文化与现代创意文化等多元文化，打造泉城文化名片，从“功能整合提升、交通组织重构、风貌保护协调、文化继承创新”四方面搭建城市设计框架，并营造道教文化广场、老西门时空之环、泉水创意空间等特色文化节点，通过以上方式来塑造泉城文化名片。

我们在对现状分析及济南泉文化专题研究的基础上，基于济南市大明湖西关地区现状情况及优化目标，从泉群开放、连水增绿、辐射提升三方面思考基于泉文化维度的济南市大明湖西关地区更新策略。我们借鉴了西湖公园开放营造模式，将趵突泉公园与五龙潭公园进行开放性营造，通过连水增绿，形成以水绿元素为主的景观脉。根据现状，将公园进行对外打通，由两大公园为绿核向外拓展，渗透全域，与外围各功能区形成开放复合的景观网络。依此重塑基地交通系统、保护多元风貌，并通过“一环一廊”的结构性设计，构建并串联特色文化节点，最终形成丰富、连续的文化展示体验空间。

规划方案期望通过以上方式对大明湖西关地区的空间结构进行优化调整，构建布局合理、功能丰富、文化彰显、综合效益高的城市文化名片，将文化融入市民生活，打造开放型城市泉群公园，构建绿色活力的绿色慢行网络，同时实现多元文化的借势和融合，引导城市整体功能结构的调整提升。

设计感悟｜刘彤

在此次毕业设计中，我有幸跟随我的老师学习，并在毕业设计过程中遇到愿意与我一起克服种种困难的好伙伴。

毕业设计对我而言，不仅是一个学习作业或是毕业条件，更是一份难忘的记忆与成长经历。我深知，毕业设计还有很多不足，但正是因为这些不足，激发了我前进求索的动力。我不会被城市中的复杂联系吓到而选择逃避；相反，我会在未来的硕士学习中尝试解析城市中的复杂联系，勇敢面对这些错综复杂的时空堆叠。希望在不久的将来，我能更好地改进在本次毕业设计中存在的不足。

在整个毕业设计过程中，老师的耐心与智慧令我如沐春风，伙伴的活泼与可爱让我备受鼓舞。大家让我感受到我们是齐心协力在向共同的设计目标迈进的。非常感谢我的伙伴齐成宙、朱雨航，以及在本科与即将到来的硕士学习中为我悉心指导的雷诚老师。衷心祝愿同学们前程似锦，老师们工作顺利！

设计感悟｜齐成宙

辛丑牛年，五校联合，毕业设计，思想融合，环环相扣，历经沧桑，年复一年，四季更替，色界分明，艺术之道，规划历程。另辟时空，较之规划，产业偏移，发展重心，渐行更替，以先领后，以熟催生，大小相通，合一发展。凡至岁上，产业饱和，发展停滞，众之余地，难承其收。至此以后，万物之道，宜以置空，虚室生白，存一余地，动中有静，行至若无。北尤原始，实业兴国，应有尽有，如此至今，道以珍值。新生经区，行政管辖，土地权属，是谓疑难。局部更新，四邻签署，一邻多户，难上加难，圈层图式，背以法则，修以复用，限制重重。今幸参与，受益匪浅，肌理演变，产业发展，功能更替，皆似木轮。规之划之，颇为震惊，学术之洋，无穷无尽，世间万物，比比相似，寻根问源，探其根本，访其相通，找其关联，各行各业，皆需锐眼，先知先觉，若以如此，日复一日，必以大进。

祝愿大家万事胜意，前程似锦。

设计感悟｜朱宇航

近年来，越来越多的城市对公共空间日益重视，在城市更新中对公共空间的塑造与改良成为许多城市的重点工程，公共空间的品质提升也逐渐从点状空间的修复改良发展到线性空间的链接上。

本次对位于济南古城周边的项目地块的调查研究中，我们发现济南有历史、有文化、有泉水、有特色，只是这些特色被高速的发展挡住了、藏住了。随着对这些特色被隐藏起来的遗憾日益加深，我们也在不断思考，有没有一个方法可以重新唤起泉城济南的记忆，将这些特色通过线性的指引、链接向大家呈现出来？泉城济南的“泉文化”是不是可以通过这条线索成为存量时期城市发展的抓手？泉城的品牌是否可以被重新塑造起来？

规划背景

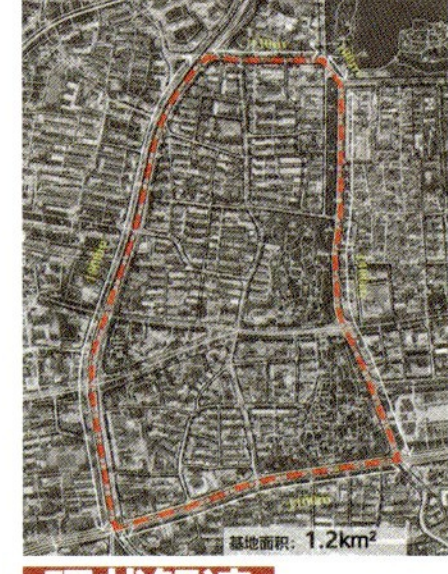

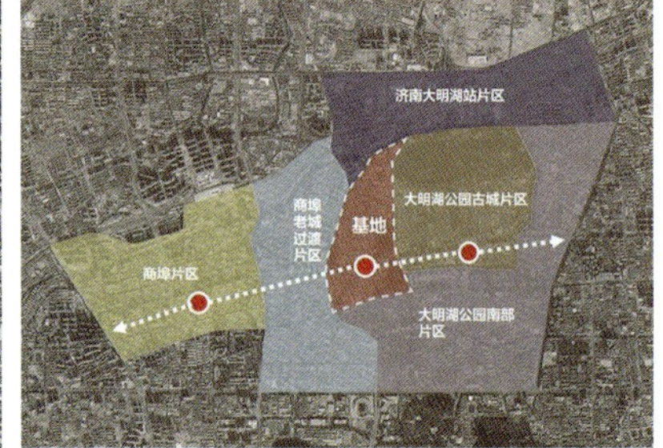

基地位于济南中心城旧城片区，圩子壕保护区内，紧邻古城。

规划范围北起少年路，南至泺源大街，西至顺河街（顺河高架路），东跨护城河至趵突泉北路，总规划面积约 1.2km^2。

综合上位规划及相关规划，得出基地所在区域特点及定位——体现济南“山、泉、湖、河、城”特色风貌的泉城特色标志区、历史文化名城保护核心区、世界文化景观遗产集中展示区，展示济南特色的名片。

现状解读

内外部交通分析

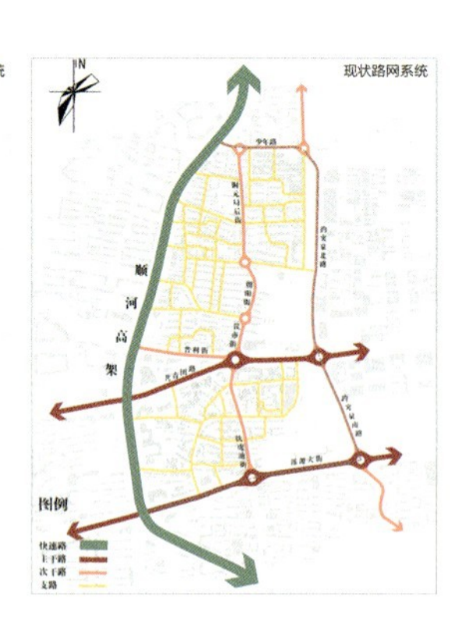

场地建筑分析

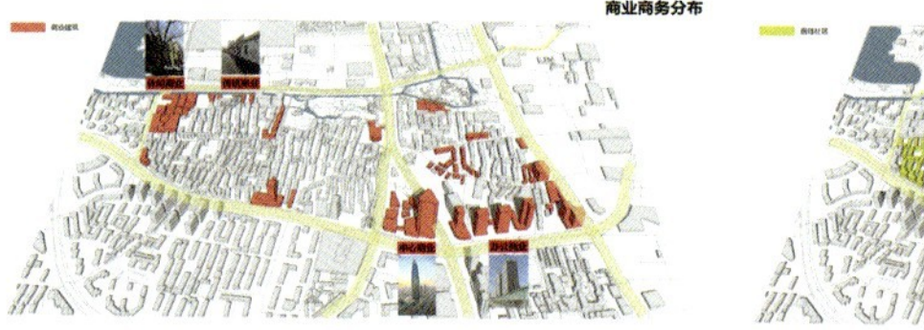

天际线与视廊关系

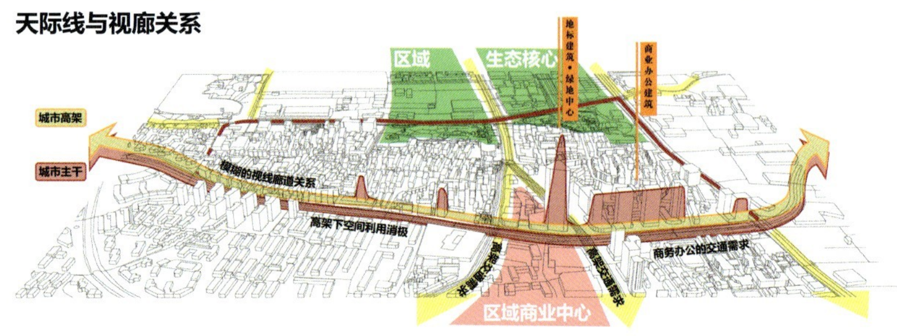

文化资源分析

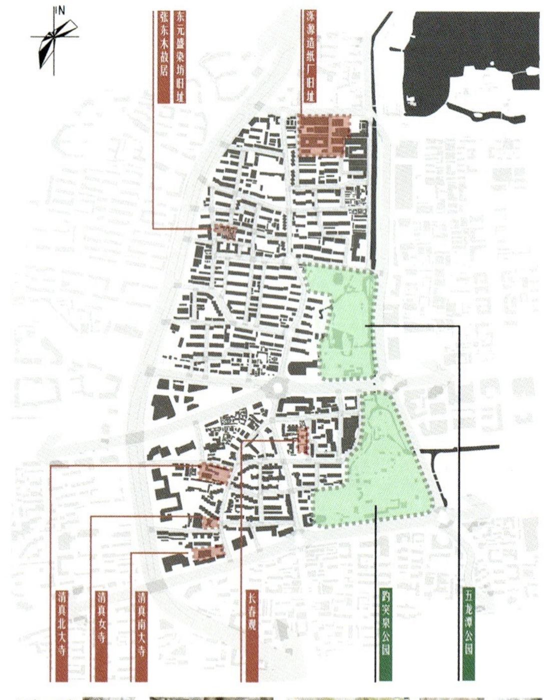

取泉，用泉

街巷现状分析

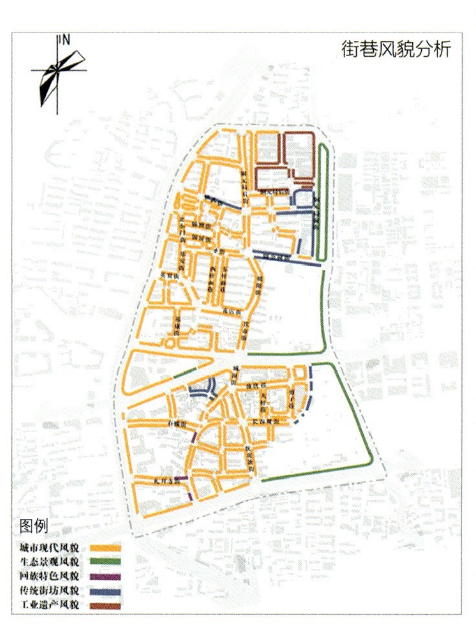

用地现状分析

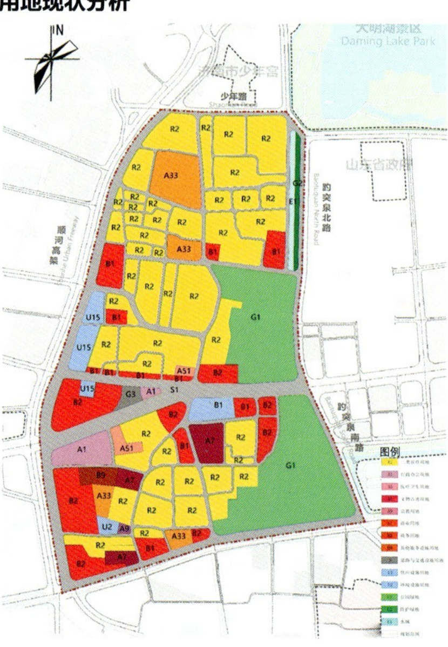

专题研究 - 老旧小区改造潜力分析

分析技术路线

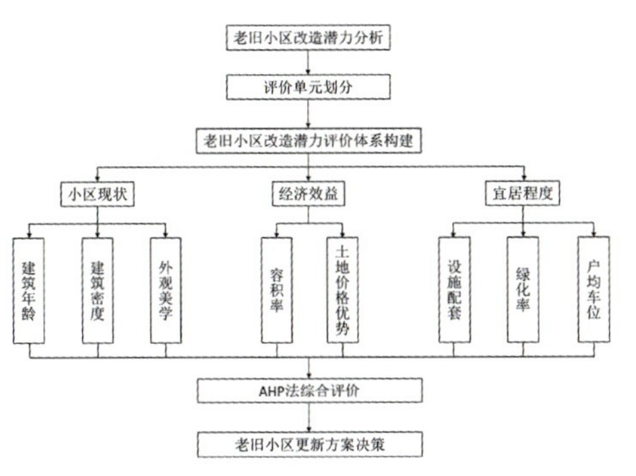

指标权重赋予

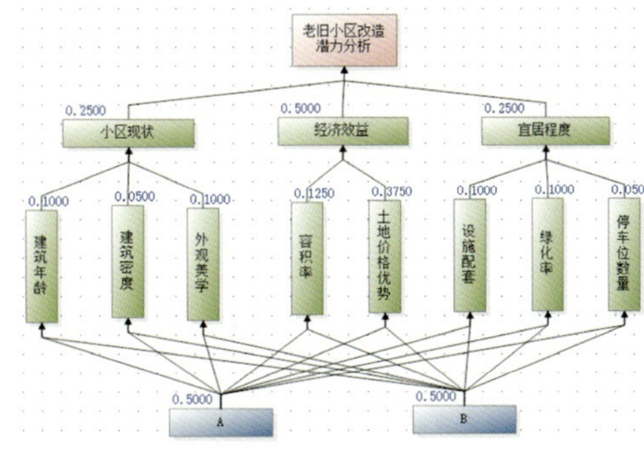

指标分级取值

一级因子	权重	二级因子	权重	分级标准	标准化取值值域
小区现状	0.25	建筑年龄	0.1	21~23年	1
				24~26年	3
				27~29年	5
		建筑密度	0.05	0~25%	1
				25%~50%	3
				50%~75%	5
		外观美学	0.1	较好	1
				中等	3
				较差	5
经济效益	0.5	容积率	0.125	<=3	1
				2~3	3
				1~2	5
		土地价格优势	0.375	<=1.5	1
				1.2~1.5	3
				1.0~1.2	5
宜居程度	0.25	设施配套	0.1	完善	1
				一般	3
				不足	5
		绿化率	0.1	<=30%	1
				15%~30%	3
				0~15%	5
		停车位数量	0.05	>=50	1
				0~50	3
				0	5

专题研究 - 济南泉文化分析

济南水系格局

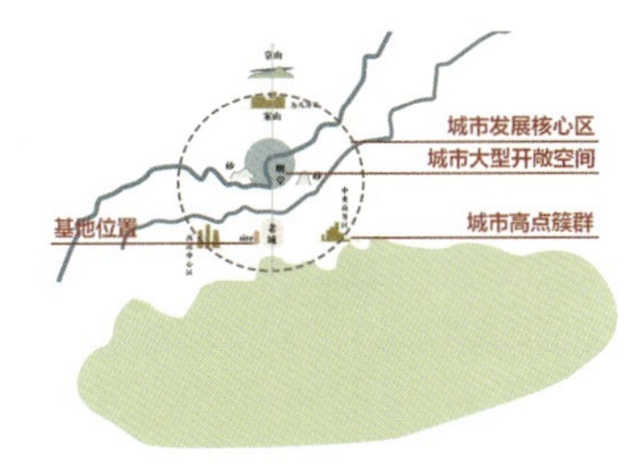

与泉关联的历史人文意象

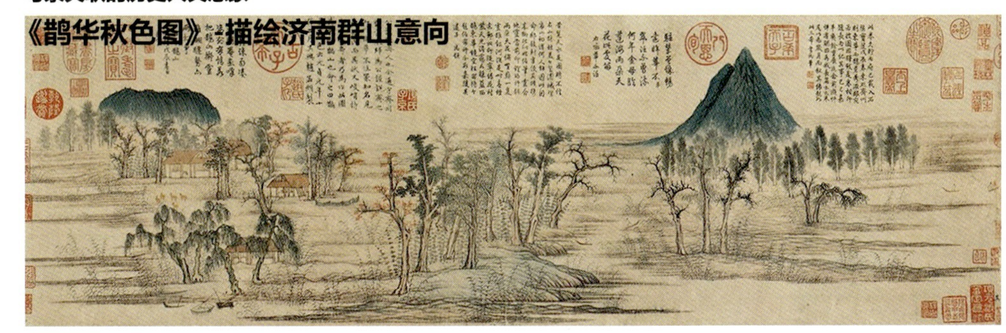

济南老城泉道体系

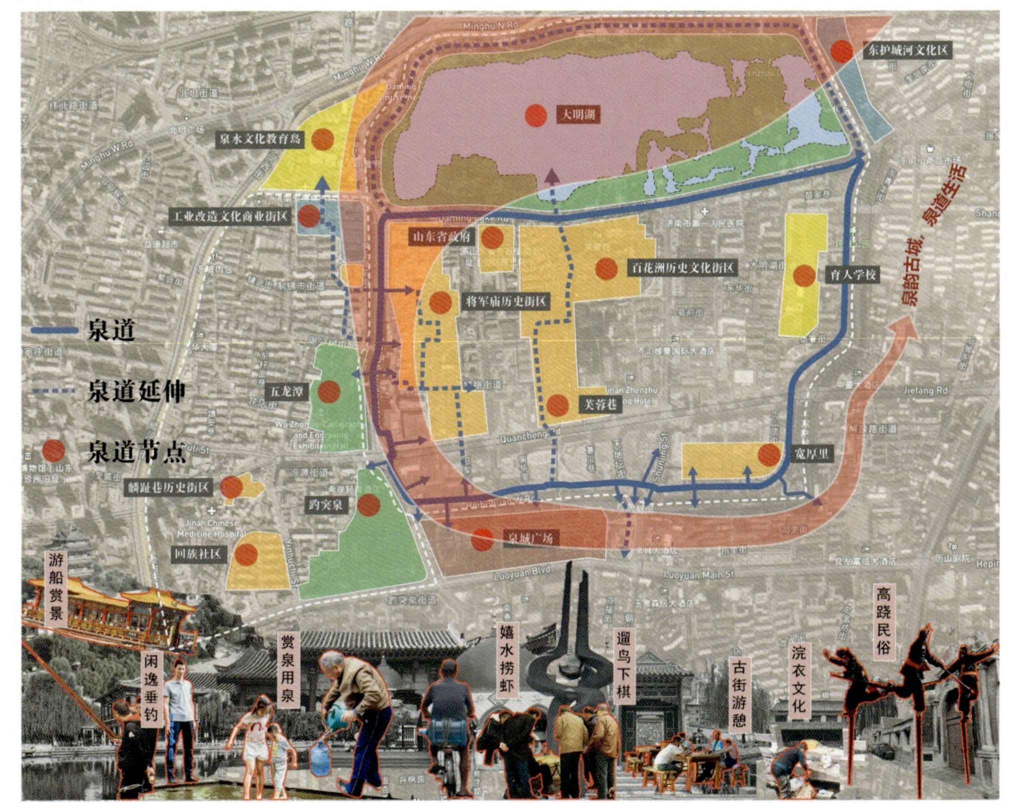

“泉道”文化表达现状图

“泉道”在济南老城是文化的链接，是公共设施以及特色文化空间的联系。

“泉道”串联老城主要泉水、旅游景点、历史古迹、公共建筑，将“泉文化”符号化，使之成为突出“泉城”特征形象的公共艺术。

规划方案

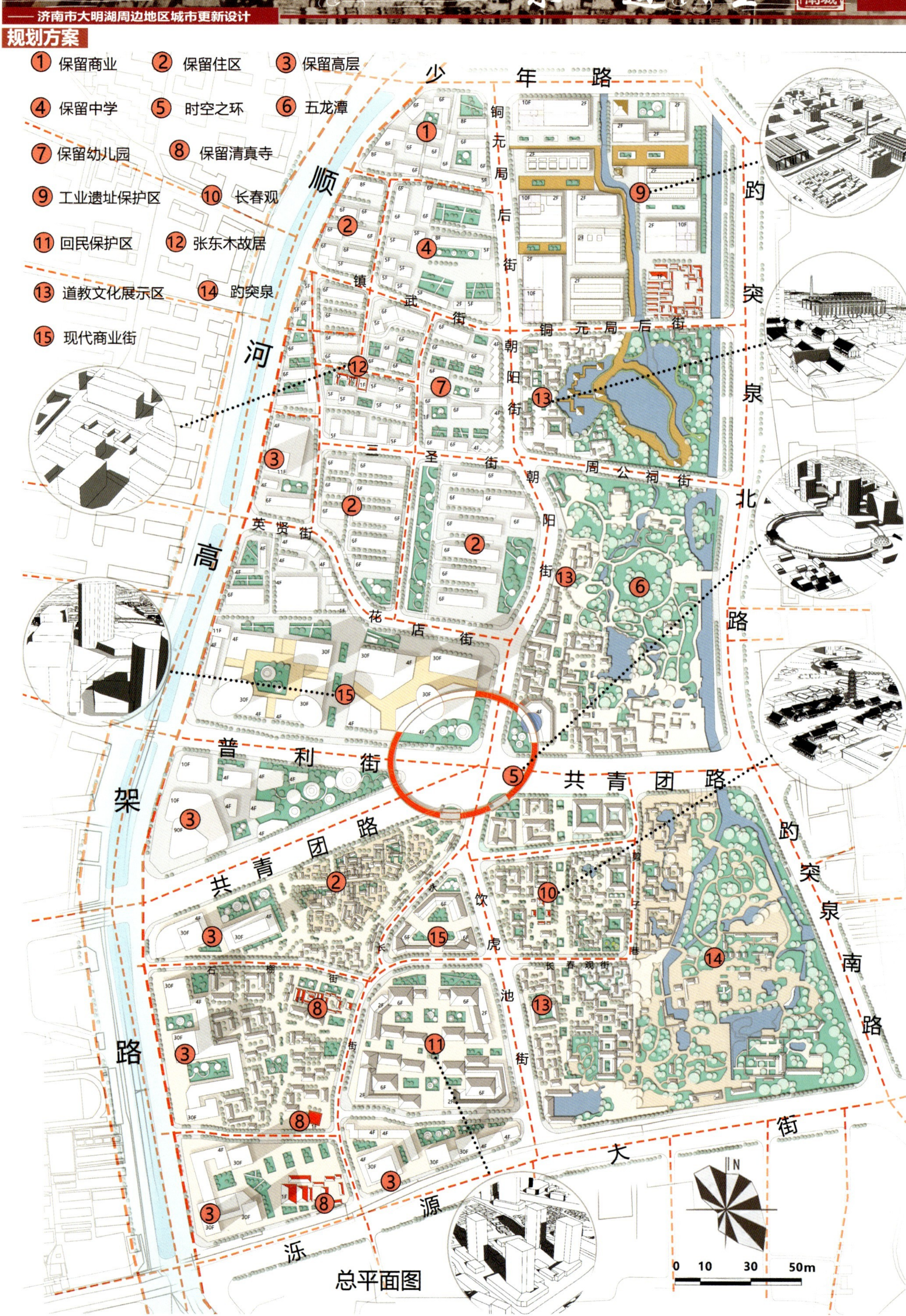
① 保留商业
② 保留住区
③ 保留高层
④ 保留中学
⑤ 时空之环
⑥ 五龙潭
⑦ 保留幼儿园
⑧ 保留清真寺
⑨ 工业遗址保护区
⑩ 长春观
⑪ 回民保护区
⑫ 张东木故居
⑬ 道教文化展示区
⑭ 趵突泉
⑮ 现代商业街
少年路
铜元局后街
顺河高架路
趵突泉北路
镇武街
朝阳街
三圣街
周公祠街
英贤街
花店街
普利街
共青团路
趵突泉南路
永长街
饮虎池街
长春观街
石棚街
泺源大街
0 10 30 50m
N

总平面图

总体鸟瞰图

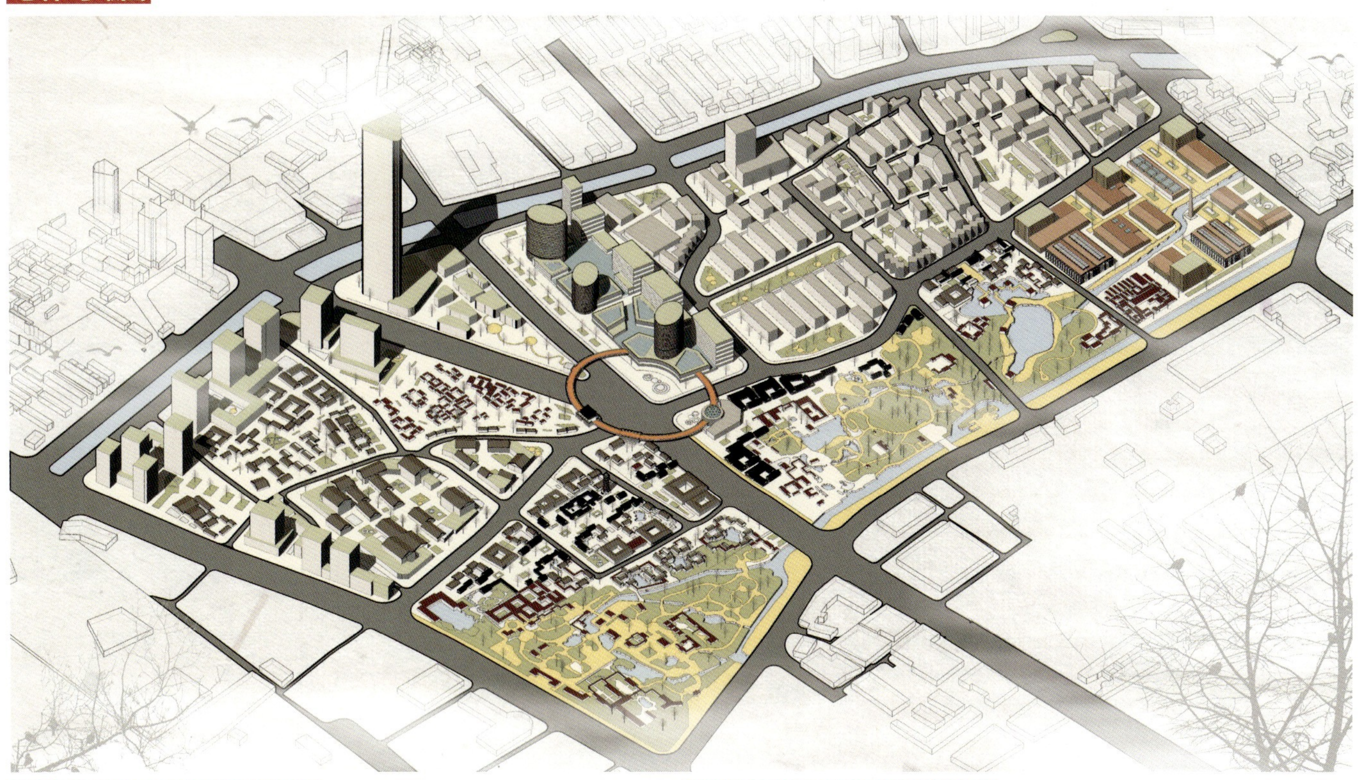

设计框架—功能整合提升

公园开放提升

总体功能策划

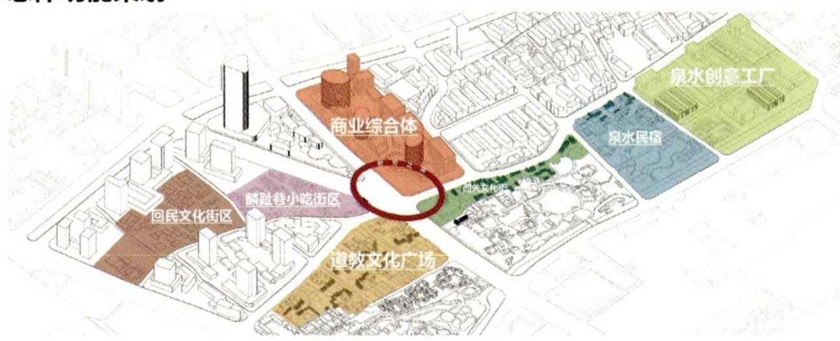

土地利用规划

类别代码			类别名称	用地面积（hm²）	占城市总建设用地（%）
大类	中类	小类			
R			居住用地	18.86	14.89
	R2		二类居住用地	18.86	14.89
		R21	住宅用地	17.99	14.21
		R22	服务设施用地	0.87	0.69
A			公共管理与公共服务设施用地	4.67	3.69
	A1		行政办公用地	0.94	0.74
	A3		教育用地	2.29	1.81
		A33	中小学用地	2.29	1.81
	A7		文物古迹用地	1.45	1.14
B			商业服务业设施用地	43.52	34.37
	B1		商业用地	30.66	24.22
	B2		商务用地	12.52	9.89
	B4		公用设施营业网点用地	0.33	0.26
		B41	加油加气站用地	0.33	0.26
S			道路与交通设施用地	27.01	21.34
	S1		城市道路用地	27.01	21.34
G			绿地与广场用地	23.7	18.72
	G1		公园绿地	23.7	18.72
合计				117.75	93.01
非城市建设用地					
E			水域和其他用地	8.85	6.99
	E1		水域	8.85	6.99
城市规划总用地				126.6	

设计框架—交通组织重构

路网骨架规划　多元交通组织　主题线路规划

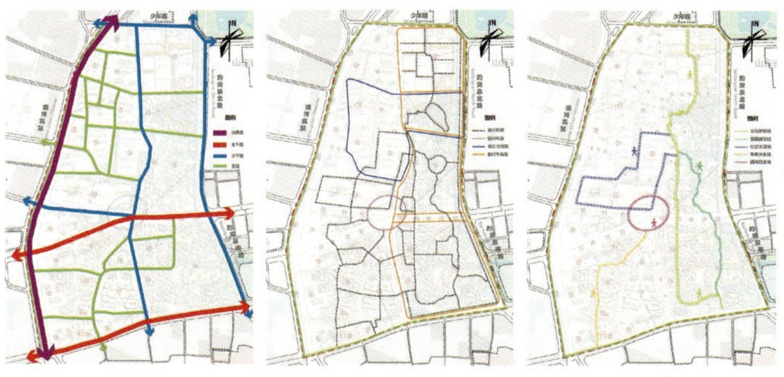

设计框架—风貌保护协调

老旧小区改造

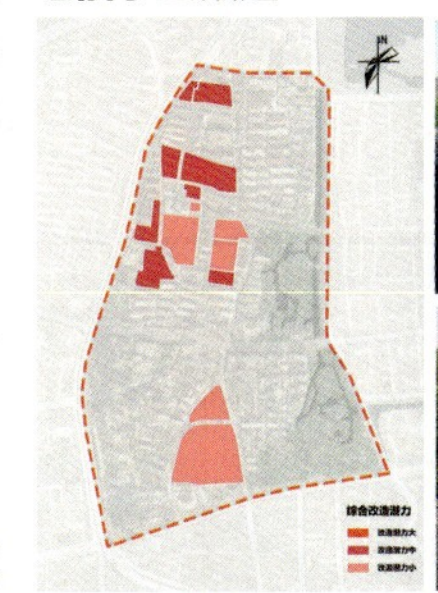

根据老旧小区改造潜力分析结果进行老旧小区分类改造。

1. 改造潜力小的小区：
   标线划停车位；
   修护破碎围墙及建筑；
   营造特色绿植组团景观。
2. 改造潜力中的小区：
   合理布局休闲设施；
   增设小型活动空间；
   重塑小区中心景观节点。

滨水风貌提升

护城河沿线进行亲水性设计，打破呆板的风貌。

街巷空间设计

街巷类型	主要街巷（交通功能为主的街巷）	次要街巷（商业为主的混合街巷）	支巷（居住为主的生活街巷）
街巷平均宽度 D（m）	12~44	5~12	1.5~5
高宽比（D/H）	1.5~2.5	0.9~1.5	0.5~0.9

根据街巷类型及宽度对基地内街巷功能及类型分为交通、商业、居住三类，并进行适当高宽比的街巷空间营造。

设计框架——文化继承创新

现状文化资源

水入北湖去，舟从南浦回。

遥看鹊山转，却似送人来。

济南山水天下无，晴云晓日开画图。

群山尾岱走东海，鹊华落星青照湖。

城中仰看山容好，山上看城小。

半城斜日二分秋，别有一分秋色在僧城。

文化联系策略

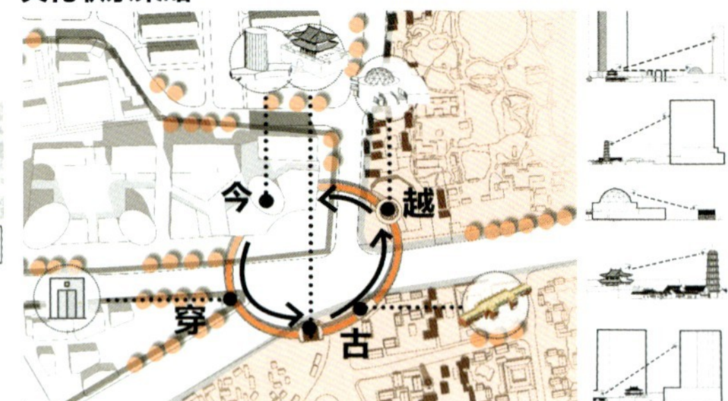

文化创新策略

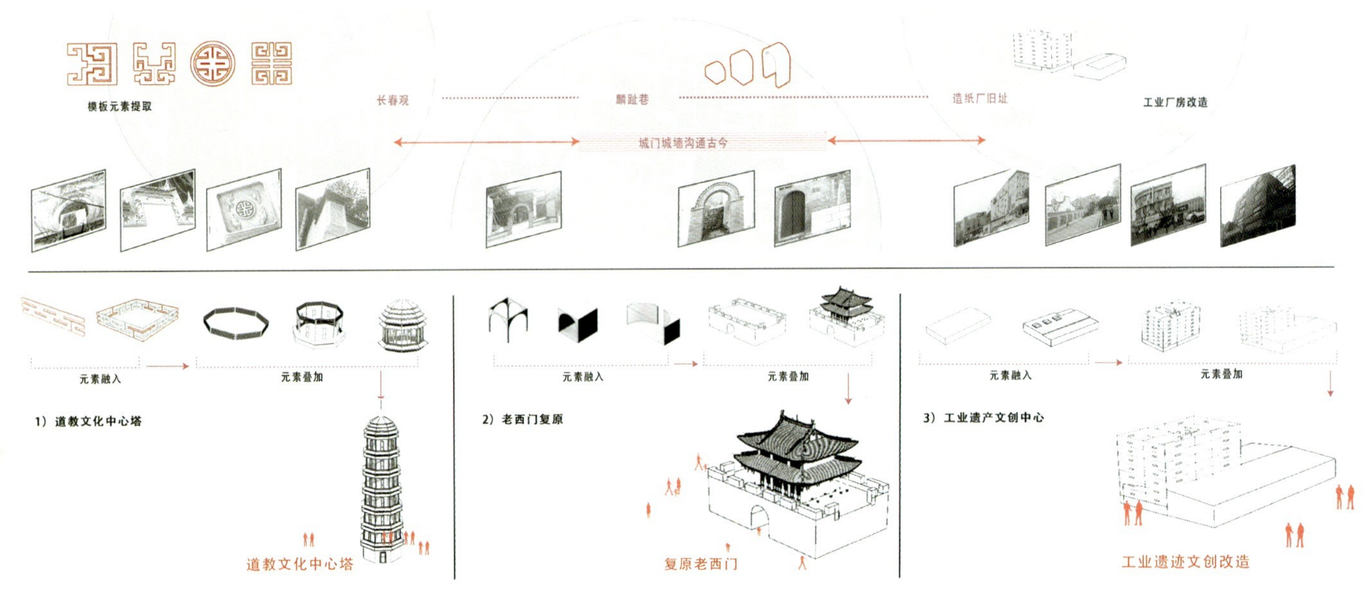

文化创新利用

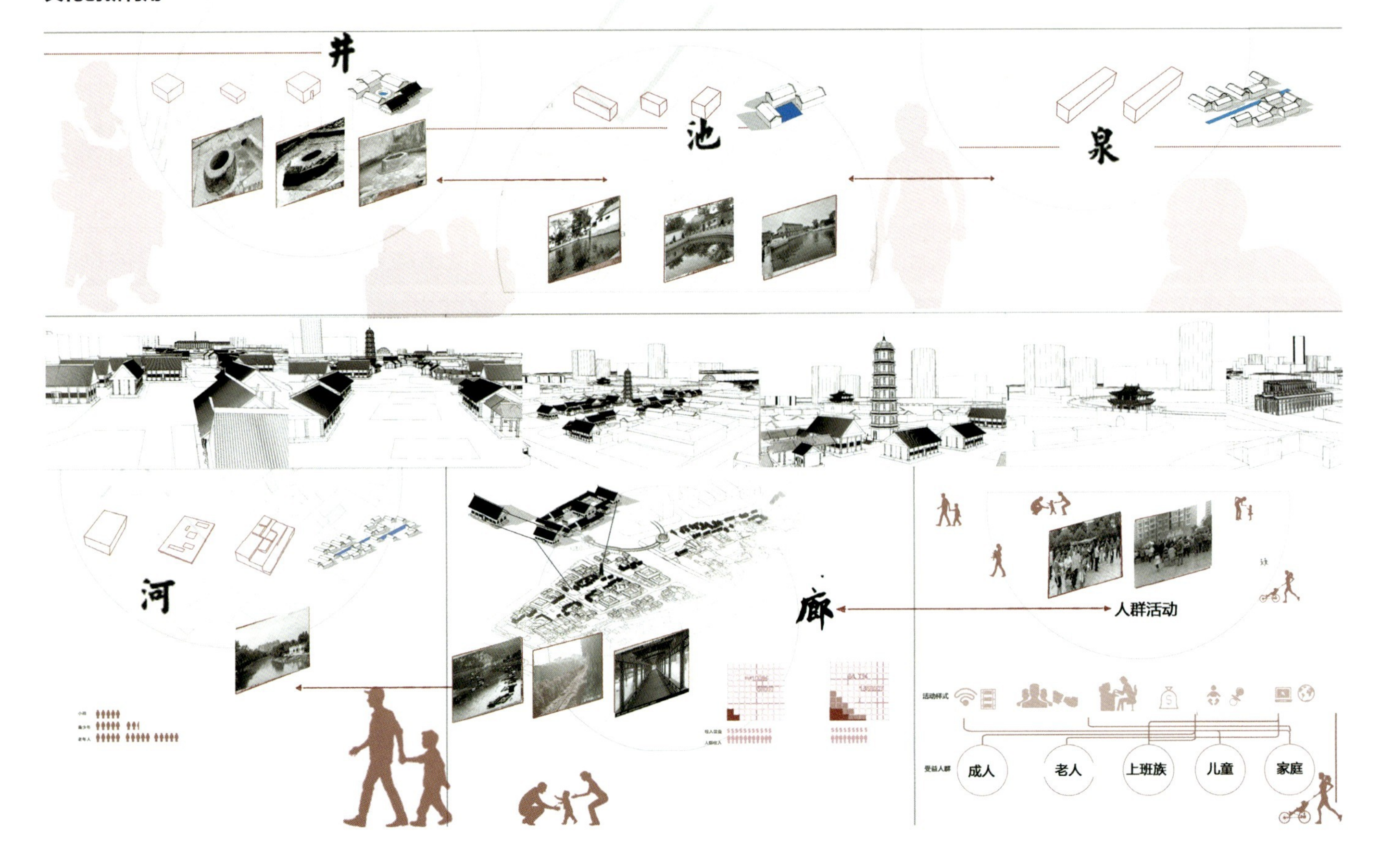

详细设计

现代商业核心

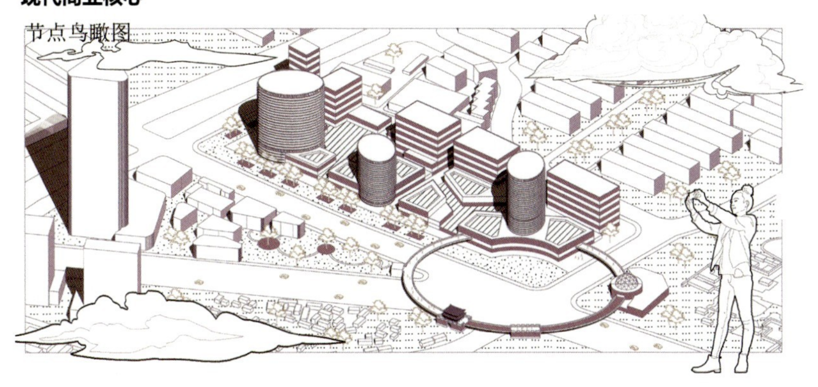

功能分析图

建筑功能
现代商业
酒店公寓
商务办公
西关博物馆
时空之环

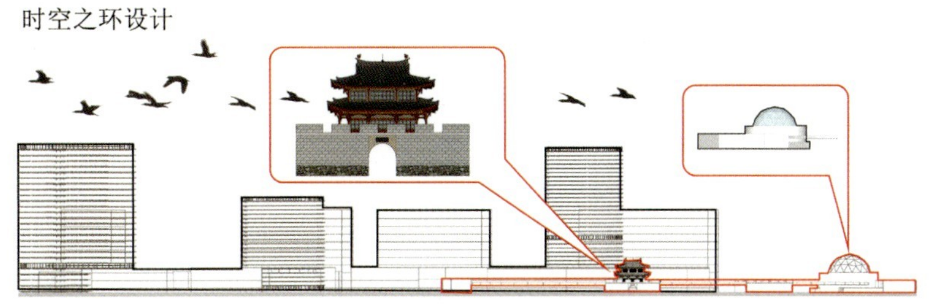

设计说明：

1. 针对中部绿城中心地段，我们将商业地段进行扩充，打造融合现代商业、商务办公、酒店公寓于一体的商业综合体，进行地块活力“强心”。
2. 建筑功能及形态方面：以现代商业为底层建筑，高层酒店式公寓点缀其中，并在商业综合体北侧布置多个高层板式办公建筑。
3. 针对五岔路口，为增强行人的慢行连续性及地块中心的景观核心功能，设计融合现代廊桥和古代城墙的时空之环。

泉水创意空间

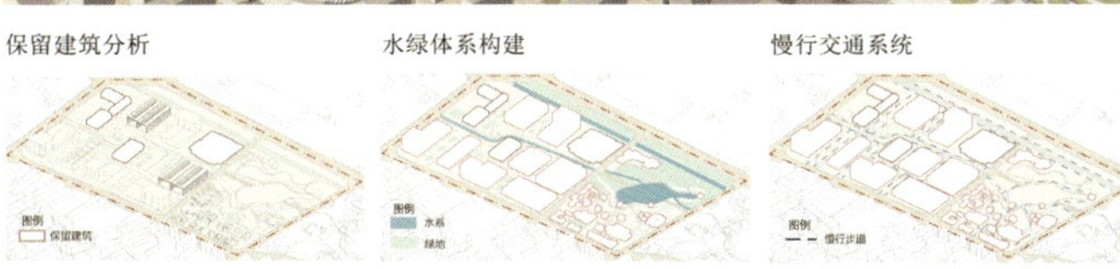

设计说明：

1. 根据现状水系遗存及历史地图对地块原有水系进行恢复，并与五龙潭水系贯通。
2. 建筑改造方面，对现状工业遗存进行改造，引入文化创意产业进行复兴。
3. 地块北侧布置 50m 工业塔与南侧广场观光塔相呼应。

道教文化广场

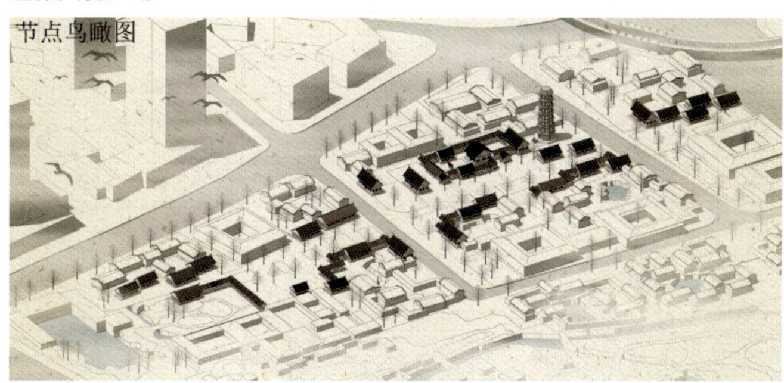

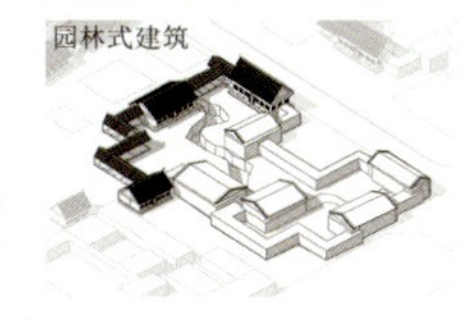

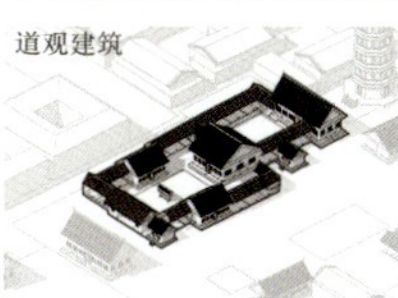

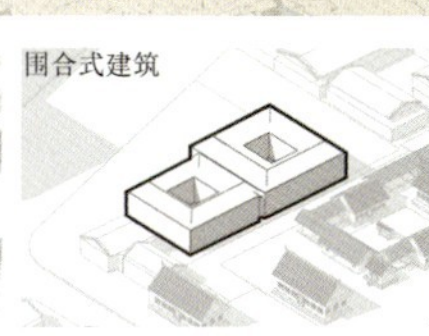

设计说明：

1. 规划以长春观为核心塑造道教文化广场，并将长春观的道教文化和两大泉群公园的“泉文化”以及古城西关的市井文化相融合，打造文化长廊，串连北部的工业文化与创意文化。
2. 建筑形态方面，主要采用园林式建筑与院落式建筑形态。呼应泉群内部建筑及道观建筑。同时在文化长廊中部设有地摊位，丰富街道空间活力，传承市井文化。
3. 景观控制方面，在道观北侧布置一观光塔作为标志物。

南京工业大学

指导教师：方 遥

智环四方 · 慧活西关

设计成员：魏亚迪、袁瑜

循古通今 · 临泉重生

设计成员：夏梦歆、吴宙恒

泉城水韵 · 还泉于民

设计成员：杨裕婷、王靖淇

老城烟火 · 古韵新商

设计成员：朱佳、龚明龙

街城连景 · 水韵泉城

设计成员：周韵、董俊锋

智环四方·慧活西关

——活力再生视角下济南市大明湖周边地区城市更新设计

学　　校：南京工业大学
设计成员：魏亚迪、袁瑜

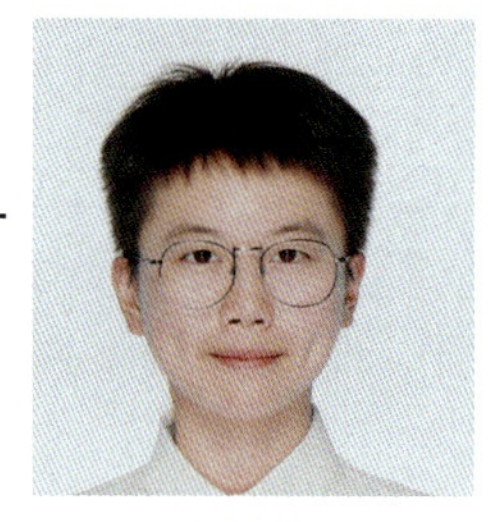
魏亚迪

袁瑜

设计说明：

本次规划设计方案以“智环四方·慧活西关”为主题，通过打造地标性“城市之环”，推动济南大明湖周边地段，打造中央活力区、实现活力再生的发展目标，打造特色文化品牌，提升城市品质，赋予老城区新活力，打造健康、宜居、持续活力的城市核心。基地位于古城传统风貌与新区现代风貌的交会处，文化资源、景观资源等极其丰富的特点均是整个基地进行城市品质提升的一大优势。通过对现状建筑分析，结合活力再生的目标导向，确定了对基地建筑的保留、更新、新建，以及拆除。位于基地中心的城市之环旨在成为聚集城市中心区不同功能业态的城市会客厅，成为济南地标新名片。环及由环衍生的纽带串联的四片功能区——传统风貌区、商业商办区、创意园区及更新住区，既见证了济南特色历史文化的传承与复兴，也见证了新时代下济南作为健康宜居活力城市的新未来、新生活，在这一见证古今文化交织的时空之环、面向未来引领创新的智慧之环的带动下，基地将成为济南文化辐射中心以及未来智慧技术应用示范区。

规划根据中心区开发建设总量的计算、校核，通过路网骨架梳理、开敞空间植入、交通流线完善等策略构建基本形态，以塑造中心区城市界面、引导视线廊道为目标，深入推敲不同地段空间组织关系，重点规划环周边地段，通过活动策划、特色功能植入塑造活力源点，从而落成中优战略下的济南特色中心区形象，实现济南老城区的活力复兴，推动泉城文化面向未来、走向世界。

设计感悟 | 魏亚迪

本次联合毕业设计带给我们很多不一样的收获。就设计而言，对济南大明湖周边地段的城市设计让我对城市更新设计的逻辑思路有了更清晰的认识，从前期挖掘济南故事，各组多渠道探索济南发展历程中的特色文化，再到基地现状剖析，案例总结，推敲主题，建设总量预测，基础形体生成，空间组织深入推敲，最终生成各自理想的方案。在这历时三个月的过程中，我们学到的不仅有多样的建筑形体，更多的还有城市设计的思维视角，例如前期分析中我们了解了历史文化的挖掘、继承与展示对城市发展的重要性；在总量预测中我们认识到不同的测算方法，认识到等级类似的城市或中心区开发强度有一定规律，同时也因城制宜；在功能细化的过程中我们也意识到以人为本，从不同人群视角出发的活动策划是深化方案的重要方向标，这也要求我们与时俱进，善于发现新时代的生活规律，而非照搬设计套路。

就毕业而言，作为本科阶段的最后一次设计，无论是时长还是深度，是设计经验还是合作感悟，都值得看作本科的圆满收尾。

非常感谢联合毕业设计一路结识的老师、队友、同学们，以及所有教我热爱专业、热爱生活的人。

设计感悟 | 袁瑜

在此次方案设计中，我们的核心设计在于打造一个城市之环作为老城区活力引擎点。这来源于我们对城市地标建筑的探索：城市地标建筑不只是一幢冰冷的钢筋水泥，而是集历史、人文、科技和时尚等元素于一体的展示城市文化内涵的重要平台载体，其中最关键的莫过于本地文化内涵的挖掘和多元文化元素的植入，赋予城市地标性建筑独特的文化魅力和感染力。围绕这个中心，周边通常都会有一批各具特色建筑群，吸引大量的游客前来驻足游览，促使周边不断健全完善周边商场、酒店和交通等旅游相关产业配套设施，以满足游客的吃、住、行、游、购、娱等消费需求，带动该地区旅游产业的发展。

除此之外，对于中心区规模、功能配比的量化，也是我们着力考虑的一个点：选择与济南市 2020 年 GDP、中心区规模相近的几个国内省会城市进行案例分析与比较，最终发现这一等级城市中心区规模及容积率比较有以下规律：①总用地规模在 1km^2 左右；②总建筑面积多在 200 万 m^2 左右；③开发强度容积率多在 2.0 左右。

这些不可或缺的思考在过去一些设计作业中往往被我忽视了，但在这次联合毕业设计中，我接触到了大学五年以来最全面、最系统的一次城市设计，这对日后的专业学习和工作都很有益。也让我反思自己在城市设计方面仍有很大的提升空间，这段经历将是我人生中的一份宝贵财富。

智环四方·慧活西关

——活力再生视角下济南市大明湖周边地区城市更新设计

区位背景

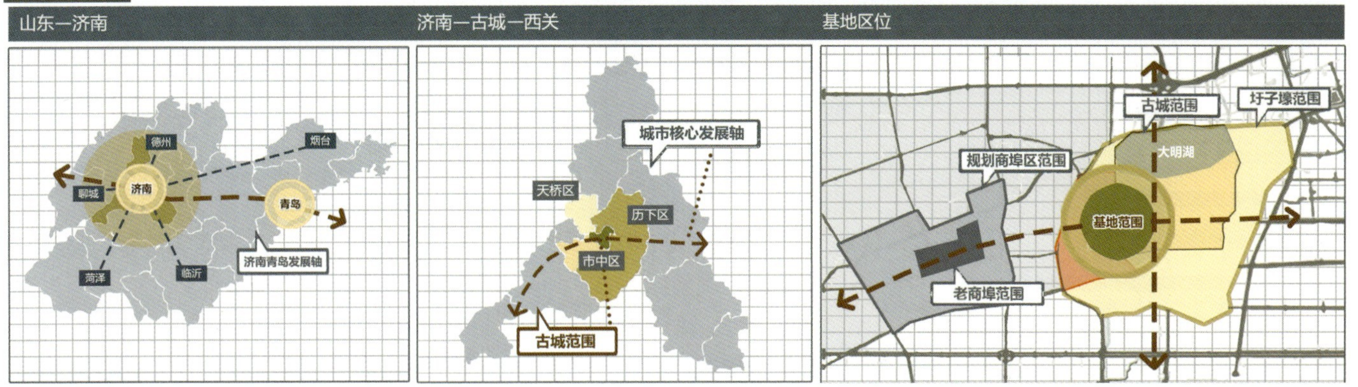

历史沿革

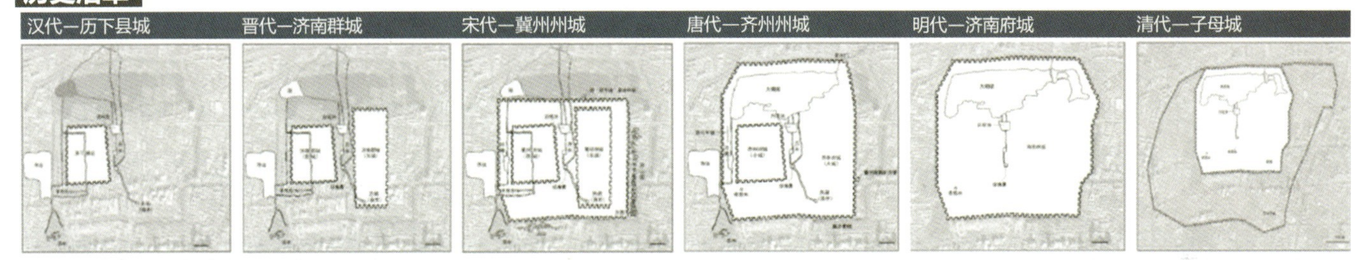

古城的选址及扩展与泉水有着密切的关系。

1. 古城因泉立城，城市契合泉城分布，千百年来城址未变。
2. 在城市营建中始终秉持尊重自然，利用自然的“天人合一”态度，形成独具特色的“一城山色半城湖”的空间格局。

近代以来，商埠区的开设使得济南的发展跳出老城，商埠区与老城之间很快形成点轴发展模式，两者之间地区迅速得到发展，古城与商埠区慢慢融为一体。

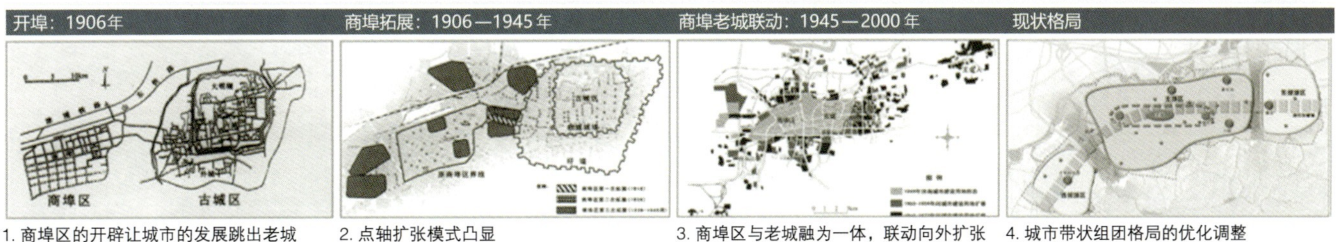

1. 商埠区的开辟让城市的发展跳出老城　2. 点轴扩张模式凸显　3. 商埠区与老城融为一体，联动向外扩张　4. 城市带状组团格局的优化调整

周边分析

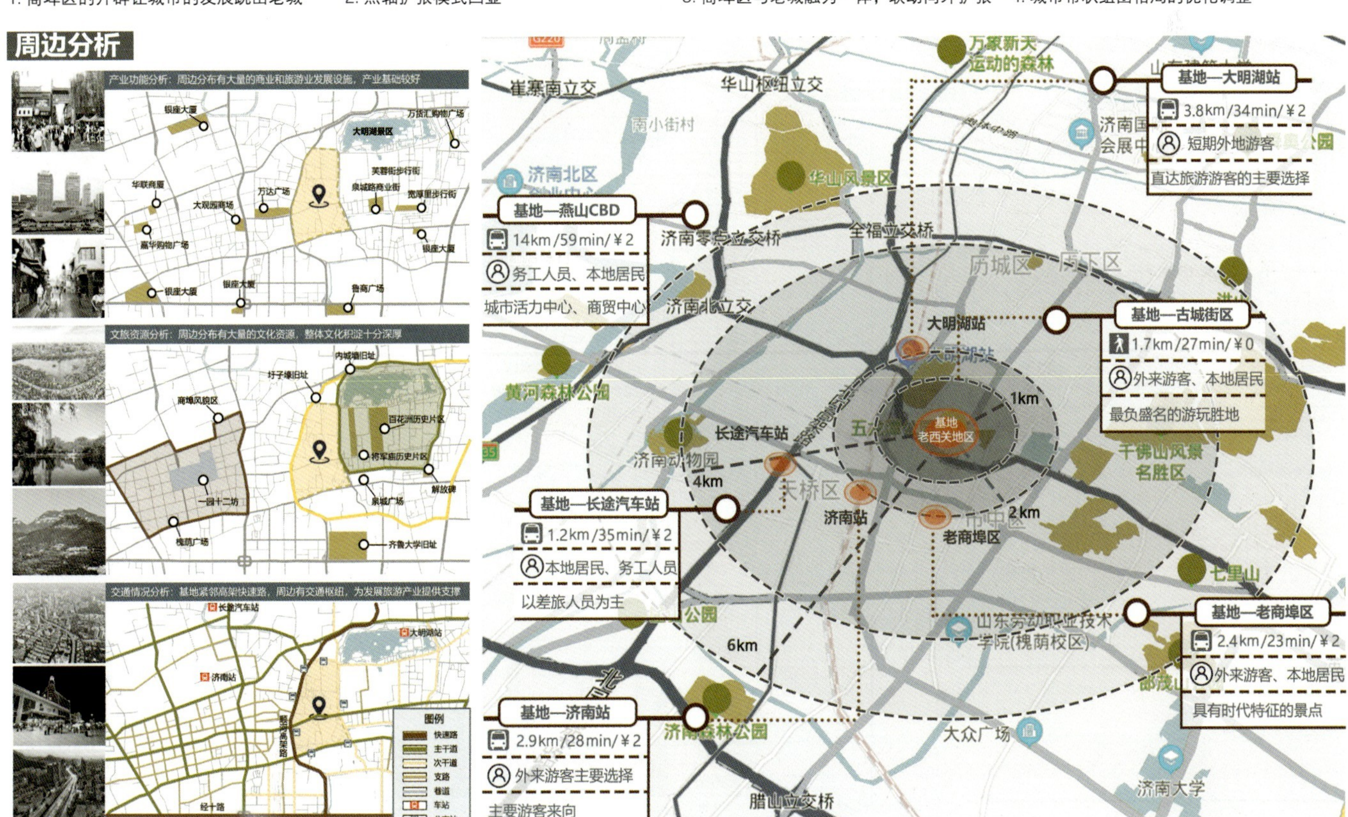

智环四方·慧活西关

02

——活力再生视角下济南市大明湖周边地区城市更新设计

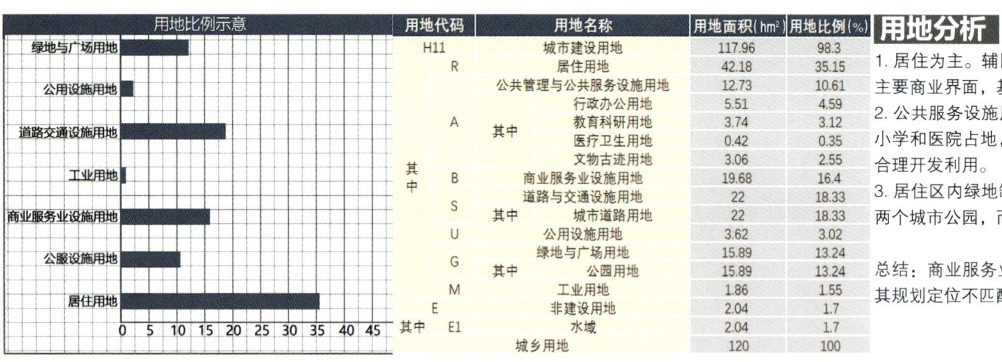

用地代码		用地名称	用地面积(hm²)	用地比例(%)
H11		城市建设用地	117.96	98.3
其中	R	居住用地	42.18	35.15
	A	公共管理与公共服务设施用地	12.73	10.61
	其中	行政办公用地	5.51	4.59
		教育科研用地	3.74	3.12
		医疗卫生用地	0.42	0.35
		文物古迹用地	3.06	2.55
	B	商业服务业设施用地	19.68	16.4
	S	道路与交通设施用地	22	18.33
	其中	城市道路用地	22	18.33
	U	公用设施用地	3.62	3.02
	G	绿地与广场用地	15.89	13.24
	其中	公园用地	15.89	13.24
	M	工业用地	1.86	1.55
E		非建设用地	2.04	1.7
其中	E1	水域	2.04	1.7
		城乡用地	120	100

用地分析

1. 居住为主。辅以现状商业用地，沿顺河东街和共青团路，为主要商业界面，基地内商业分布较为零散。

2. 公共服务设施用地占比低。基地内部公共服务用地主要为中小学和医院占地，缺乏文化设施，对于基地内部文化遗产未有合理开发利用。

3. 居住区内绿地缺乏。基地内目前绿地主要为趵突泉和五龙潭两个城市公园，而居住区内绿地率不及25%。

总结：商业服务业用地、旅游发展用地占比较少，用地构成与其规划定位不匹配。

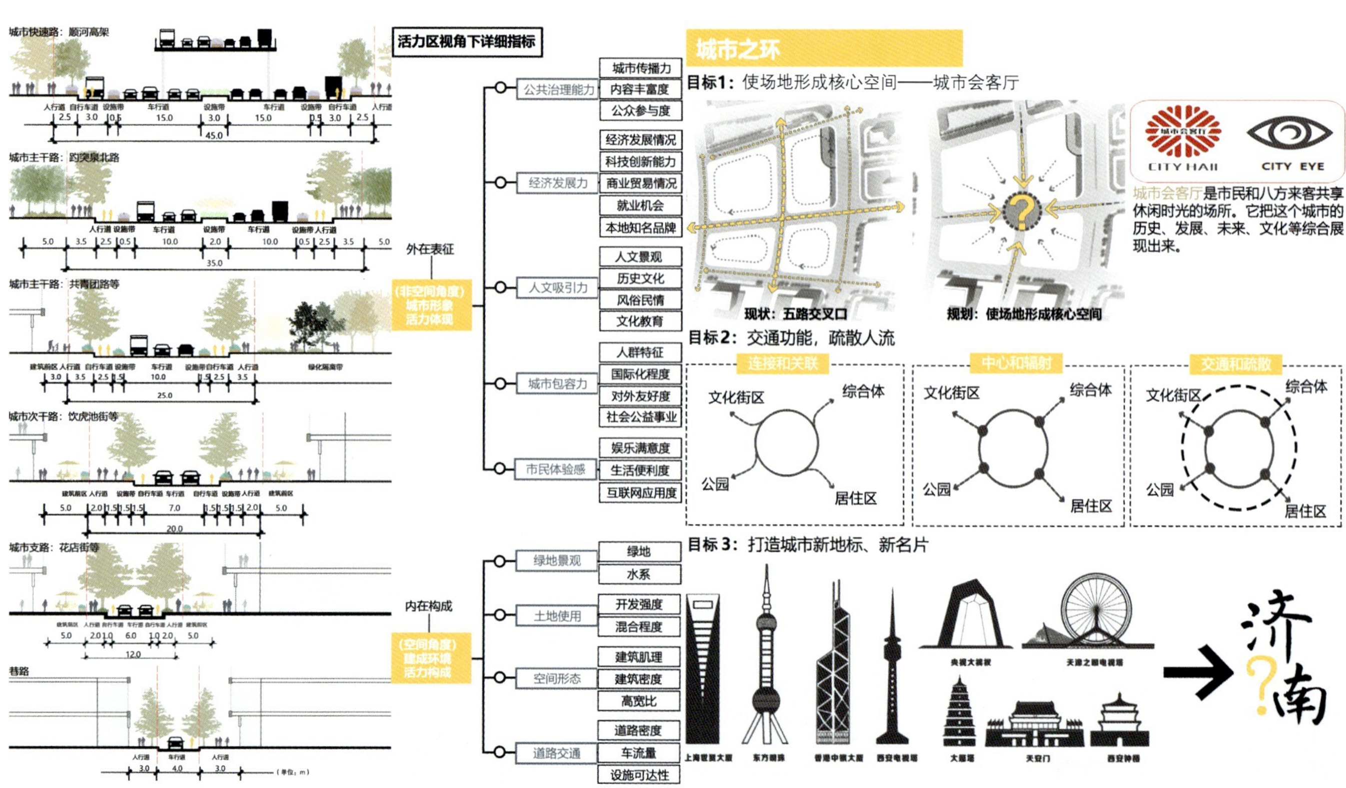

技术路线

目标主题
研究内容
对应现状问题
挑战和困境
机遇
策略
如何提升老城区活力，重塑活力中心？
用地功能方面
大比例居住功能不符合城市中心形象
产权及用地边界等挑战
特色文旅打造机遇
植入新功能，完善旧功能
道路交通方面
部分道路质量较低，通行力低
停车设施缺乏，服务覆盖不足
五岔路口路况复杂，人行车行易冲突
交通量极大，路况复杂
功能组织优化机遇
协调路宽，明确等级，裁弯取直
新建地块采用地下停车，新地块增设停车楼
规划设计天桥式地标——城市之环
空间形态方面
部分建筑风貌欠佳，不符城市中心形象
公共开敞空间欠缺，道路不通达
产权及用地边界等挑战
空间结构升级机遇
协调传统和现代风貌
充分考虑人活动需求和路径，增设开敞空间
绿地景观方面
景观特色仍需挖掘，不成体系
产权及用地边界等挑战
文化遗产升级机遇
衔接泉城风貌带，组织开敞空间系统
经济产业方面
文旅资源挖掘不充分，经济带动不足
商业商办功能需要提升，刺激活力
本地老字号未充分发扬，吸引力不足
周边人流量虽大，但停留人流较少
产业更新吸引企业入驻的挑战
多元群体互动机遇
打造特色文旅，提升城市品质
特色商业模式改进创新
推广泉城城市文化、城市品牌
打造新空间，塑造城市中心，留住人流
社会活力方面
本地居民参与度低，容易被忽视
社区服务设施不足，如停车等覆盖面不足
文旅服务设施不足，游客体验感较差
城市智慧系统缺失，管理效率较低
动员公众企业主动参与的挑战
老旧城区更新机遇
听取公众意见，构建交流平台
增设相关服务设施
植入智慧管理系统，形成统一调度
城市之环
活力再生
智环四方 慧活西关
未来城市
一环四片
老城新梦
规划核心节点，城市活力引擎点
老城区新活力，实现活力复兴
历史文化与智慧未来碰撞的愿景
四片规划功能片区
位于济南中心地带的老西关及其周边

更新住区
商业商办片区
创意园区
城市之环
传统风貌片区

基础分析

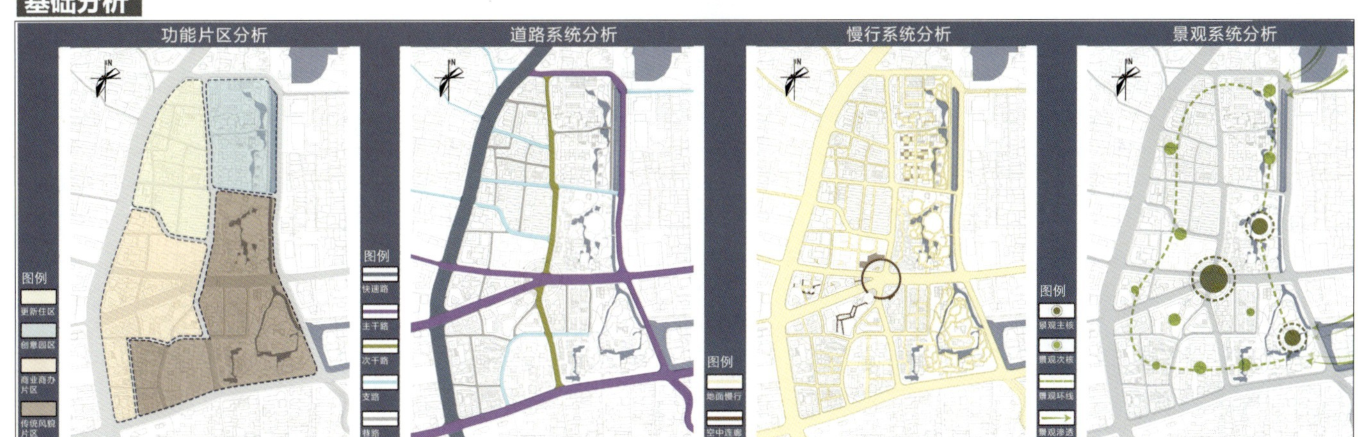
功能片区分析
图例
更新住区
创意园区
商业商办片区
传统风貌片区
道路系统分析
图例
快速路
主干路
次干路
支路
巷路
慢行系统分析
图例
地面慢行
空中连廊
景观系统分析
图例
景观主核
景观次核
景观环线
景观渗透

平面表现

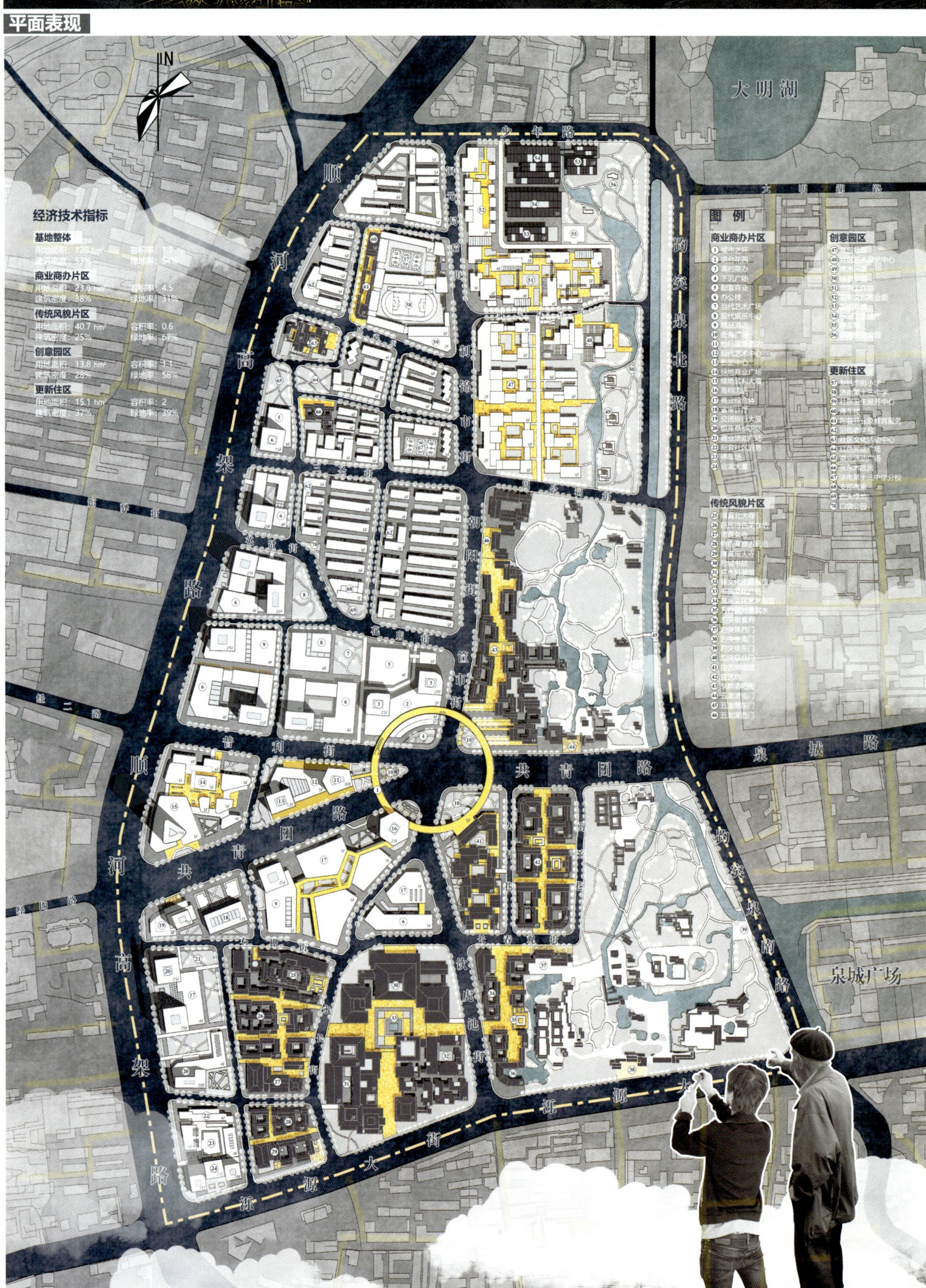

N
大明湖
少年路
大明湖路
顺河高架路
趵突泉北路
泉城路
共青团路
泉城广场
趵突泉南路
泺源大街
普利街
经二路
经四路
纬一路
经济技术指标
基地整体
用地面积：120 hm²
容积率：1.7
建筑密度：53%
绿地率：54%
商业商办片区
用地面积：23.6 hm²
容积率：4.5
建筑密度：38%
绿地率：31%
传统风貌片区
用地面积：40.7 hm²
容积率：0.6
建筑密度：25%
绿地率：67%
创意园区
用地面积：13.8 hm²
容积率：1.1
建筑密度：28%
绿地率：58%
更新住区
用地面积：15.1 hm²
容积率：2
建筑密度：37%
绿地率：39%
图例
商业商办片区
传统风貌片区
创意园区
更新住区

天际线分析

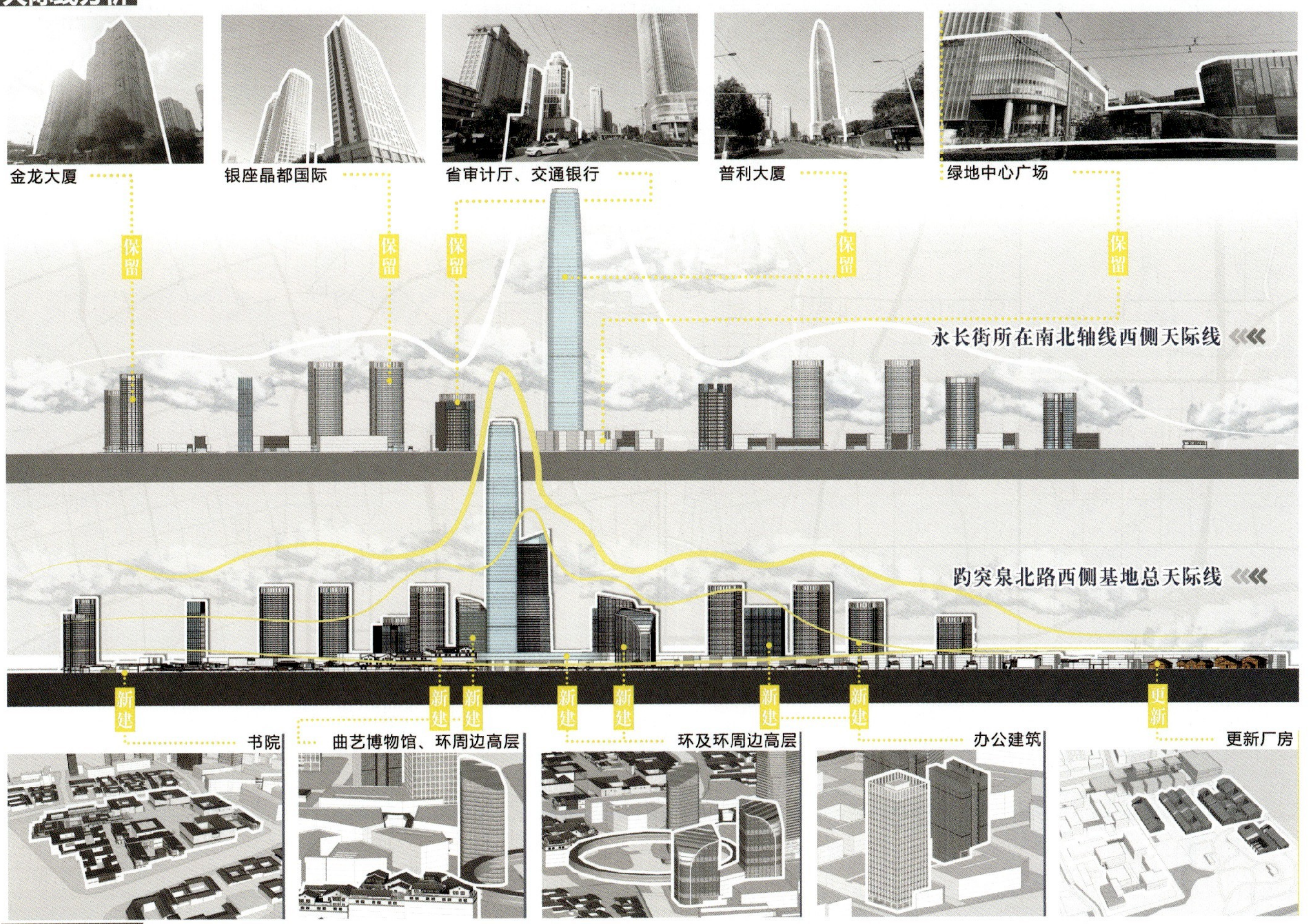

金龙大厦
银座晶都国际
省审计厅、交通银行
普利大厦
绿地中心广场
保留
保留
保留
保留
保留
永长街所在南北轴线西侧天际线
趵突泉北路西侧基地总天际线
新建
新建
新建
新建
新建
新建
新建
更新
书院
曲艺博物馆、环周边高层
环及环周边高层
办公建筑
更新厂房

核心环平面

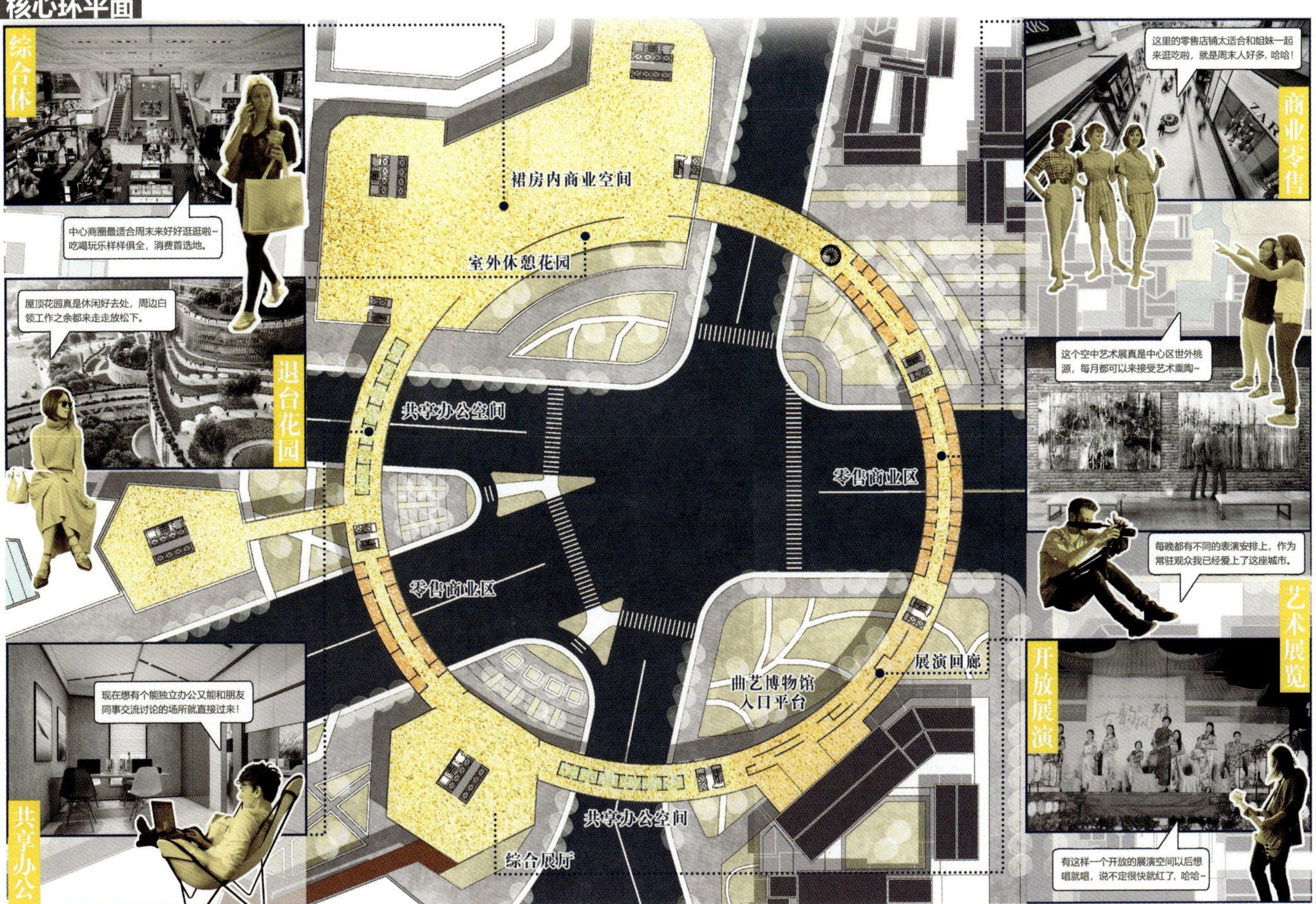

综合体
中心商圈最适合周末来好好逛逛啦~
吃喝玩乐样样俱全，消费首选地。
屋顶花园真是休闲好去处，周边白
领工作之余都来走走放松下。
退台花园
现在想有个能独立办公又能和朋友
同事交流讨论的场所就直接过来！
共享办公
裙房内商业空间
室外休憩花园
共享办公空间
零售商业区
零售商业区
曲艺博物馆
入口平台
展演回廊
共享办公空间
综合展厅
这里的零售店铺太适合和姐妹一起
来逛吃啦，就是周末人好多，哈哈！
商业零售
这个空中艺术展真是中心区世外桃
源，每月都可以来接受艺术熏陶~
每晚都有不同的表演安排上，作为
常驻观众我已经爱上了这座城市。
艺术展览
开放展演
有这样一个开放的展演空间以后想
唱就唱，说不定很快就红了，哈哈~

智环四方·慧活西关

——活力再生视角下济南市大明湖周边地区城市更新设计

本次规划设计方案以“环城”为主题，通过打造地标性“城市之环”推动济南大明湖周边地段实现活力再生的发展目标，打造特色文明品牌，提升城市品质，赋予老城区新活力。规划旨在通过城市更新设计落实济南“中优”战略、推动新旧功能转换、疏解城市功能，改造老旧小区，打造健康、宜居、持续活力的城市核心。

位于基地中心的“城市之环”旨在成为聚集城市中心区不同功能业态的城市会客厅，成为济南地标新名片、特色旅游网红打卡点。环及由环衍生的纽带串联的四片功能区——传统风貌区、商业商办区、创意园区及更新住区，既见证了济南特色历史文化的传承与复兴，也见证了新时代下济南作为健康宜居活力城市的新未来新生活，在这一见证古今文化交织的时空之环、面向未来引领创新的智慧之环的带动下，基地将成为济南文化辐射中心以及未来智慧技术应用示范区。

在现状潜力及定位引导下，规划根据中心区开发建设总量的计算、校核，通过路网骨架梳理、开敞空间植入、交通流线完善等；策略构建基本形态，以塑造中心区形象、保护生态环境、引导视线贯通廊道为目标进行高度控制，同时结合功能定位、交通流线等推敲不同地段空间组织关系，重点规划城市之环周边地段，通过功能植入塑造活力源点，从而落成“中优”战略下的济南特色中心形象，实现济南老城区的活力复兴，推动泉城文化面向未来、走向世界。

分期建设

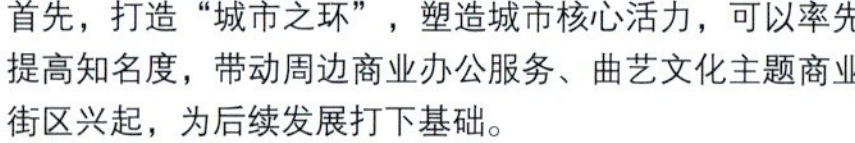

首先，打造“城市之环”，塑造城市核心活力，可以率先提高知名度，带动周边商业办公服务、曲艺文化主题商业街区兴起，为后续发展打下基础。

进一步完善文娱商业功能，使城市活力后继有力，既可以完善原先城市之环及周边商业办公服务功能，也可以进一步作为经济引擎的部分焕发活力。

完成对东北部地块泺源造纸厂旧址的工业遗产改造，联合南侧打造花园社区的地块，形成活力点之一。更新原住区的风貌并完善设施，提升城市品质。

发展阶段	第一阶段	第二阶段	第三阶段
	旅游观光	休闲体验	文化探索
旅游目的	欣赏自然风光	休闲放松	体验文化，精神享受
消费特征	购买特色纪念品、简便的特色餐饮、普通住宿	对餐饮和休闲娱乐的需求、住宿和零售档次中等	餐饮、住宿、零售、休闲娱乐等均趋向高档
消费频次	一次性消费为主	可多频次消费	多频次消费情况明显
消费档次	中、低档次消费	中高低档次消费	中高端消费

第一阶段：如趵突泉、五龙潭等景区，是最普遍模式，但较为浅尝辄止，挖掘不深入；
第二阶段：如各大城市综合体，可自有品牌；
第三阶段：如迪士尼、环球影城，自创IP，挖掘主题文化，潜力无限。

运营管理

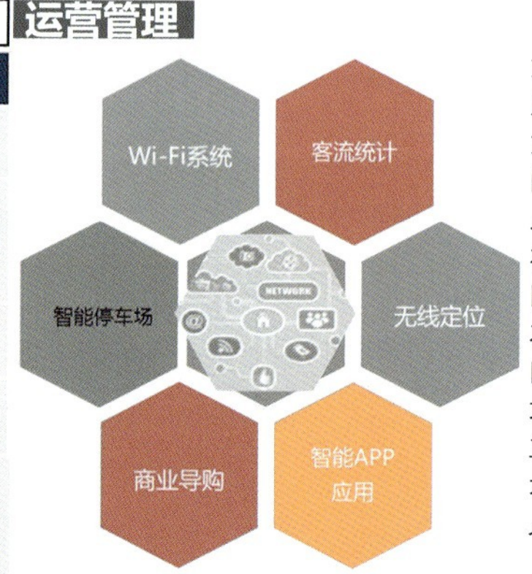

文娱商业正经历观光产业向文化探索发展的转变，目标人群的感知都将得到升级，同时伴随多频次消费演化，因此基地文娱功能需要向第三个阶段迈进才能切合多元人群的需求。

循古通今·临泉重生

——基于活态博物馆理念下的济南老城区城市更新设计

学　　校：南京工业大学
设计成员：夏梦歆、吴宙恒

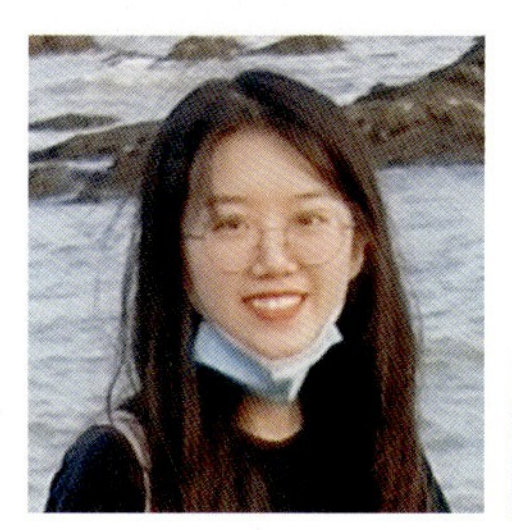
夏梦歆

吴宙恒

设计说明：

本次规划方案以“活态保护”理念为主题，其概念来源于对老旧城区的更新保护与记忆文脉传承。活态博物馆强调空间元素、集体记忆、社区居民三个要素，是城市历史保护地段新的理念和方法。其中空间元素是载体，集体记忆是线索，社区居民是保存者和表达者。

借鉴“活态保护”的理念，对传统风貌的形成和发展、城市遗产（街巷风貌、历史建筑、传统文化）的保存现状进行梳理，并将活态博物馆的理念与实际情况结合，通过文化体验、社区生活、教育传承三方面落实规划，以历史文化为触媒，提升老街巷内居民生活质量，激发老城的活力与创造力。希望周边校园的青少年能在体验街区特色的同时，学到书本以外的知识。在规划区内划分五个片区，分别为文化创意街区、泉水文化体验区、回族文化体验区、商业休闲区、街巷文化体验区。文化创意街区：以山东造纸总厂东厂为片区中心节点，作为造纸工艺的历史传承展示馆，布置文化创意产业带动片区活力功能。泉水文化体验区：以五龙潭、趵突泉为中心节点，周边布置小商品纪念品购物超市与泉水博物馆体现泉城历史文化。回族文化体验区：以清真寺为中心节点，片区内有回民小学，布置回族文化相关的商业。结合三所清真寺布置庙会提升社区街道活力。街巷文化体验区：提升老旧城区生活品质，布置社区服务中心扩大菜市场规模，增加绿化，引入步行轴线，提高居民交流品质。

设计感悟｜夏梦歆

这次五校联合毕业设计对于我们所有人来说都是一次非常可贵的学习经历，是对过去五年来在学院所学到的知识进行的一次检测，对我们所养成的思维逻辑，设计方法进行总结与提升。在这次学习经历中，尽管前期我们没有到基地现场调研，但是通过线上会议与资料对基地进行了初步认识。老旧城区更新设计，我们体会到对于基地内历史文脉的保护传承，对于老城片区内居民生活质量的提升，在给老街区注入现代审美观的同时，焕发社区新活力，改善了区域公共空间。老城片区，生活秩序较为混乱、经济萧条，城市更新可以激发商业活力，释放消费潜力，始建于民国时期的老院落经过翻新改造，增加了复古装饰和泉水景观，可以打造成特色餐饮院落，“泉水文化、民俗文化、餐饮文化”的碰撞，让济南老城片区重新焕发历史文化和特色商贸活力。文化体验片区，汇聚文创、民俗、手工艺、非遗的文创市集，构筑了老城区活色生香的市井夜色。商业休闲片区，以时尚文化为主题产业项目的进驻，也让老城区增添了现代化的活力元素。在设计过程中，我们发现了自己对量的测算，以及对周边片区与基地衔接的整体考量都有待提高，让我们反思自己的不足，回顾总结，不断学习进步都是必不可少的一部分。

设计感悟｜吴宙恒

这次五校联合毕业设计是我们很难忘的一段本科学习历程。我们所选基地在济南大明湖周边片区，该片区功能定位以公共服务、生活居住为主导，目的是集中体现济南“山、泉、湖、河、城”的特色风貌，是老城区与商埠区的过渡片区，实施“中优”战略，全面提升城市功能与品质，优化城市环境，不断提高城市综合承载能力，回应当地居民群众对美好生活的向往。社区治理关乎每一位居民的幸福指数，改造内容包括：室外景观提升、增设停车场、增设社区居民服务中心、扩建菜市场、新建旅游环线、新建社区慢行步道等。从“大拆大建”过渡到有机更新，正在实施的“中优”战略让居住环境得到大幅提升的同时，也让城市历史风貌得以有效保护，老城区非核心功能得以持续疏解，在认真保护好老建筑的同时，尽可能通过城市更新释放、盘活资源，统筹做好老城区改造和产城融合。把重要历史建筑予以保护、加固、修缮，拆除与历史风貌不协调的建筑，扩大公园面积，达到透绿效果，提升片区品质。在今后的设计中，我们将会更具全局思考意识，对基地功能反复推敲考量，使我们的设计更加美好和实用。

循古通今 临泉重生

01

——基于活态博物馆理念下的济南老城区城市更新设计

规划背景

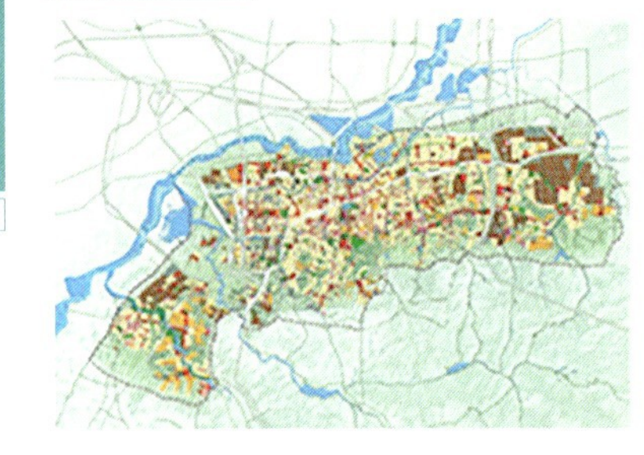

基地位于济南古城片区，是泉城历史文化遗产保护体系的重要内容；是市域“山水融城”特色格局的重点要素；是总规中重点打造的市级文化中心。

主导功能：以公共服务生活居住为主导，以发展文化旅游、创意产业、商业商务等现代服务业、新兴产业为先导集中体现“山、泉、湖、河、城”特色风貌的泉城特色标志区、历史文化名城保护核心区、世界文化景观遗产集中展示区。

区位分析

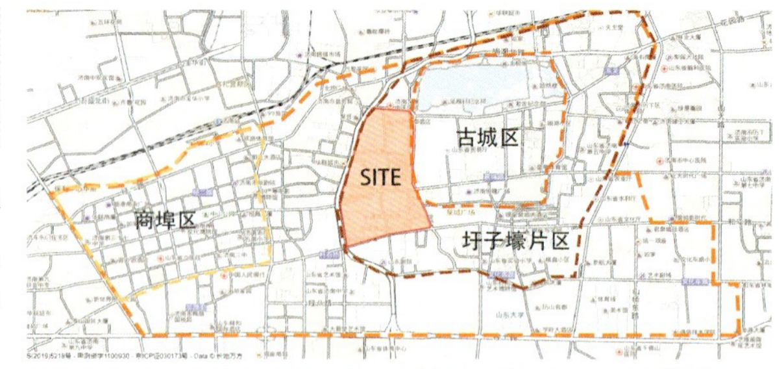

基地位于济南市主城区，发展轴与城市景观轴的相交处，区位优势显著。

历史沿革

济南城址变迁

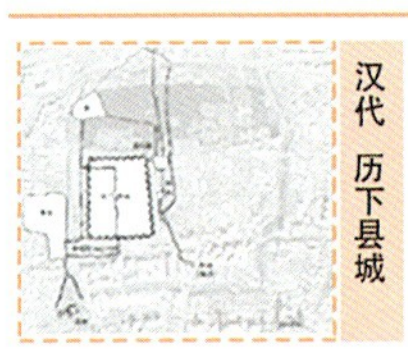
汉代 历下县城

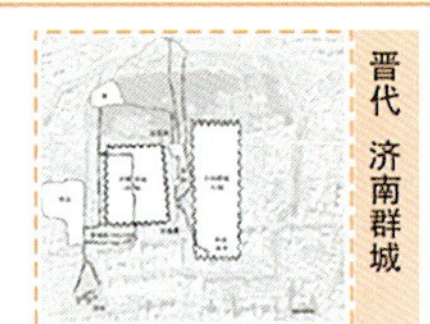
晋代 济南群城

宋代 冀州州城

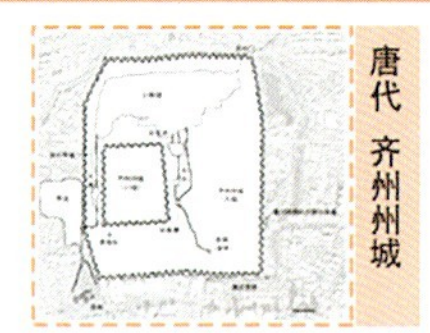
唐代 齐州州城

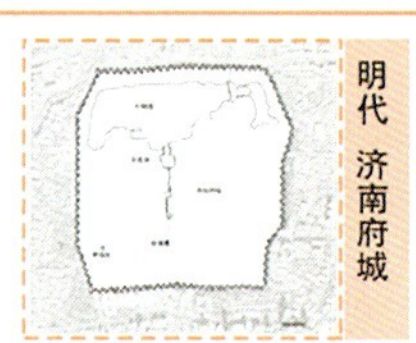
明代 济南府城

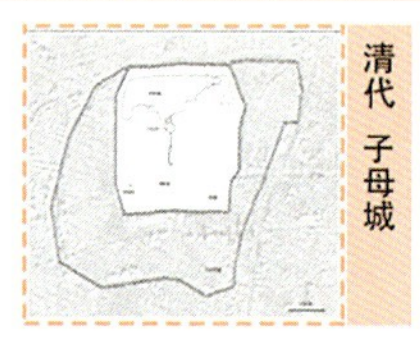
清代 子母城

济南泉水历史

先秦运河图

北宋运河图

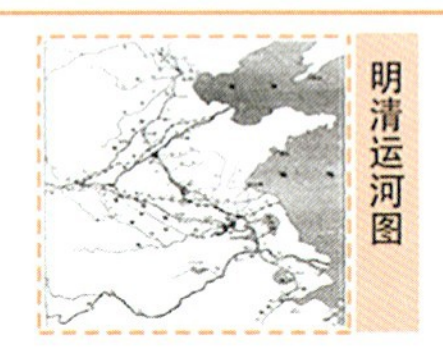
明清运河图

清末水系图

明代珍珠泉

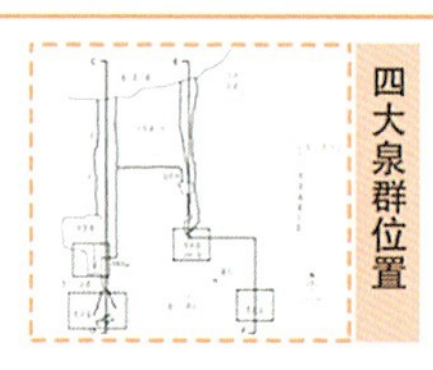
四大泉群位置

周边环境

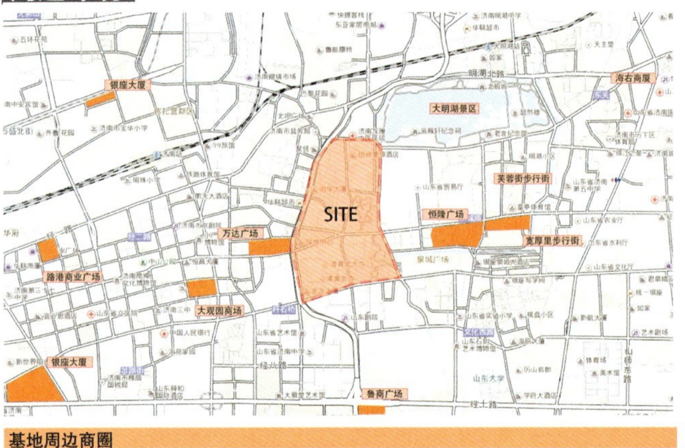

基地周边商圈

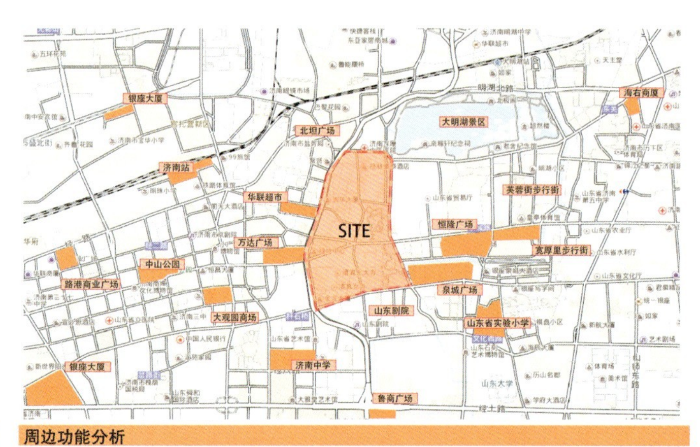

周边功能分析

基地周边商圈主要有万达广场、路港商业广场、大观园商场、恒隆广场、芙蓉街步行街、宽厚堂步行街等，商业业态主要以步行街和商业综合广场为主。

基地位于大明湖周边片区内，周边有多个历史片区及多个商业广场，基地是连接商埠区和老城历史片区的过渡片区。

人群分布

清真南大寺

造纸厂东厂

五龙潭公园

趵突泉公园

人群活动

由人群热力图得知，部分文保单位的人群参观程度并不理想，没有完全发挥价值，清真南大寺、山东省造纸厂东厂对人群吸引程度较差；五龙潭公园和趵突泉公园参观率较高。

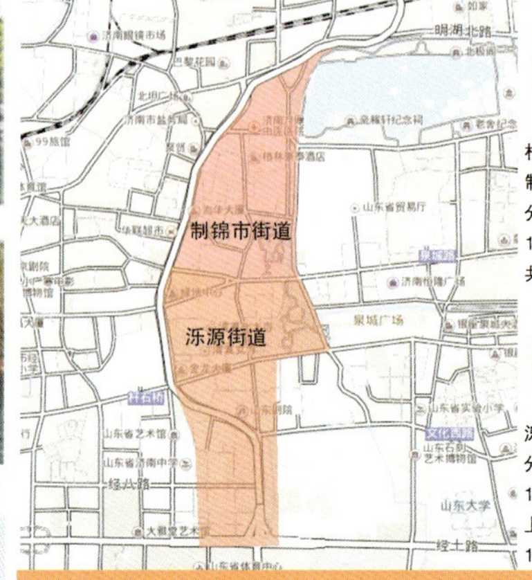

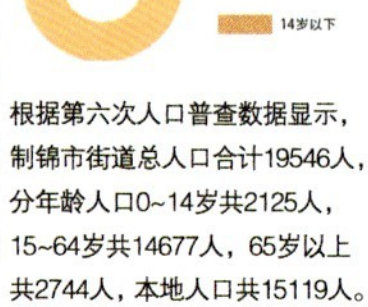

根据第六次人口普查数据显示，制锦市街道总人口合计19546人，分年龄人口0~14岁共2125人，15~64岁共14677人，65岁以上共2744人，本地人口共15119人。

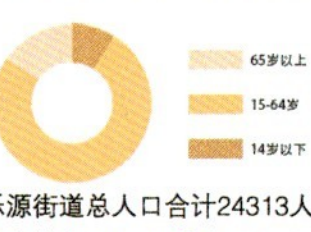

泺源街道总人口合计24313人，分年龄人口0~14岁共2161人，15~64岁共18363人，65岁以上共3789人，本地人口共18353人。

建筑分布

时间轴：民俗区建设开始　中部轴线建设完成　转移原有居民

引起关注　新建传统建筑　房屋改造　新建现代建筑　配套建设　商业经营　建立社区

活力社区形成　现代区建设完成　民俗区建设完成　现代区建设开始

土地利用

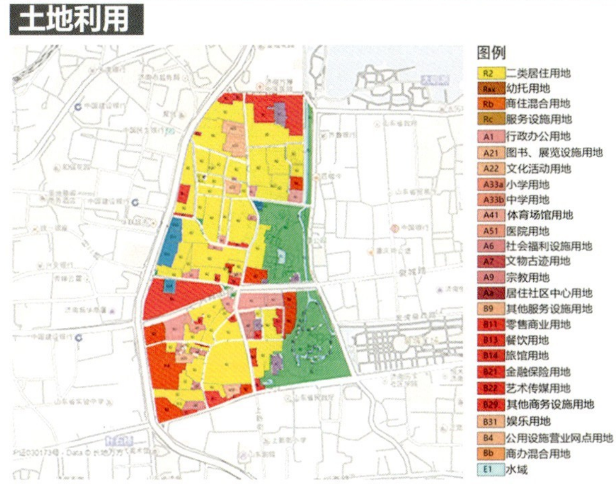

建筑质量

保留现状类 保留现状类是目前风貌较为完整，建筑质量较好，年代较新或功能不易改变的建筑。

保护风貌类 保护风貌类大部分是文保单位，有重要的保护意义和实际价值，是历史的记忆体现。

拆除更新类 拆除更新类是目前风貌较差，建筑年代较久，使用时间较长，与基地整体风貌不匹配。

用地权属

现状用地权属复杂，基地内建筑权属多样，居住建筑产权复杂，拆建难度较大。基地内有两所小学，一所中学以及一所幼儿园，教育类服务设施满足配套需求。

道路交通

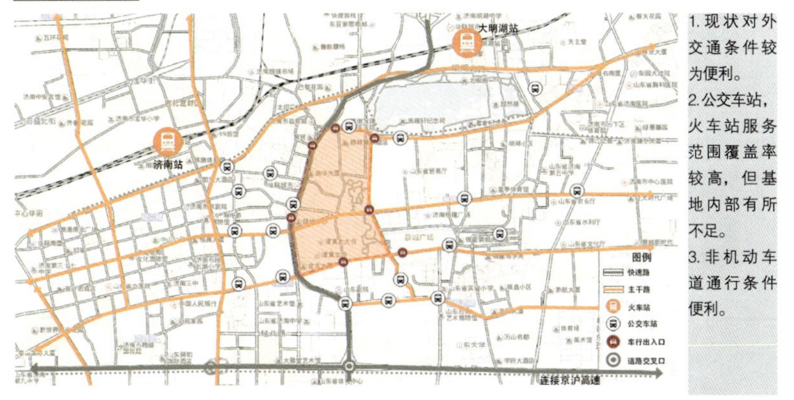

1. 现状对外交通条件较为便利。
2. 公交车站，火车站服务范围覆盖率较高，但基地内部有所不足。
3. 非机动车道通行条件便利。

街道断面

交通分析

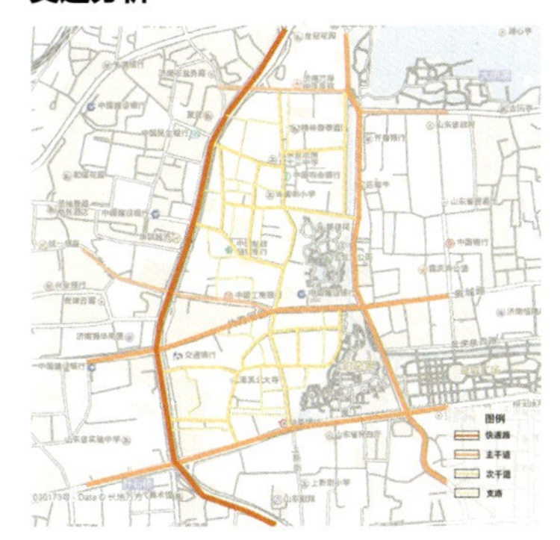

道路等级	道路名称	道路宽度	横断面形式	车道
快速路	顺河高架	50m	四块板	8
主干道	共青团路	35m	三块板	6
	泺源大街	35m	三块板	6
	趵突泉路	35m	三块板	6
次干道	普利街	28m	三块板	6
	少年路	20m	两块板	4
支路	铜元局后街	12m	一块板	2
	朝阳街	12m	一块板	2
	饮虎池街	12m	一块板	2
	福康街	8m	一块板	2
	西杆面巷	8m	一块板	2
	北小门街	8m	一块板	2
	竹竿巷	8m	一块板	2
	周公祠街	8m	一块板	2
	长春观街	8m	一块板	2

时间分布

趵突泉和五龙潭景点对于人流的吸引，使得景区周边的道路出现拥堵现象，作为连接经四路与泉城路的交点，顺河东街向共青团路转向的车流也出现大量拥堵现象。

1. 景点周边道路拥堵现象较为明显急需疏导；
2. 五岔路口通行效率低，路况复杂；
3. 饮虎池街南北沿线交通量与道路等级不匹配。

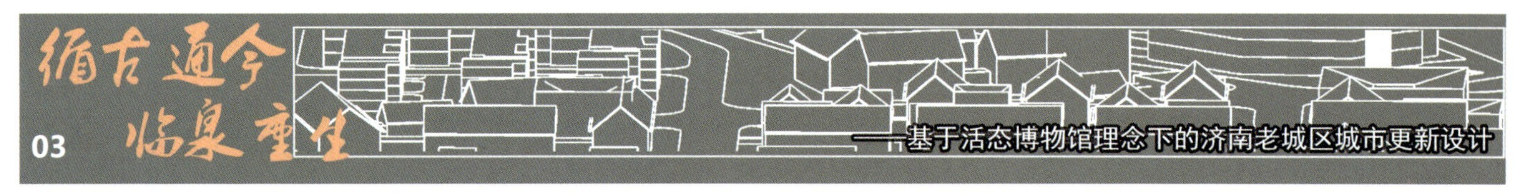

概念生成

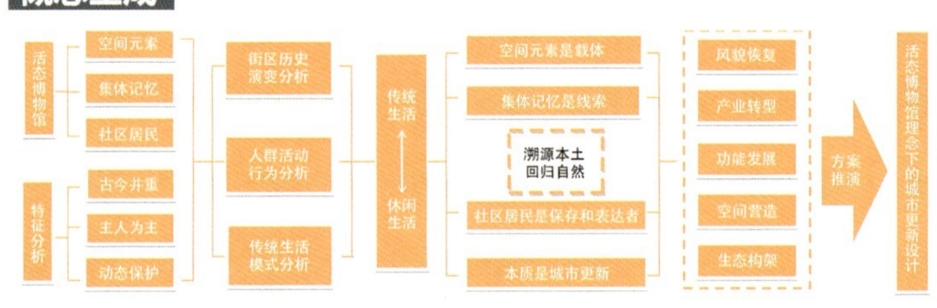

城市特色

1 气候特色

其特点是季风明显，四季分明，春季干旱少雨，夏季温热多雨，秋季凉爽干燥，冬季寒冷少雪。济南地处中纬度地带，由于受太阳辐射、大气环流和地理环境的影响，属于温带季风气候。

2 民俗特色

鼓子秧歌分布在今山东鲁北平原的商河地区、羽毛画是中国独创的传统工艺、章丘芯子起源于明朝、济南皮影戏是由李克鳌带进来的，有77年历史、千佛山庙会一年举办两次。

3 文化特色

山东济南泉水甲天下，各处细流最后汇聚成繁华闹市中的大明湖。大明湖是济南的三大名胜之一，素有"泉城明珠"的美誉。济南的泉水及泉群，以其众多的泉点、丰沛水量、优异水质，以及壮观的喷涌景观，成为我国岩溶泉的典型代表。

4 饮食特色

来济南旅游不仅要欣赏这里的山和泉，济南的特色小吃也是一大亮点。草包包子、油旋、甜沫、拉面、把子肉、奶汤蒲菜都是特色美食。

历史资源

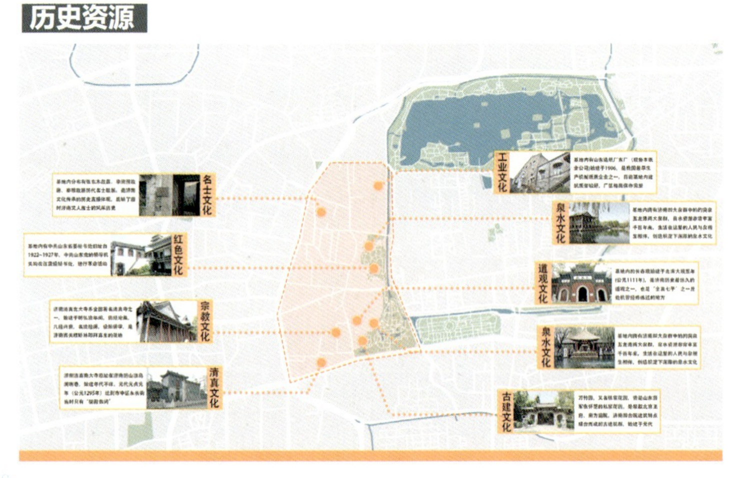

技术路线

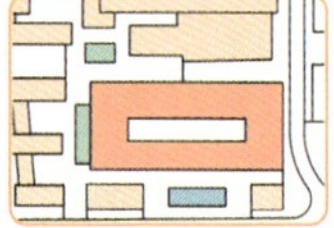

改造策略：传承老城文脉，延续老城记忆，更新其功能为造纸艺术博览馆，展示造纸技艺的变迁史

清真北大寺改造

改造策略：在沿着清真寺街道处布置庙会，提升街道活力并使得地区文化影响提升，体现地区回民文化特色

节庆日庙会

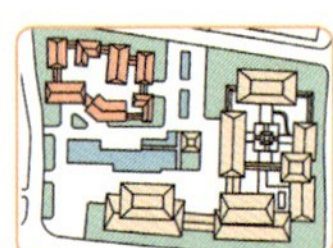

改造策略：在故居周边布置社区活动中心，提供部分娱乐以及服务功能，同时布置轴线穿过，发挥历史价值

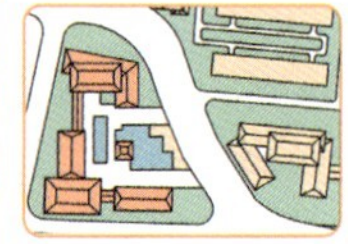

改造策略：扩建社区菜市场，结合社区服务功能，位于基地游线之中，让本地居民与游客体会到市井文化生活

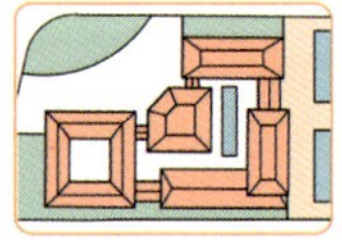

改造策略：改建原有建筑，转换其功能为泉水文化博览馆，打造追忆千年泉水文化历史，回味泉城往事博物馆

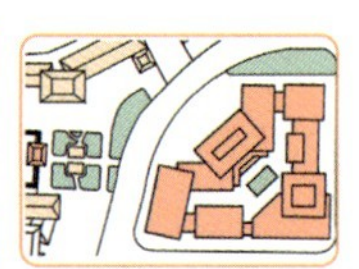

改造策略：新建居民服务中心，布置养老功能、文化功能、社区服务功能服务回族社区居民

改造手法

对临时搭建的景观风貌效果较差或建筑质量较差的建筑进行拆除，还原完整的院落空间，提高居民生活品质。

拆除

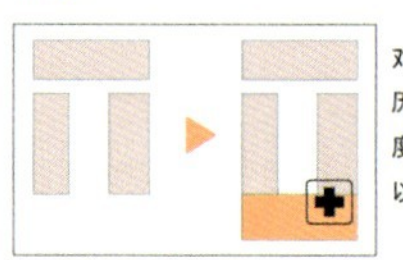

对于院落已残破不全，尤其是历史文物保护单位周边建筑完整度较弱建筑，需适当加建建筑，以使院落空间复原。

增加

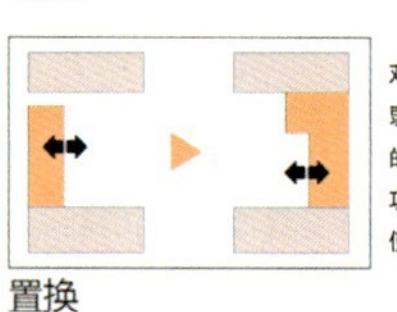

对于建筑与周边环境协调性较弱的，在不破坏原有建筑风貌的基础上适当置换建筑方位或功能，以更好地满足景观需求及使用效率。

置换

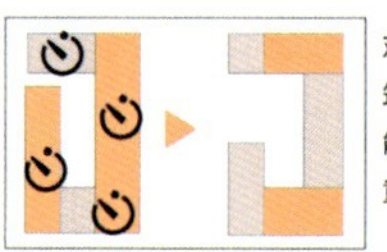

对于建筑比例、建筑尺度及建筑属性混乱的、与现代建筑功能发展部协调的，可对建筑进行重组以满足需求。

重组

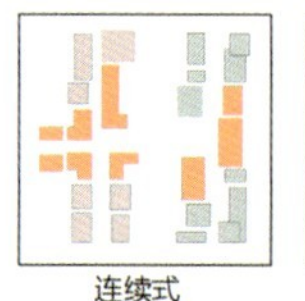

连续式

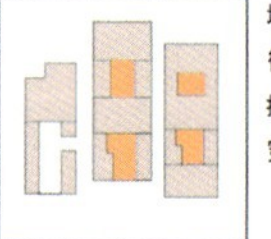

进院式

地段内沿历史街巷线性连续排布建筑组织穿透空间。

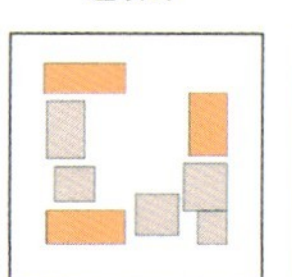

围合式

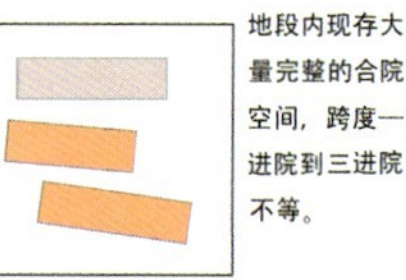

行列式

地段内现存大量完整的合院空间，跨度一进院到三进院不等。

平面布局

经济技术指标	
总用地面积	96.99 hm²
建筑总面积	174.58万m²
容积率	1.8
绿地率	40%
建筑密度	27%
拆建比	3.67

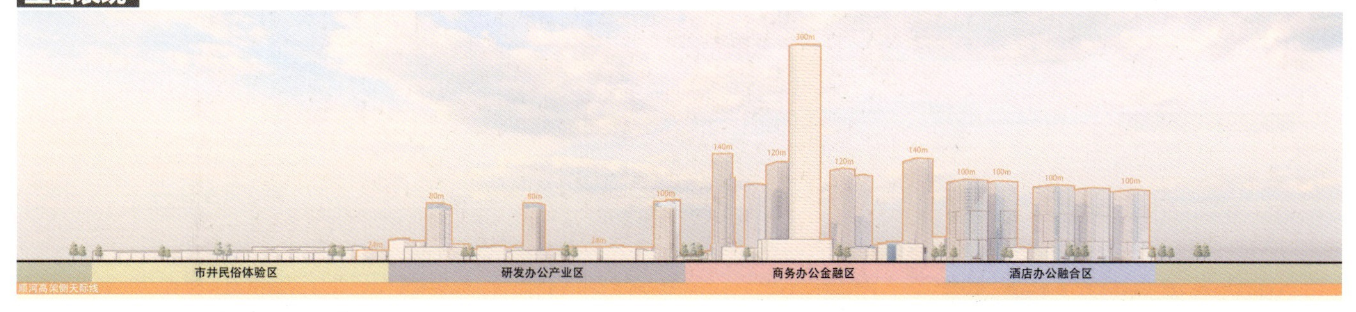

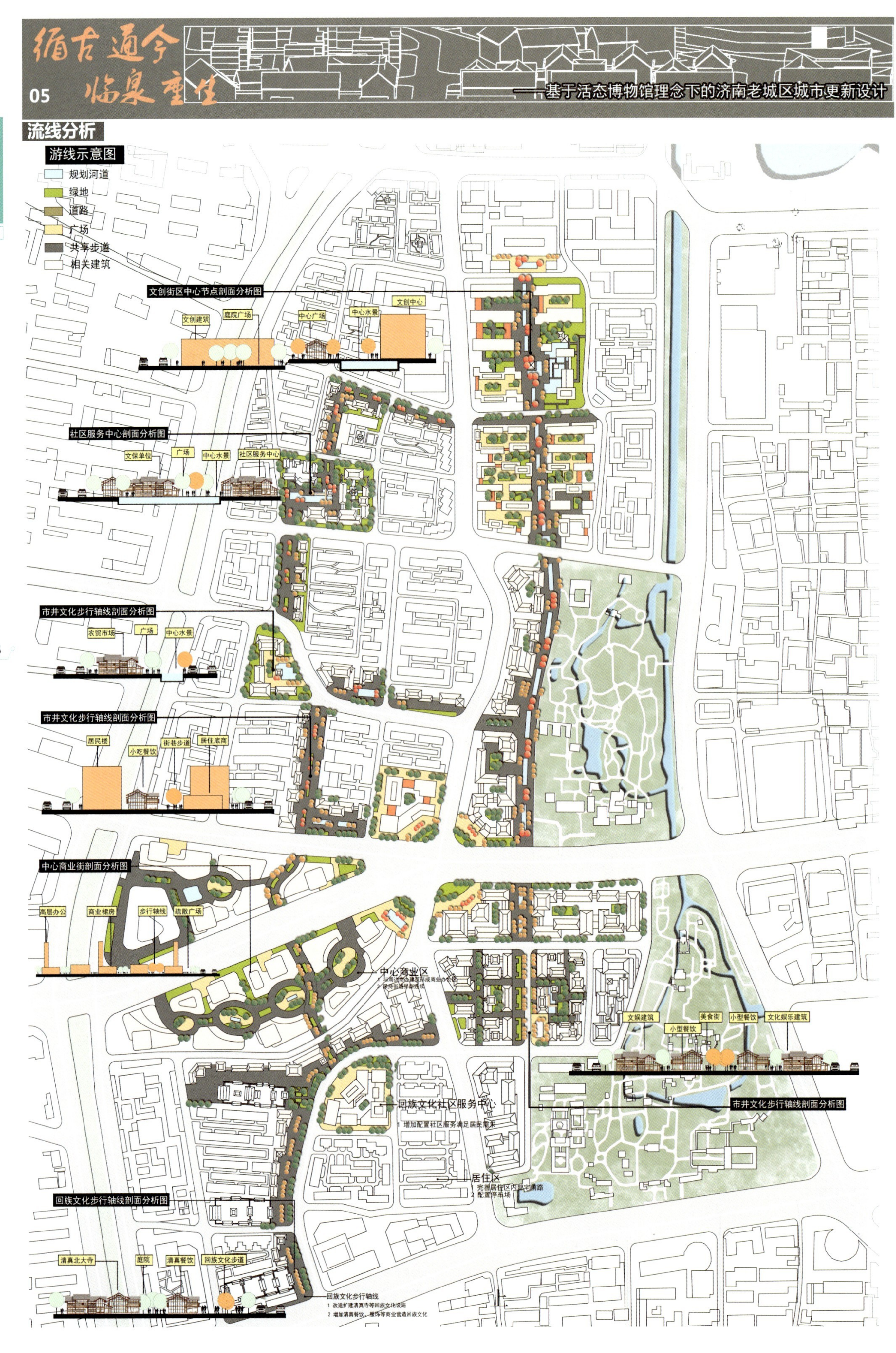
循古通今 临泉重生
05
——基于活态博物馆理念下的济南老城区城市更新设计
流线分析
游线示意图
规划河道
绿地
道路
广场
共享步道
相关建筑
文创街区中心节点剖面分析图
文创建筑
庭院广场
中心广场
中心水景
文创中心
社区服务中心剖面分析图
文保单位
广场
中心水景
社区服务中心
市井文化步行轴线剖面分析图
农贸市场
广场
中心水景
市井文化步行轴线剖面分析图
居民楼
小吃餐饮
街巷步道
居住底商
中心商业街剖面分析图
高层办公
商业裙房
步行轴线
疏散广场
中心商业区
文娱建筑
小型餐饮
美食街
小型餐饮
文化娱乐建筑
市井文化步行轴线剖面分析图
回族文化社区服务中心
1 增加配置社区服务满足居民需求
居住区
1 完善居住区内部道路
2 配置停车场
回族文化步行轴线剖面分析图
清真北大寺
庭院
清真餐饮
回族文化步道
回族文化步行轴线
1 改造扩建清真寺等回族文化设施
2 增加清真餐饮、服饰等商业营造回族文化

循古通今 临泉重生

06

——基于活态博物馆理念下的济南老城区城市更新设计

效果表现

改造策略

交通策略

外部交通

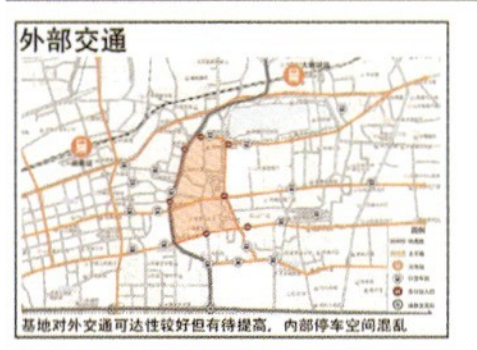

基地对外交通可达性较好但有待提高，内部停车空间混乱

更新策略

延伸道路——增强对外交通可达性

延续南北主要道路并拓宽，拆除中间主路上的老旧建筑，增强基地内部的可达性和秩序性，连接交通站点增加对外开放性

规整停车空间——解决交通混乱问题

整合内部停车空间，将集中停车场置于地下在基地内部形成完整、安全的步行交通系统

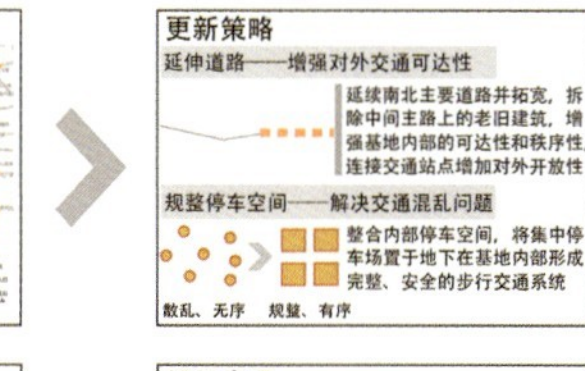

散乱、无序　规整、有序

方案对策

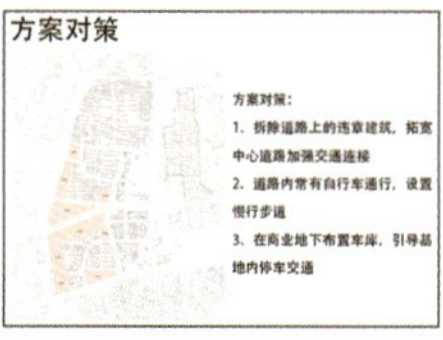

传统街巷空间

内部交通

慢行交通

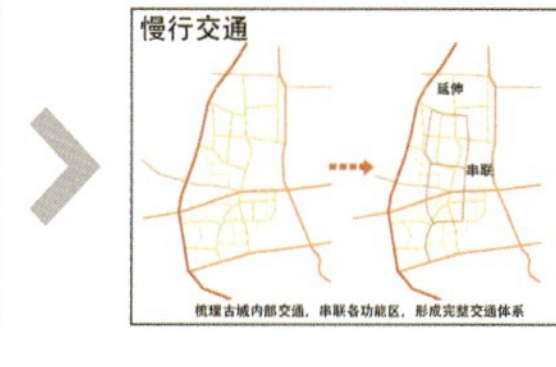

梳理古城内部交通，串联各功能区，形成完整交通体系

交通系统

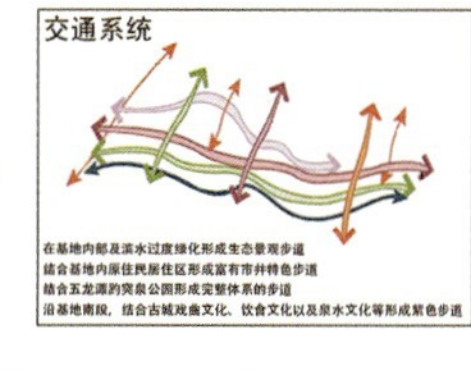

沿河步行廊道

产业策略

区域产业分析

产业的聚集效应

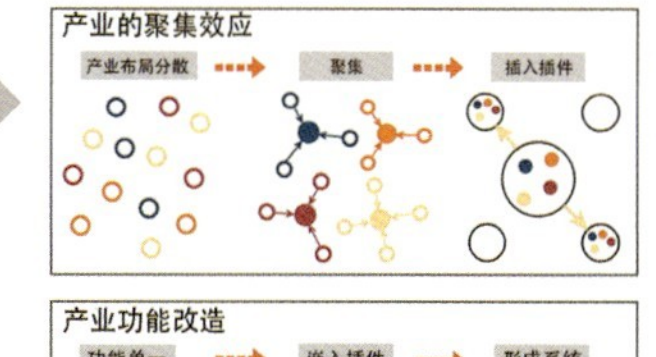

功能分区

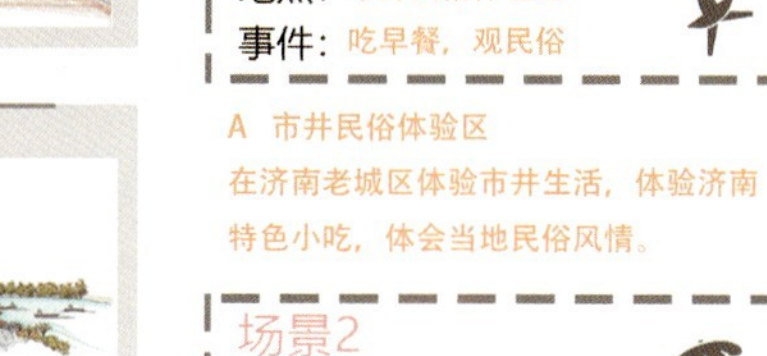

美食商业街街景

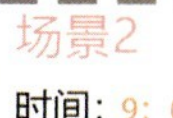

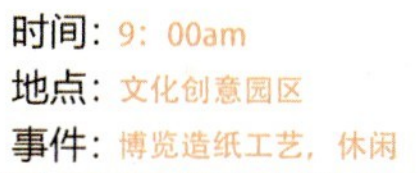

产业问题分析

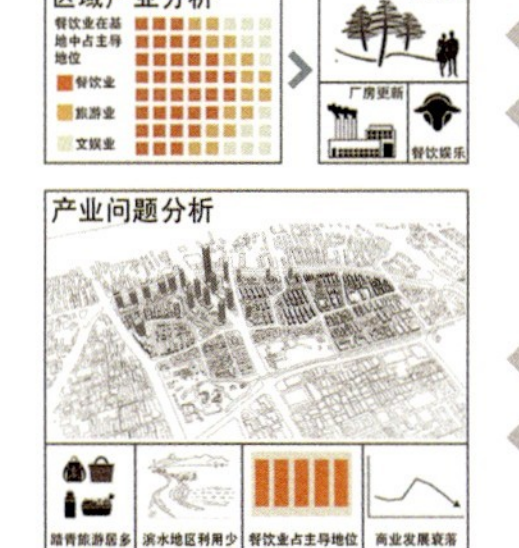

产业功能改造

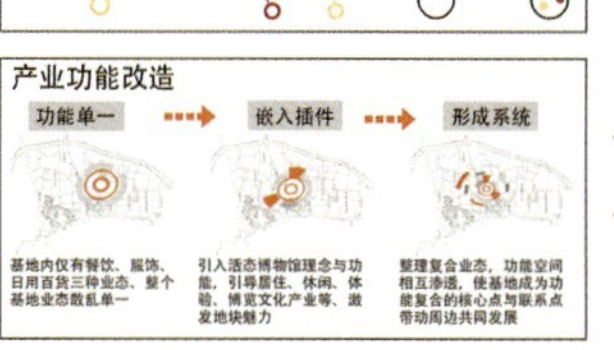

各功能区人员参与度

泉水文化体验区

生态景观策略

宏观生态现状分散

连续滨水景观功能

打通生态廊道

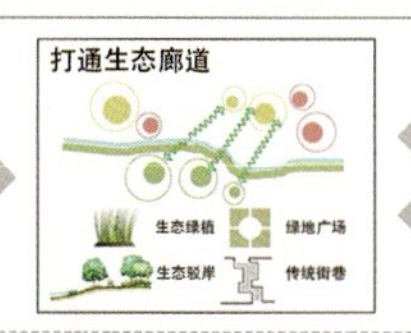

传承泉水文化

沿河步行廊道

微观生态现状

弥补街巷绿化

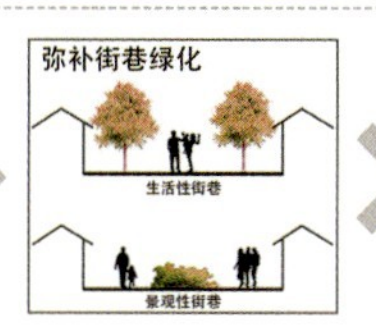

延续院落生态

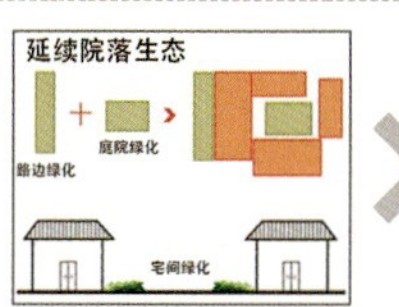

塑造景观节点

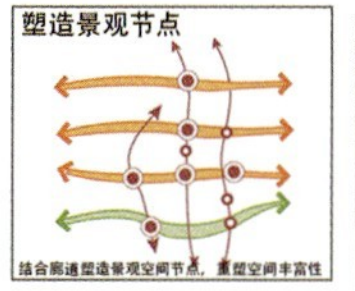

滨水广场营造

历史文脉策略

现状遗存分布图

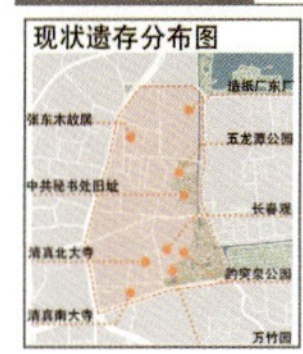

历史文脉串联

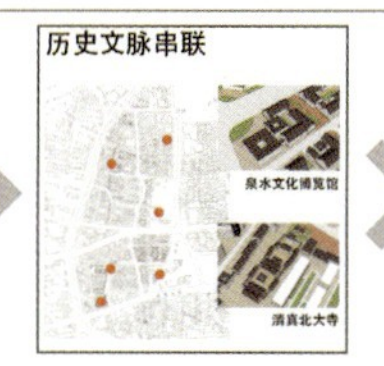

传统文化串联

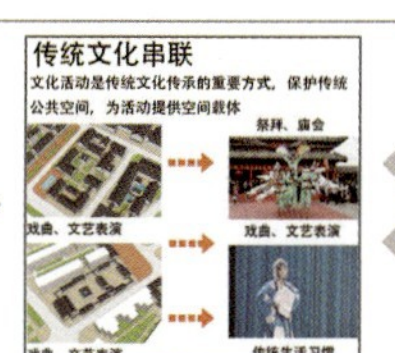

现代文化活动串联

休闲文化广场

旅游路线

基地内的一天

场景1

时间：7：00am

地点：市井民俗体验区

事件：吃早餐，观民俗

A　市井民俗体验区

在济南老城区体验市井生活，体验济南特色小吃，体会当地民俗风情。

场景2

时间：9：00am

地点：文化创意园区

事件：博览造纸工艺，休闲

B　文化创意园区

在山东造纸厂东厂改造成的济南造纸博物馆博览造纸历史，体会造纸技艺传承。

场景3

时间：12：00am

地点：泉水文化体验区

事件：博览泉水文化，用餐

C　泉水文化体验区

在泉水文化博物馆了解泉水文化，并在美食街品尝当地特色美食购买纪念品。

场景4

时间：16：00pm

地点：回族文化体验区

事件：观赏、游览

D　回族文化体验区

在回族文化体验区感受回族文化，体验清真特色小吃，体会当地居民生活意趣。

场景5

时间：19：00pm

地点：花园酒店

事件：观景、休息

泉城水韵·还泉于民

——泉水文化复兴导向下的城市更新规划设计

学　　校：南京工业大学
设计成员：杨裕婷、王靖淇

杨裕婷

王靖淇

设计说明：

“还泉于民”——将原本消逝的泉水文化逐渐归还于济南市民，是我们这次设计的主要方向。基地位于济南市大明湖片区周边，毗邻济南古城，在上位规划中被定位为泉水核心区外围，主要以居住和教育功能为主。其中老旧社区众多，空间较为闭塞；历史资源底蕴深厚，彼此缺乏联系；北部有历史工业遗存，却百废待兴，急需转型。所以，地块的城市设计需要结合现有的基地现状条件，梳理出特色发展要素，紧密结合泉水文化，将泉水文化和市民活动、工业遗存、教育资源、历史节点等串联起来，带动片区的活力，实现济南“泉城共生”。

本次设计主要借助核心区历史文化旅游发展，通过基地内工业遗存要素的重组与创意空间的融入，将现有的山东造纸厂改造为多功能展示文化产业园区。同时作为基地内激发活力的核心，并通过规划既有的历史文化遗产节点、规划人群活动流线、梳理建筑肌理、营造文化步行空间流线，打造五龙潭、趵突泉公园作为基地内泉文化展示文化轴，通过绿色连脉与口袋公园向基地内部延展，形成环形泉水文化慢行系统，重现独特的济南泉文化氛围。

设计感悟 | 杨裕婷

这次联合毕业设计是我大学五年来一次非常系统、全面的课程设计，是对自己本科阶段形成的设计思维、设计方法的一次总结和运用。从基地前期分析到设计理念，再到整体方案推导，以及后期的图纸完善，都是对五年学习成果的一次巩固和提升。通过深挖济南的泉水文化与人、建筑、城市的关系，我们一步步确定了“还泉于民”的主题，希望将泉水从空间上“还”给当地居民，再现老济南“泉水穿城绕郭，遍及大街小巷”的景象。通过与老师的交流与沟通，我们提出“十泉行动”，从各个方面将泉水与设计空间结合，逐渐设计出最终的方案成果。

联合毕业设计给予我的不仅是一次难忘的经历，更是一次逐步培养出自己完整设计逻辑和设计手法的锻炼机会，让我对更新类城市设计有了更深刻的认识，相信对日后的学习和工作都将大有裨益。同时，通过在济南的中期答辩和在苏州的最终答辩，加强了我们与其余四校同学之间的交流和探讨，两次汇报向我们展现了一个基地多个角度的设计方案，通过优秀毕业设计与自己方案的对比，也领会到自己方案的不足以及需要进步的方面，对我之后的设计思路和手法也是激励和启发。

五校联合毕业设计是一次宝贵的学习经历，不同学校之间的交流学习带给我们许多启发，也激励着自己不断进步。很荣幸此次参与其中，这是我们五年学习生活的宝贵经历，同时也为自己五年的学习生涯画上一个完美的句号。

设计感悟 | 王靖淇

这次五校联合设计，是大学五年以来最独特、也是最有价值的一次设计体验。复杂的大尺度地块设计、独特的济南泉水文化复兴、紧跟时代的产城融合新思想在这次设计中不断地交织、融合、共生。在整个设计过程中，通过对基地不断地了解、踏勘、梳理、分析、归纳。渐渐的，仿佛能感受到济南城市那种内敛的生命力。

通过老师的引导和分享，我们观看一些大事记，透过一篇篇史实，沿着城市历史的脉络。“家家泉水，处处垂柳”，泉水人家的那种画面跃然于心，感受到济南人对泉水那份独特的情怀。我们梳理济南泉水的径流，深挖泉城独特的地理条件，顺着一份份资料，了解到济南泉城之所以独步天下的缘由。我们研究济南历史的肌理演进，了解济南特殊城市肌理的风格，通过一次次的分析，领略到济南独特的古都风貌。仿佛能感受到设计本身，就是在和城市对话。

在设计过程中，给我最大的收获就是老师的指导和与其他院校一起交流，从他们对于方案的理解上认识到自己的不足，更让自己从中收获了如何让概念、空间、活动运营之间巧妙结合，拆掉自己思维里的“墙”。

这次毕业设计，经历的点点滴滴，铭记于心；老师的谆谆教诲，而警于行。正所谓“大鹏一日同风起，扶摇直上九万里”，愿我们不负韶华，在未来的日子里砥砺前行。

泉城水韵·还泉于民

泉水文化复兴导向下的城市更新规划设计

前期分析

基地现状分析

历史资源	地点	现状
趵突泉涌	趵突泉	—
（清）郝植恭《五龙潭七十三泉》	济南泉水	—
张怀芝住宅	趵突泉公园内	存在
长春观	长春观街 1号	存在
关帝庙	芙蓉街 29号	存在
药王庙	趵突泉南	已废
杆面巷天主堂	杆面巷	已废
清真南大寺	永长街47号	存在
清真北大寺	永长街 23 号	存在
城顶街清真寺	城顶街路南	已废
饮虎池清真寺（清真女寺）	永长街 29 号	存在

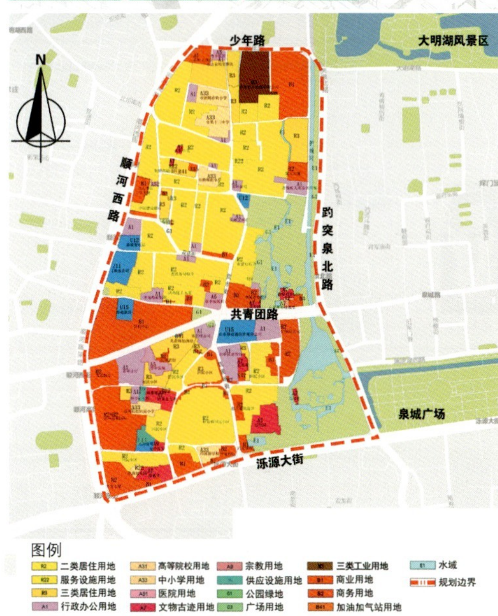

现状建筑性质分析

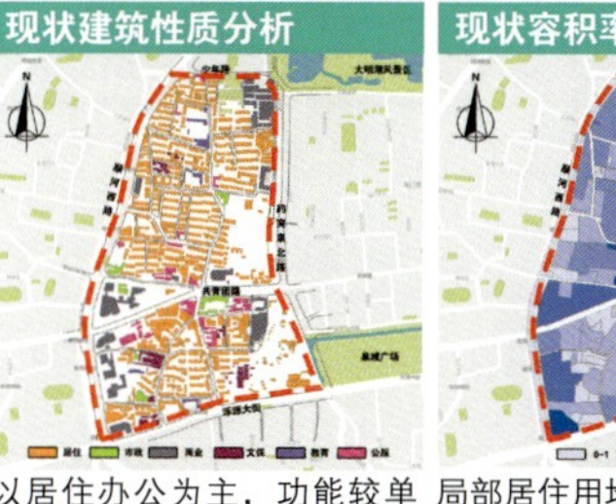

以居住办公为主，功能较单一，配套设施不够，活力严重不足。

现状容积率分析

局部居住用地容积率超 2.5，空间闭塞，路网密度不足，连通性差。

现状建筑质量分析

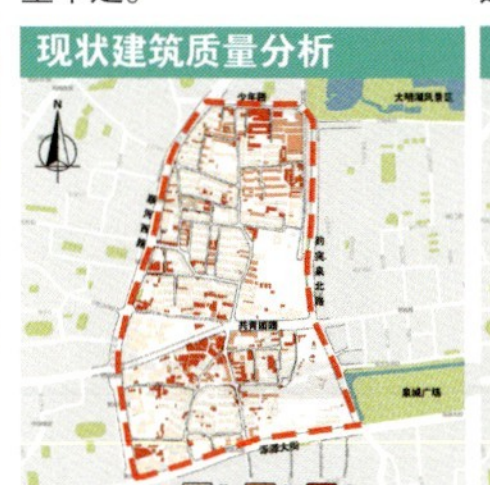

建筑建成年代跨度极大，部分建筑老旧，风格色彩形式混杂。

现状建筑高度分析

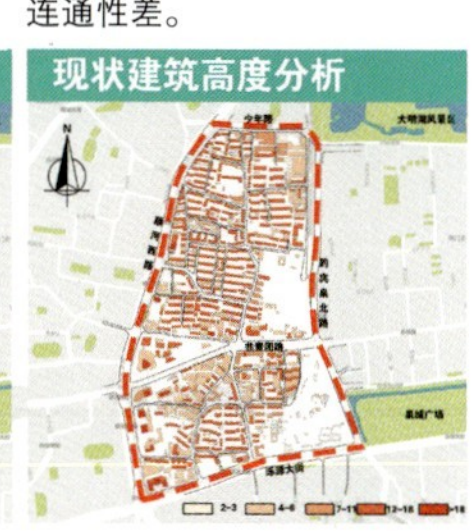

建筑高度管控尚可，但地区整体风貌特色不够凸显。

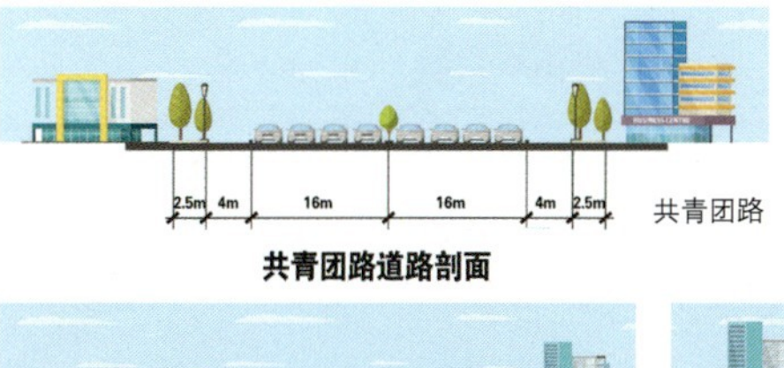

共青团路道路剖面

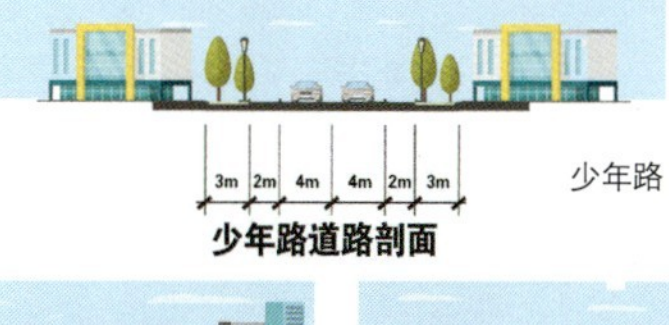

少年路道路剖面

2.5m 2.5m 8m 14m 14m 8m 2.5m 2.5m 顺河东街

顺河东街剖面

2.5m 2m 10m 10m 2m 2.5m 趵突泉北路

趵突泉北路剖面

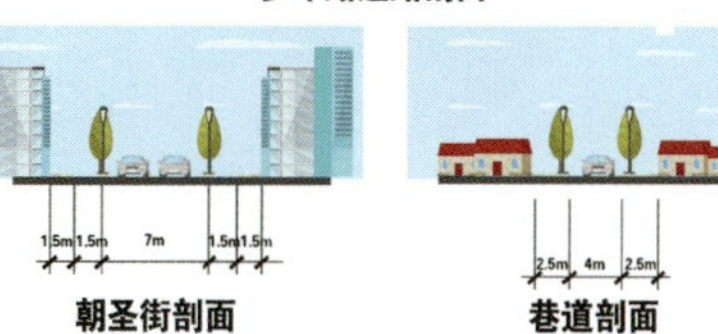

朝圣街剖面

巷道剖面

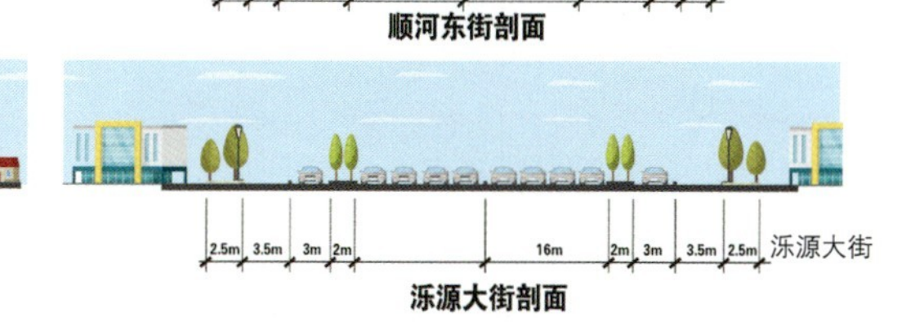

泺源大街剖面

设计策略

1. 原老城肌理更新

对老城区采用肌理保护、肌理延续、肌理重组等手段。

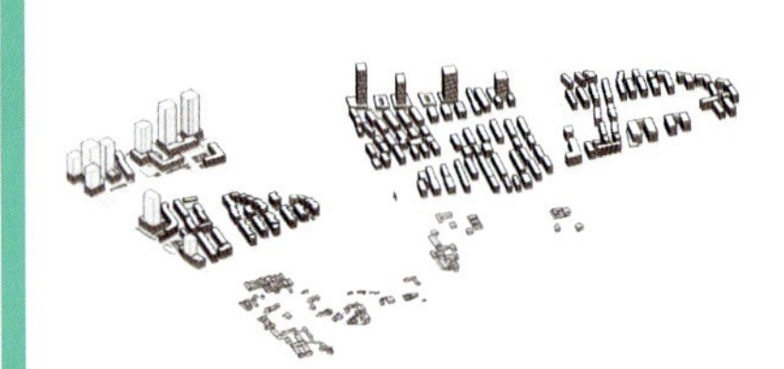

2. 新城市肌理重塑

对更新改造地块进行肌理重塑，将泉韵和新建肌理融合。

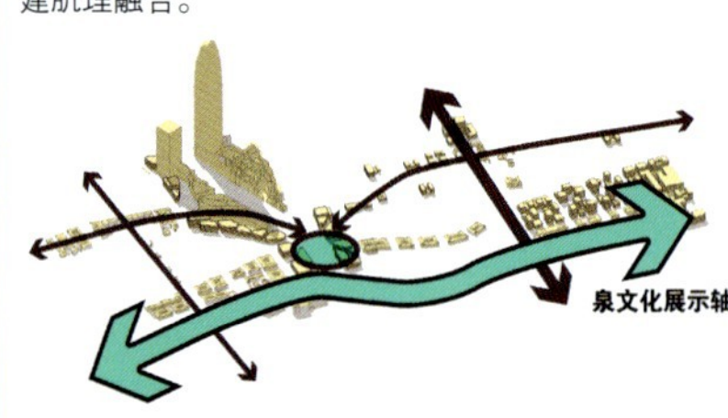

3. 新时代泉城发展轴延续

将城市商业发展轴延续到地块内部，和普利大厦结合，塑造城市商业副中心。

4. 地块划分

梳理不同肌理对地块进行划分；疏通道路网，提高道路通达性。

5. 打造泉文化慢行系统

利用不同特色节点，结合住区梳理开放空间，打造复合多元的泉文化慢行系统。

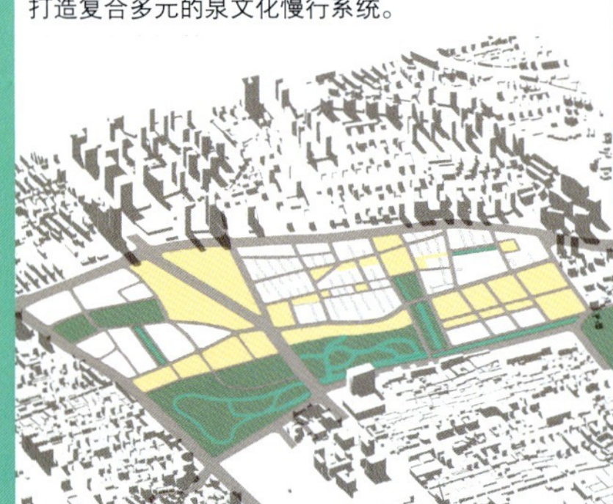

泉水空间技法梳理

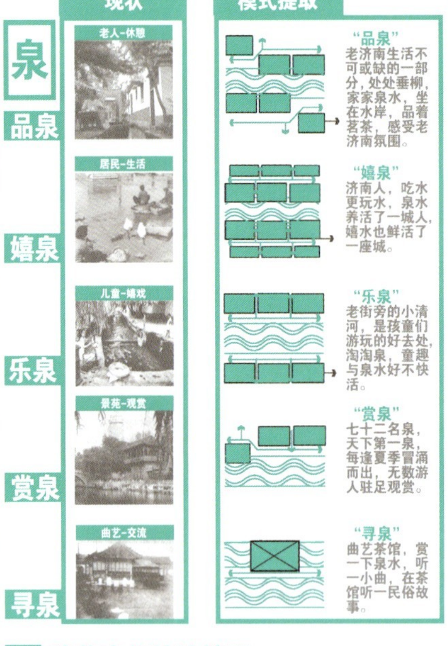

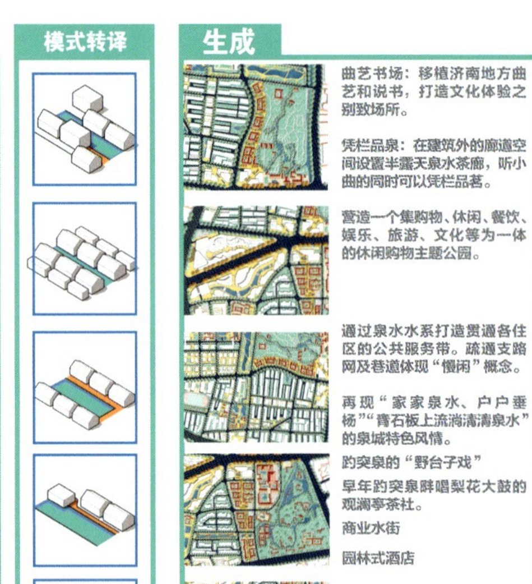

院落空间技法梳理

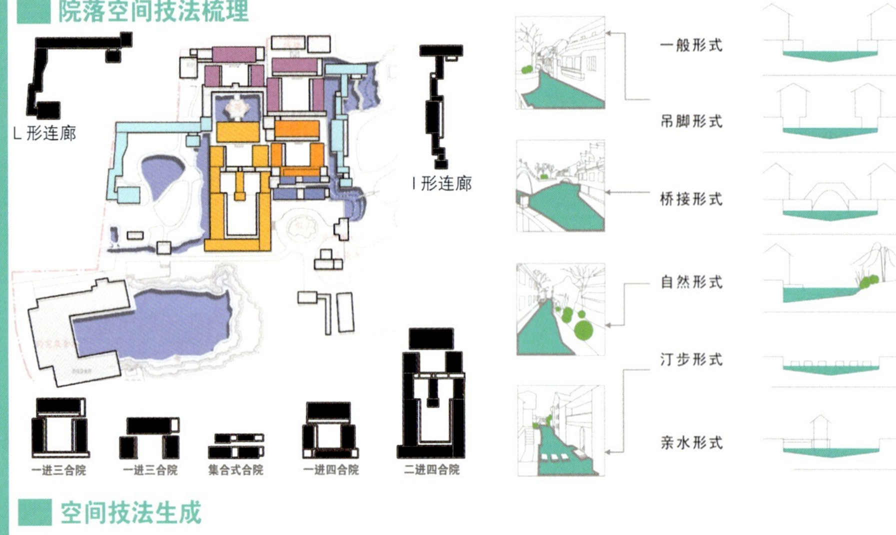

空间技法生成

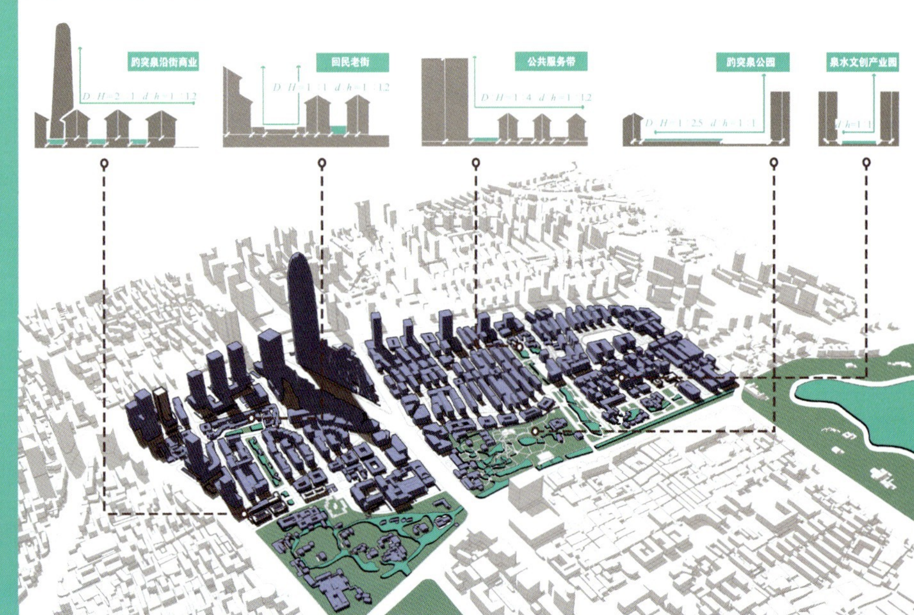

规划总平面

经济技术指标

指标	数值
总用地面积	1.2km²
建筑总面积	156.5万m²
保留建筑面积	57.9万m²
改造建筑面积	86.1万m²
更新建筑面积	12.5万m²
拆建比	1.21
容积率	1.32
建筑密度	28%
绿地率	36%
水域面积	2.8hm²

泉城水韵·还泉于民

泉水文化复兴导向下的城市更新规划设计

效果展示

鸟瞰图

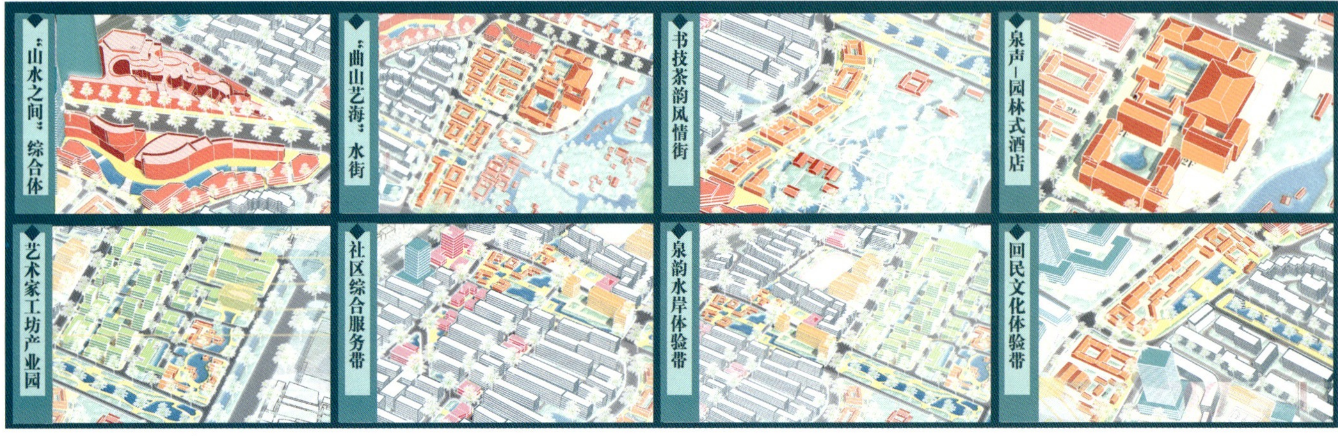
"山水之间"综合体
"曲山艺海"水街
书技茶韵风情街
泉声·园林式酒店
艺术家工坊产业园
社区综合服务带
泉韵水岸体验带
回民文化体验带

基础分析

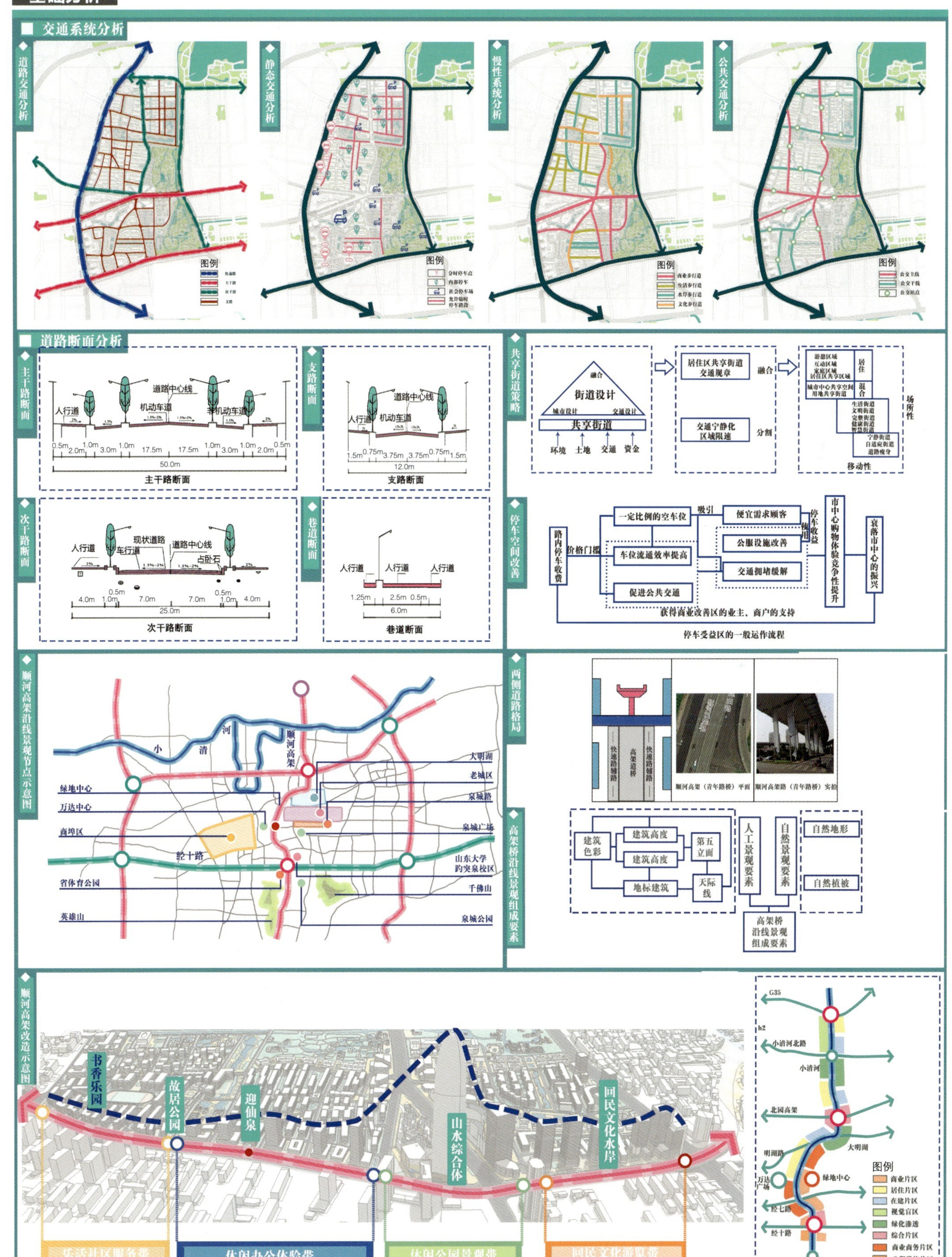
交通系统分析
道路交通分析
静态交通分析
慢性系统分析
公共交通分析
图例
道路断面分析
主干路断面
道路中心线
人行道
机动车道
非机动车道
主干路断面
支路断面
支路断面
次干路断面
现状道路
车行道
点卧石
次干路断面
巷道断面
巷道断面
共享街道策略
街道设计
共享街道
环境
土地
交通
资金
居住区共享街道交通规章
交通宁静化区域限速
融合
分割
场所性
移动性
停车空间改善
路内停车收费
一定比例的空车位
车位流通效率提高
促进公共交通
便宜需求顾客
公服设施改善
交通拥堵缓解
停车收益
市中心购物体验竞争性提升
衰落市中心的振兴
获得商业改善区的业主、商户的支持
停车受益区的一般运作流程
顺河高架沿线景观节点示意图
小清河
顺河高架
大明湖
老城区
泉城路
泉城广场
山东大学趵突泉校区
千佛山
泉城公园
绿地中心
万达中心
商埠区
经十路
省体育公园
英雄山
两侧道路格局
快速路辅路
高架道桥
顺河高架（青年路桥）平面
顺河高架路（青年路桥）实拍
高架桥沿线景观组成要素
建筑色彩
建筑高度
地标建筑
第五立面
天际线
人工景观要素
自然景观要素
自然地形
自然植被
高架桥沿线景观组成要素
顺河高架改造示意图
书香乐园
故居公园
迎仙泉
山水综合体
回民文化水岸
乐活社区服务带
休闲办公体验带
休闲公园景观带
回民文化游览带
G35
小清河北路
小清河
北园高架
大明湖
明湖路
万达广场
绿地中心
经七路
经十路
图例
商业片区
居住片区
在建片区
视觉盲区
绿化渗透
综合片区
商业商务片区
公服设施片区

片区设计

特色片区意向图

乐泉空间塑造

片区条带联系

片区联合设计

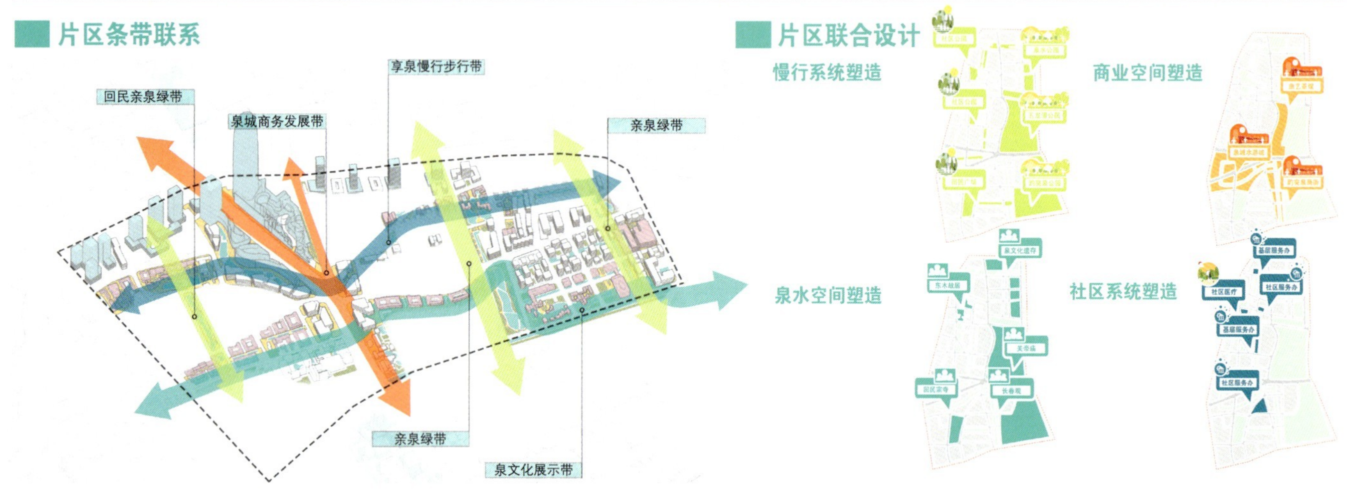

老城烟火·古韵新商

——济南市大明湖及周边地区城市更新规划设计

学　　校：南京工业大学
设计成员：朱佳、龚明龙

朱佳

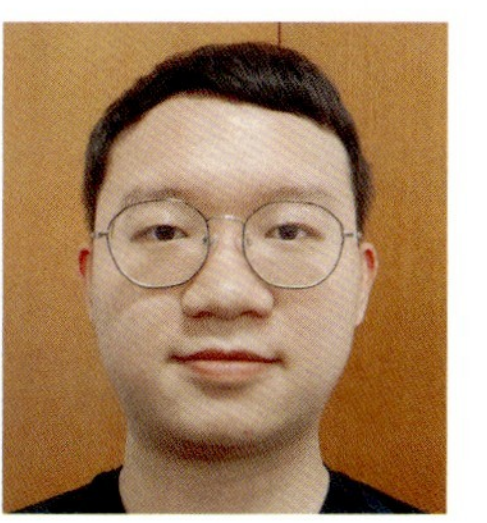
龚明龙

设计说明：

本次方案我们以"烟火旧韵"为主题，想法源自我们对基地基础信息，特别是在基地内制锦市片区的过往资料收集时萌生的概念。我们希望用自己对生活的感悟和旧城更新的理解，改善现状问题，提升居民生活品质，让旧区重新焕发活力，散发其历史韵味。

功能调整上原山东造纸厂区域改造为集文化展览、文化产业、文艺宣传于一体的文化创意园区；将原五龙潭西侧的职工宿舍改建为综合服务区域，包含街道层级的行政服务、定期举办文化休闲活动等多重功能。基地西侧沿竹竿巷向普利街打造普利老街商业购物区，基地南部原回民小区区域，整合私搭乱建，建设记忆老味道的回民小吃街。

外部空间上拆除基地内年代久远、风貌破旧的老旧房屋和违规乱建构筑物，整理出来的空间改造为公共活动区域，按相关规范要求配置便民服务设施和娱乐活动设施，在配置残疾人坡道、盲道等基础无障碍设施的基础上，增设如盲人地图、说书台、社区戏剧园等能够为包括残障人士在内的所有居民聚集、活动、娱乐的设施，提升区域居住生活品质，通过慢行步道等串联各个公共开放空间。空间形态上从完善城市功能、建构开放空间体系、优化公共服务体系、塑造城市形象等角度，加强相关视廊和视野景观分析，保护传统的街巷肌理和空间尺度，注重历史要素的保护、展示与创新利用，注重历史保护与现代生活的关系。

设计感悟 | 朱佳

很高兴以参加五校联合设计的形式来结束大学本科的最后一项课程任务，能与其他四个学校的同学们一起分享、探讨，受益颇多。同时，也感谢这次毕业设计，给我机会去济南，认识济南。

这次的方案选址在济南市大明湖西岸周边地区，面积1.26平方公里，地块内功能类型多元，有多处历史保护建筑、旧工业厂区、城市地标建筑、老旧住区、城市公园、金融大厦等，这是我第一次接触这种多元复杂的城市更新项目，对于我来说是一种挑战，但在老师的指导下，从现状出发，以问题为导向，抽丝剥茧，规划要素与自身条件相联系，最终形成了自己的方案。

在这次设计过程中，我也对于城市设计、城市更新的设计理念和方法有了新的认知。城市设计不是事无巨细、面面俱到，而是对于城市秩序的塑造。明白了深入实地、详细分析是做好规划的前提条件；弄清需求，从解决实际问题出发，才能形成好的设计策略。

最后，感谢这次毕业设计的经历，不仅让我获得了专业技能的提升，更留下了与五校同学们共同学习、探讨的美好回忆，是我本科学习阶段的宝贵财富！

设计感悟 | 龚明龙

曾经我对济南的认识还停留在老舍先生的那篇《趵突泉》，本次设计通过对基地的调研和周边资料的收集，深刻领略到济南的历史风情和经常被提及的"泉城风韵"，特别是对制锦市资料的收集，那个历史上百业百态，百姓安居乐业的聚居区——制锦市，让我着迷。历经三个多月的毕业设计完美落幕，五年的大学学习生涯也即将画上了句号。首先很感谢我的队友在这几个月的工作中与我配合，无论想到了什么新奇、好用的点子，都乐于一起探讨、尝试，一起的默契配合算是几个月辛苦劳动中难得的乐子了；很感激方遥老师的指导，老师对我们整个方案从雏形到初具形态再到最终的成熟方案都给予了大量的指导和细致入微的解答。本次设计任务量远远大于以往做过的设计，一开始我对自己是否有能力完成好这项任务有些没底，不过在和队友的配合，以及在老师的指导下，最终也还是圆满地完成了这次毕业设计。这次经历对我的方案设计、绘图、文案构思等方面都得到了充分的锻炼和提升，也让我对自己的设计和工作能力有了新的认识，这次毕业设计确实是人生中难得的体会，其中的辛酸、汗水、欣慰、快乐都将是未来人生回首时重要的回忆。最后，感谢主办方的工作和支持，感谢大家对这次毕业设计的辛勤付出。

区位分析

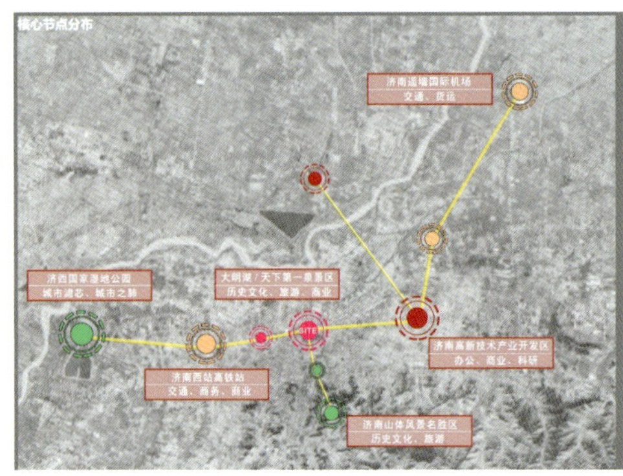

“一心三轴十六群”城市布局模式

构就“一心、三轴、十六群”的市域城镇空间结构。市域城镇等级分为“中心城市、次中心城市、中心镇、一般镇”四级，包括：1座中心城市（济南中心城）、4座次中心城市，16座中心镇、30座一般镇。

“三轴”：三条城镇聚合轴。以中心城市为中心，与产业空间布局相适应，向东、向西、向北形成沿济青、济邢和济盐产业聚集带的三条城镇聚合轴，提高空间集聚性，带动周围城镇发展。

城市风貌城市发展特征时代轴

保护“山、泉、湖、河、城”有机结合的城市风貌特色，规划形成南北泉城特色风貌轴、东西城市发展时代特征景观主轴，燕山新区现代城市景观轴和腊山中心区两条景观副轴以及6个风貌分区。

扩建整治五龙潭、趵突泉、环城、中山、百花、森林公园等现状市级公园，结合旧城改造和新区发展，新增北大沙河、平安、大金、北湖、大辛河、烈士山、唐冶、孙村等市级公园。

中心城区的中心，发展与提升的核心

济南市期望以“泉·城”文化景观申遗为抓手，凸显泉城特色，展现泉城魅力，打造“宜居、宜业、宜行、宜乐、宜游”的老城区。疏解非核心功能，拆除违法建设，释放公共空间资源，丰富都市核心功能业态。强化历史人文资源保护和利用，注入现代功能，导入高端产业，大力发展文化休闲产业，丰富提升展览文创、时尚消费、艺术活动、数字经济等功能业态。

基地处于泉城特色风貌轴与城市时代发展轴交叉处，紧邻大明湖，内含有五龙潭、趵突泉两大泉群，拥有丰富的历史文化资源。

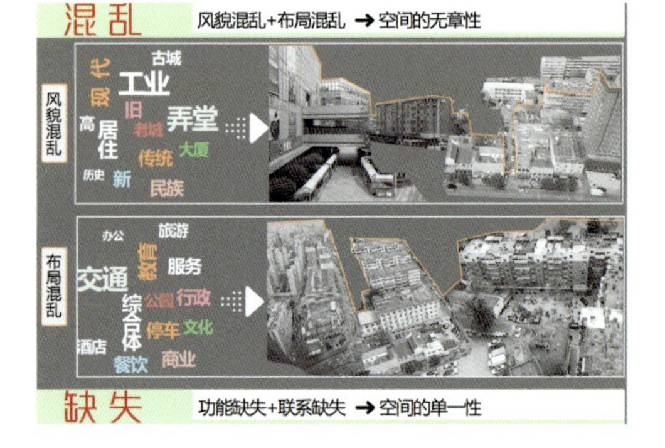

人群分析

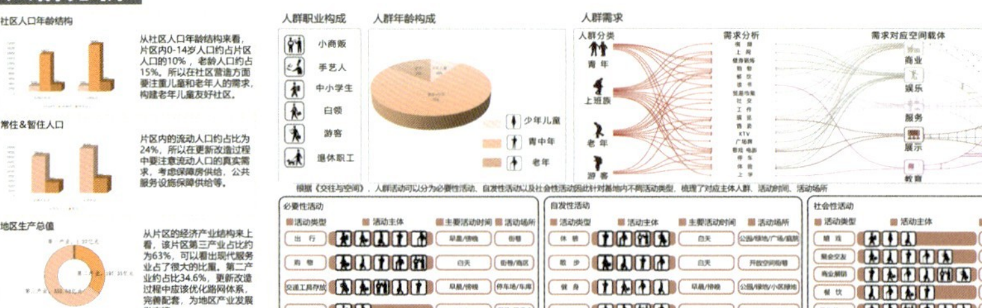

目标定位

打造集商业、商务、文化、旅游、居住为一体的城市多功能休闲复合区

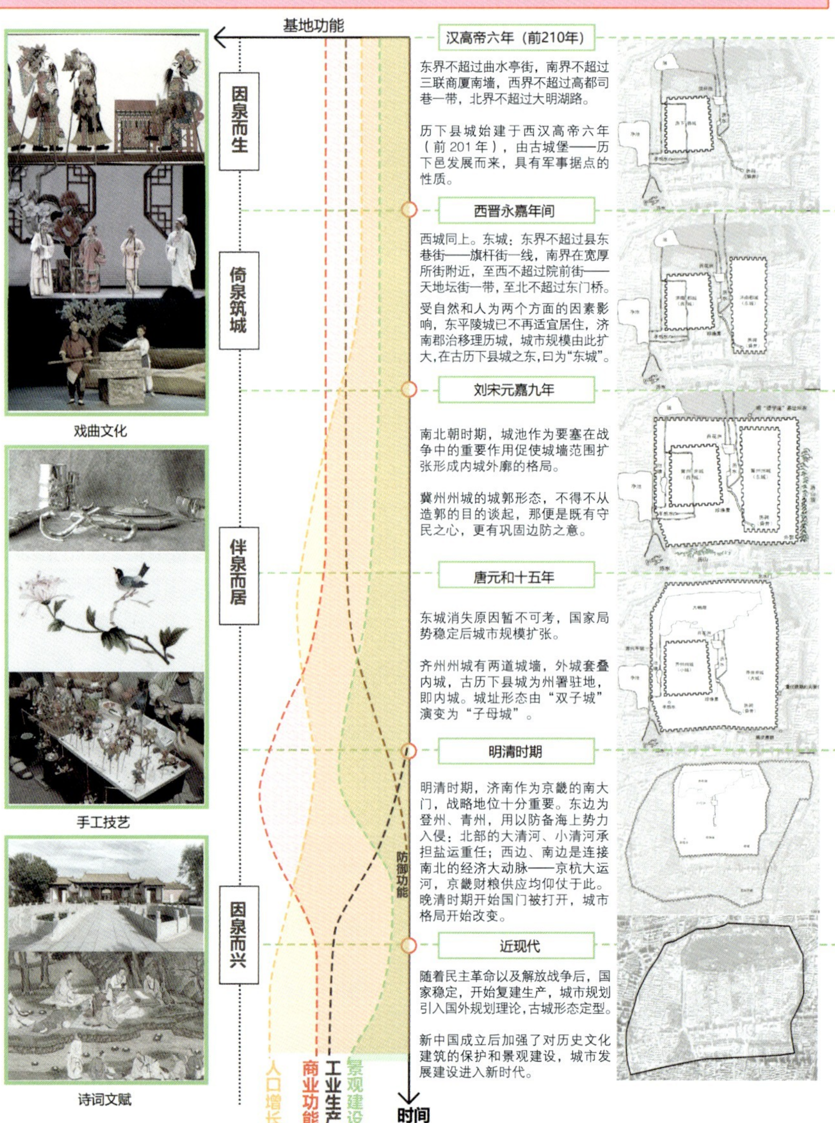

当地文化

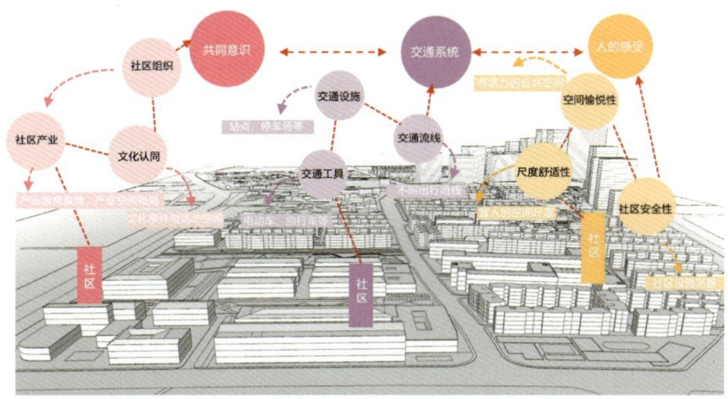

SWOT 分析

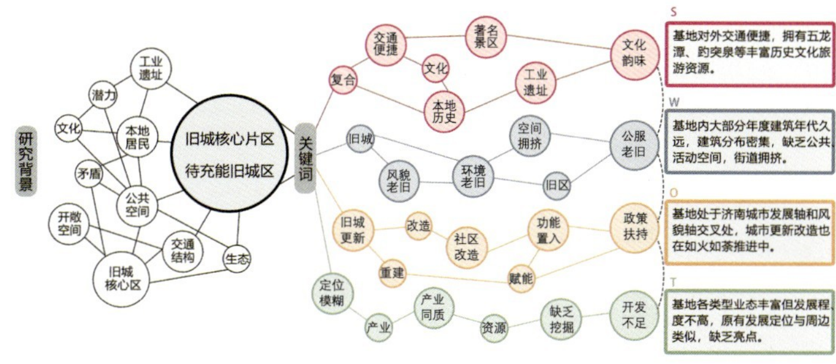

天际线

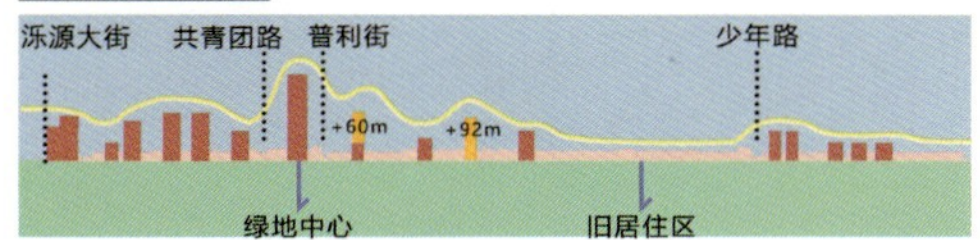

规划南北向天际线

现状东西向天际线

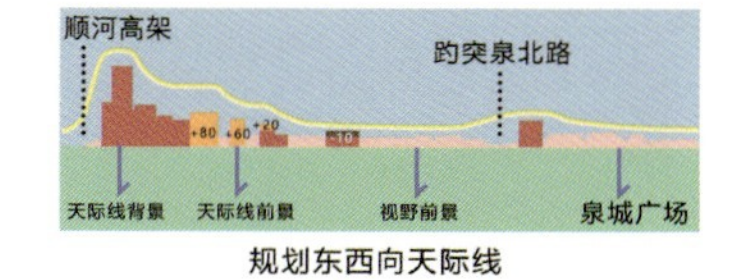

规划东西向天际线

问题分析

缘起

老旧小区是城市的成长印记，曾经承载着人们对生活最美好的追求与向往，老旧小区记录了一座城市不同历史时期的社会经济和建设发展。随着城市化进程的不断加快，这些慢慢老去的“家园”，基础设施老化、配套设施不齐、公共空间衰败等问题日益凸显，直接影响了居民生活质量、和谐小区的构建和美好城市的建设。

目前在对城市老旧住区改造中已明确、不再大拆大建，改为循序渐进的修复、活化、培育，让其保留生机，让老城老而不衰，魅力常在。

老旧小区微改造的目的就是从源头上解决老城居民生活难题，改善老百姓的生活状况，同时改善城市面貌，是一种切合民生、贴合民意、有温度的城市更新方式。

问题分析

- 建造年份久远，建筑外墙较为破旧
- 公共服务设施不完整，植物绿化空间有待整治修葺
- 停车空间不足，机动车停放挤占街道空间
- 小区游乐设施、健身设施缺乏
- 小区中年群体及老年人口多，对小区交流空间、养老设施、适老设施需求很大

改进方法

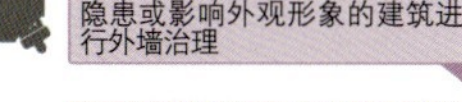
对老旧小区建筑外墙存在安全隐患或影响外观形象的建筑进行外墙治理

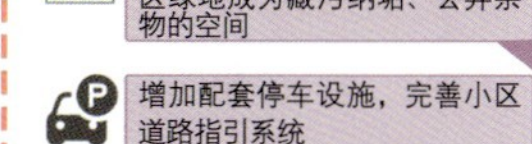
完善小区基本服务设施，增加小区绿地的可进入性，避免小区绿地成为藏污纳垢、丢弃杂物的空间

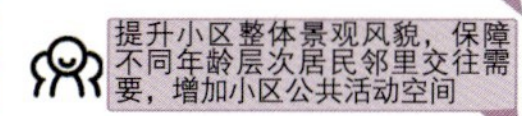
增加配套停车设施，完善小区道路指引系统

提升小区整体景观风貌，保障不同年龄层次居民邻里交往需要，增加小区公共活动空间

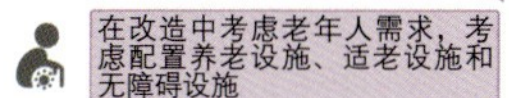
在改造中考虑老年人需求，考虑配置养老设施、适老设施和无障碍设施

目标愿景

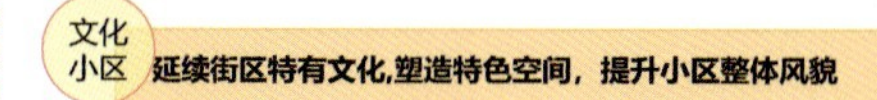
品质小区　致力改善人居环境、提升公服水平，打造人性化生活空间

文化小区　延续街区特有文化，塑造特色空间，提升小区整体风貌

智慧小区　引导共享开放的小区管养方式，保证微改造的可持续性

居民意愿

厂区改造

	现状介绍	面临问题	潜力分析	设计策略	地块多元结果
产业	【沿街商业】厂区沿街商业是餐饮小吃类的商业，与片区内其他街边商业同质，缺乏特色 【内部业态】厂区内部业态是酒吧、私房菜馆等，但活力不足，客流量较少	餐饮零售等类的低端商业模式，产业急需转型升级	靠近趵突泉公园和五龙潭公园，吸引了较多的人群，可支撑产业发展	产业转型，植入主题场馆、创意产业、办公、展览等功能	传统产业 创意产业 特色产业
文化	【工业历史】作为市级工业遗产保护单位，山东造纸总厂东厂，其历史可追溯至清光绪年间的济南铜元局 【民俗文化】丰富的戏曲文化	如何利用旧厂区，延续历史记忆，发扬本土文化	厂区内建筑大都保留完好，合理的改造会适应多种需求	保留原有部分厂房及构件，保留工业文化的同时为文化发扬提供场所	民俗文化 戏曲文化 生态文化 工业文化
生态	【公共空间】缺乏公共空间，公用设施也较缺乏，活力不够 【自然生态】绿化缺乏，生态环境急需提升	区域周边住宅为主，功能单一，建设密度大，缺乏公共活动空间，绿化面积少，缺乏吸引力	基地处于城市中心，周边人流量较大，需求广泛	基地对外开放，通过公共空间的营造提升区域吸引力，产业零污染，提升活力	
功能	【功能单一】厂区目前主要是商业功能，比较单一 【系统整合】周边有护城河及五龙潭公园资源，具有系统整合的条件	功能单一，急需注入新的功能	人群的多种需求为基地功能复合发展提供可能	在符合各种需求的情况下，植入新的功能，使其多功能复合发展	特色产业 商业展览 文化生态休闲

功能布局

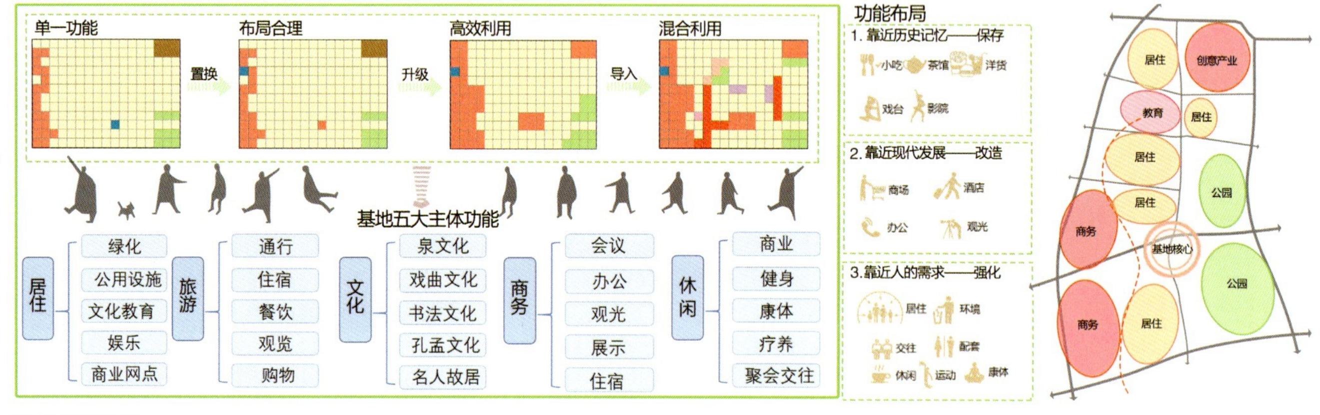

结构分析

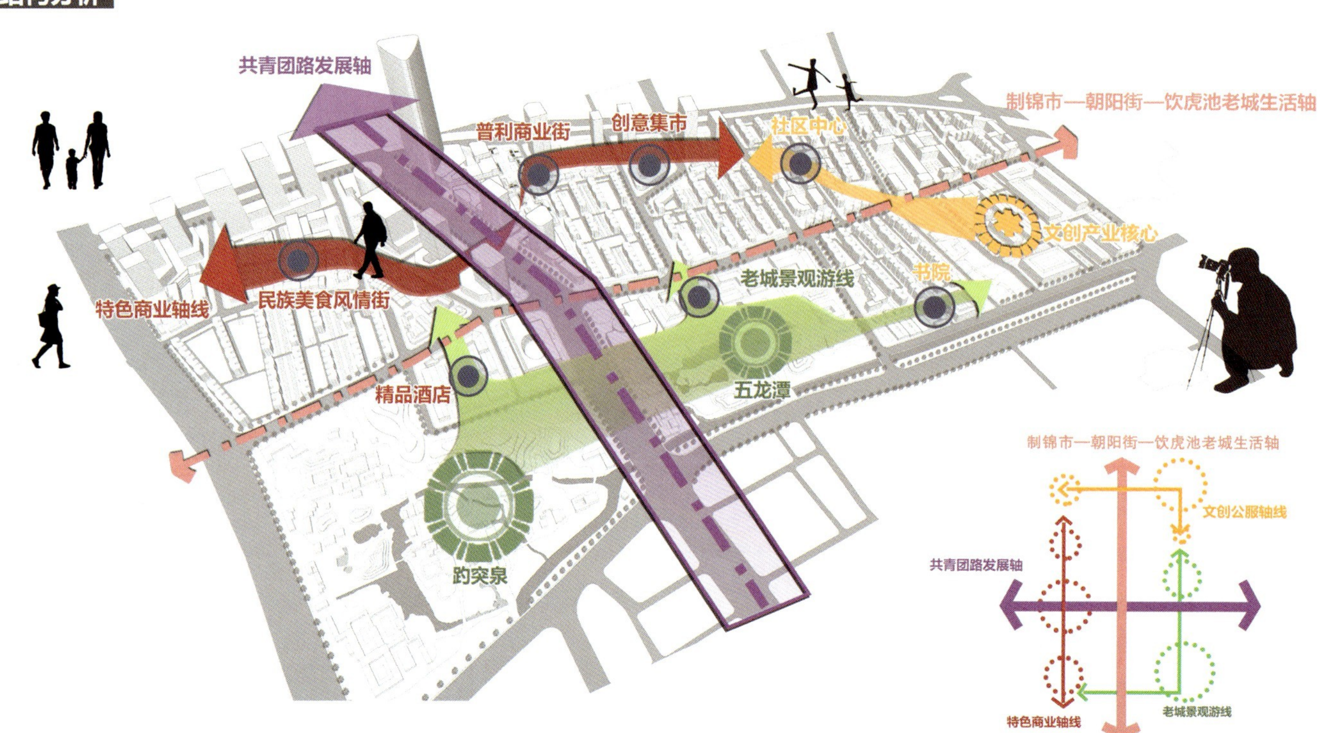

总平面规划

经济技术指标

规划用地面积（hm²）	商业办公用地面积	21.5
	医疗、教育用地面积	5.12
	文化设施用地面积	3.42
	文化创意产业园用地面积	5.85
	居住用地面积	21.03
	绿地、广场用地面积	27.54
	市政、道路、交通用地面积	31.59
	行政、文物保护用地面积	3.95
	总计	120.00
建筑面积（万m²）	商业办公建筑面积	104.45
	文化创意产业园用地面积	13.11
	其他建筑面积	57.64
	总计	175.20
建筑密度	60%	
容积率	1.46	

规划总平面

05
老城烟火·古韵新商
——济南市大明湖及周边地区城市更新规划设计

效果表现

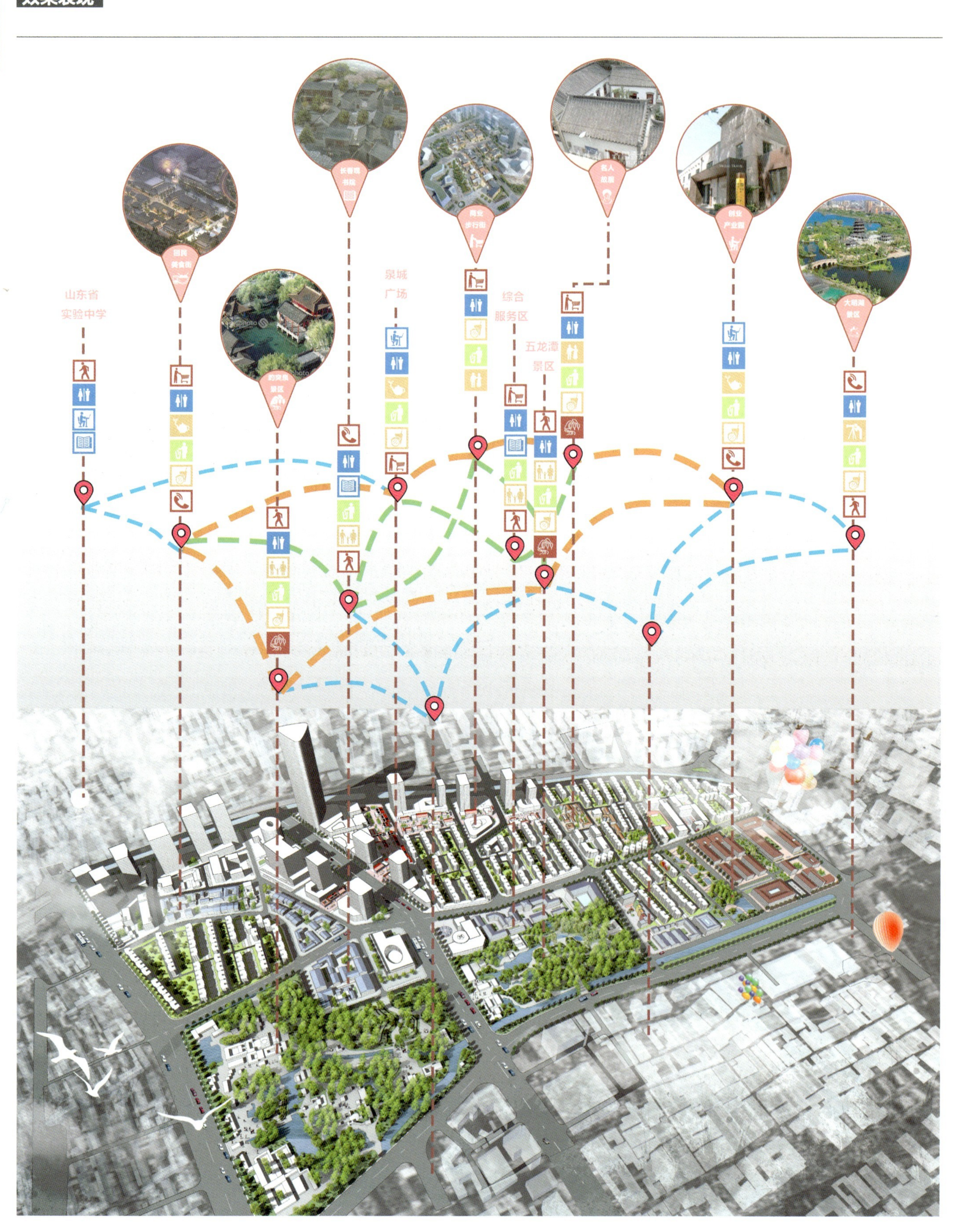
山东省
实验中学
回民
美食街
趵突泉
景区
长春观
书院
泉城
广场
商业
步行街
综合
服务区
五龙潭
景区
名人
故居
创业
产业园
大明湖
景区

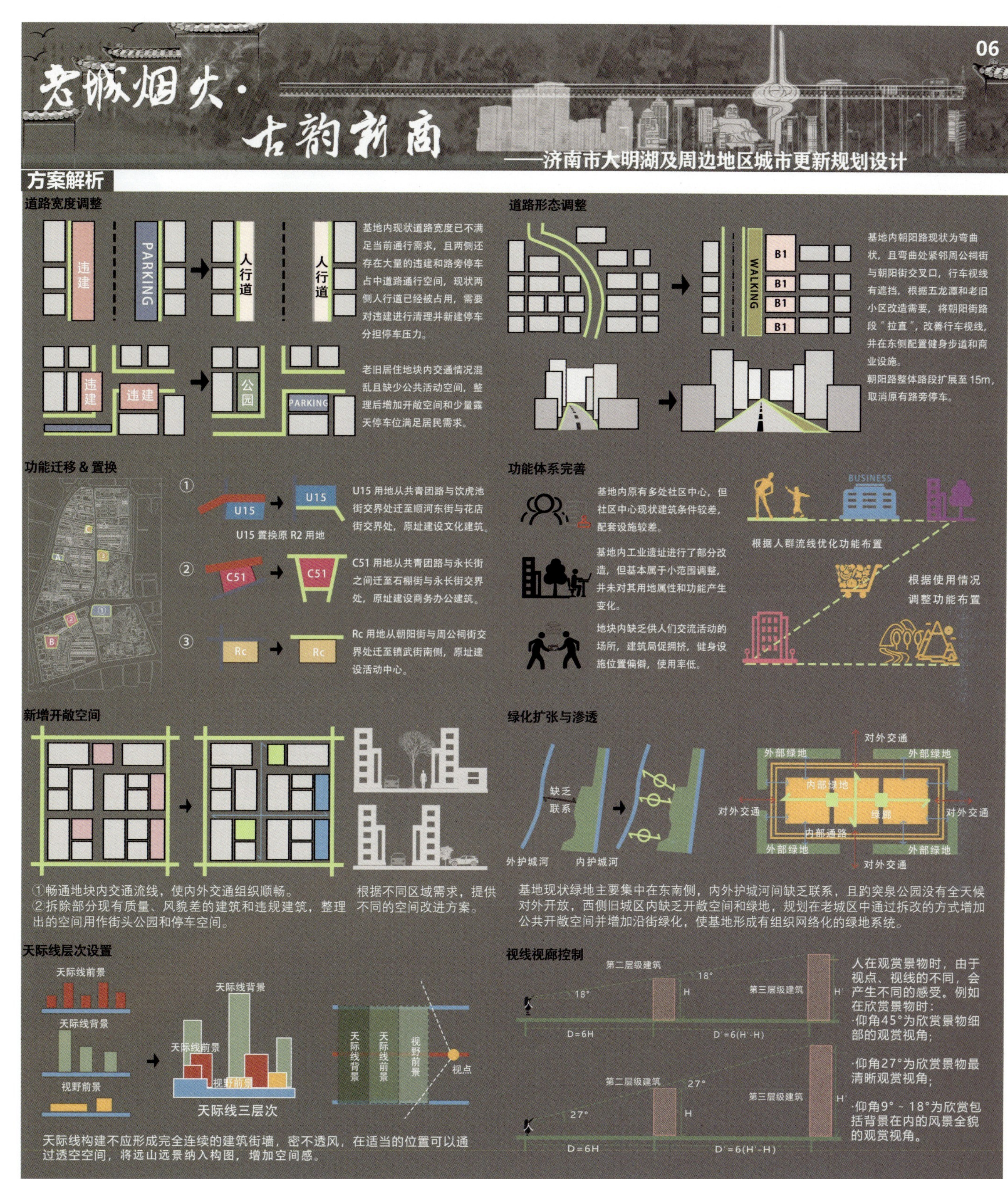
06
老城烟火·古韵新商
——济南市大明湖及周边地区城市更新规划设计
方案解析
道路宽度调整
违建
PARKING
人行道
人行道
基地内现状道路宽度已不满足当前通行需求，且两侧还存在大量的违建和路旁停车占中道路通行空间，现状两侧人行道已经被占用，需要对违建进行清理并新建停车分担停车压力。
违建
违建
公园
PARKING
老旧居住地块内交通情况混乱且缺少公共活动空间，整理后增加开敞空间和少量露天停车位满足居民需求。
道路形态调整
WALKING
B1
B1
B1
B1
基地内朝阳路现状为弯曲状，且弯曲处紧邻周公祠街与朝阳街交叉口，行车视线有遮挡，根据五龙潭和老旧小区改造需要，将朝阳街路段“拉直”，改善行车视线，并在东侧配置健身步道和商业设施。
朝阳路整体路段扩展至15m，取消原有路旁停车。
功能迁移 & 置换
①
U15
U15
U15 置换原 R2 用地
U15 用地从共青团路与饮虎池街交界处迁至顺河东街与花店街交界处，原址建设文化建筑。
②
C51
C51
C51 用地从共青团路与永长街之间迁至石棚街与永长街交界处，原址建设商务办公建筑。
③
Rc
Rc
Rc 用地从朝阳街与周公祠街交界处迁至镇武街南侧，原址建设活动中心。
功能体系完善
基地内原有多处社区中心，但社区中心现状建筑条件较差，配套设施较差。
基地内工业遗址进行了部分改造，但基本属于小范围调整，并未对其用地属性和功能产生变化。
地块内缺乏供人们交流活动的场所，建筑局促拥挤，健身设施位置偏僻，使用率低。
BUSINESS
根据人群流线优化功能布置
根据使用情况调整功能布置
新增开敞空间
①畅通地块内交通流线，使内外交通组织顺畅。
②拆除部分现有质量、风貌差的建筑和违规建筑，整理出的空间用作街头公园和停车空间。
根据不同区域需求，提供不同的空间改进方案。
绿化扩张与渗透
缺乏联系
外护城河
内护城河
对外交通
外部绿地
外部绿地
内部绿地
对外交通
对外交通
绿廊
内部通路
外部绿地
外部绿地
对外交通
基地现状绿地主要集中在东南侧，内外护城河间缺乏联系，且趵突泉公园没有全天候对外开放，西侧旧城区内缺乏开敞空间和绿地，规划在老城区中通过拆改的方式增加公共开敞空间并增加沿街绿化，使基地形成有组织网络化的绿地系统。
天际线层次设置
天际线前景
天际线背景
视野前景
天际线背景
天际线前景
视野前景
天际线三层次
天际线背景
天际线前景
视野前景
视点
天际线构建不应形成完全连续的建筑街墙，密不透风，在适当的位置可以通过透空空间，将远山远景纳入构图，增加空间感。
视线视廊控制
第二层级建筑
18°
18°
H
第三层级建筑
H'
D=6H
D'=6(H'-H)
第二层级建筑
27°
27°
H
第三层级建筑
H'
D=6H
D'=6(H'-H)
人在观赏景物时，由于视点、视线的不同，会产生不同的感受。例如在欣赏景物时：
·仰角45°为欣赏景物细部的观赏视角；
·仰角27°为欣赏景物最清晰观赏视角；
·仰角9°~18°为欣赏包括背景在内的风景全貌的观赏视角。

分期目标
现状
一期
二期
三期
现状居住区内建设密度大，缺乏公共空间，配套不足，城市风貌混乱，功能单一，交通状况差。
重点进行回民小区改造，以及基地北部居住区改造，进行绿化提升，建造停车楼及地下停车场，解决停车问题，增补配套设施。
改善城市风貌，公园周边环境协调，旧工业厂区改造，沿河东路界面城市天际线营建。
社区服务配套升级，丰富历史步道沿街业态，商业街形成，推进共青团路界面沿街发展轴建设。

街城连景·水韵泉城

——济南市大明湖周边地区城市更新设计

学　　校：南京工业大学
设计成员：周韵、董俊锋

周韵

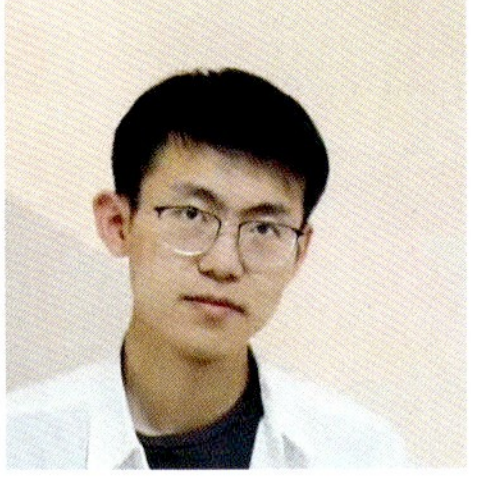
董俊锋

设计说明：

规划设计场地位于济南大明湖周边区域，景观资源及水资源条件独特且优越。场地地处城市中心区域，区域的自然生态本底条件与城市快速发展建设产生明显冲突。本次规划设计采用“街城连景”规划总体策略衔接城市与景观，同时考虑城市业态分布及功能布局，打造集商业、文化、社区、景观、生态为一体的品质城市中心区。规划设计主要将场地分为居住区、历史文化区、景观生态区、商业活动区。

在场地更新策略上以理念贯穿场地设计，利用建筑局部拆建、建筑物功能置换、保留修缮，以及整治改善、保护、活化，完善基础设施等办法对场地进行温和且有效地改造设计。考虑到场地独特的文化性，规划设计通过对历史文化街区和历史建筑因地制宜的修缮和改造更新方式，指“在维持现状建设格局基本不变的前提下，通过建筑局部拆建、建筑物功能置换、保留修缮，以及整治改善、保护、活化，完善基础设施等办法实施的更新方式”主要针对建成区低效用地和人居环境差的地块。鼓励对历史文化街区和历史建筑因地制宜地采取以整饬修缮和历史文化保护性整治为主的多种方式，鼓励合理的功能置换、提升利用与更新活化，同时凝聚社会共识、吸引社会参与、加快更新改造进程。保留原有街巷肌理、修缮文物建筑、整治公共环境、完善基础设施；通过功能置换，导入众创办公、青年公寓、教育培训三大产业，重塑区域活力。

设计感悟 | 周韵

随着毕业日子的到来，毕业设计也已经顺利答辩完成，经过近四个月的奋战，并在老师的指导和同学的帮助下成功地完成了这次设计课题——大明湖及周边地区城市更新设计。

回想做毕业设计的整个过程，颇有心得，其中有苦，也有甜！经过近三个月的学习和设计，对于自己以前学的不是很好的东西有了更深的认识，也对以前不知道的很多专业东西有了认知，这是对自己能力的一种提升。在毕业设计的过程中，我们通过所学的基本理论、专业知识和基本技能进行建筑拆改和方案规划等设计。有些不懂和疑难的地方就和同学讨论或者向老师寻求帮助。在他们的帮助下，不懂的很多问题得到了及时的解决。在每个阶段的设计过程中，老师都会对我们进行一对一的指导，指出自己的图纸方案的不足，并给出大致的思路，让我们自己找到解决的办法。

整个毕业设计既是对我们五年专业知识的一次综合应用、扩充和深化，也是对我们理论运用于实际设计的一次锻炼。知识必须通过应用才能实现其价值。所以，我认为只有到真正会用的时候才是真的学会了。

设计感悟 | 董俊锋

在这次毕业设计中，使我们同学关系更近了，同学之间互相帮助，有什么不懂的大家在一起商量，听听不同的看法，有利于我们更好地理解知识。所以，在这里非常感谢帮助我的同学，除此之外，还要感谢我们的指导老师对我们悉心的指导，耐心地给我们讲解问题，给我们很多的意见。

在整个设计中，我懂得了许多东西，也培养了我独立工作的能力，树立了对自己工作能力的信心，相信会对今后的学习、工作、生活有非常重要的影响。而且大大提高了动手的能力，使我充分体会到了在创造过程中探索的艰难和成功时的喜悦。

01 街城连景·水韵泉城 ——济南市大明湖周边地区城市更新设计

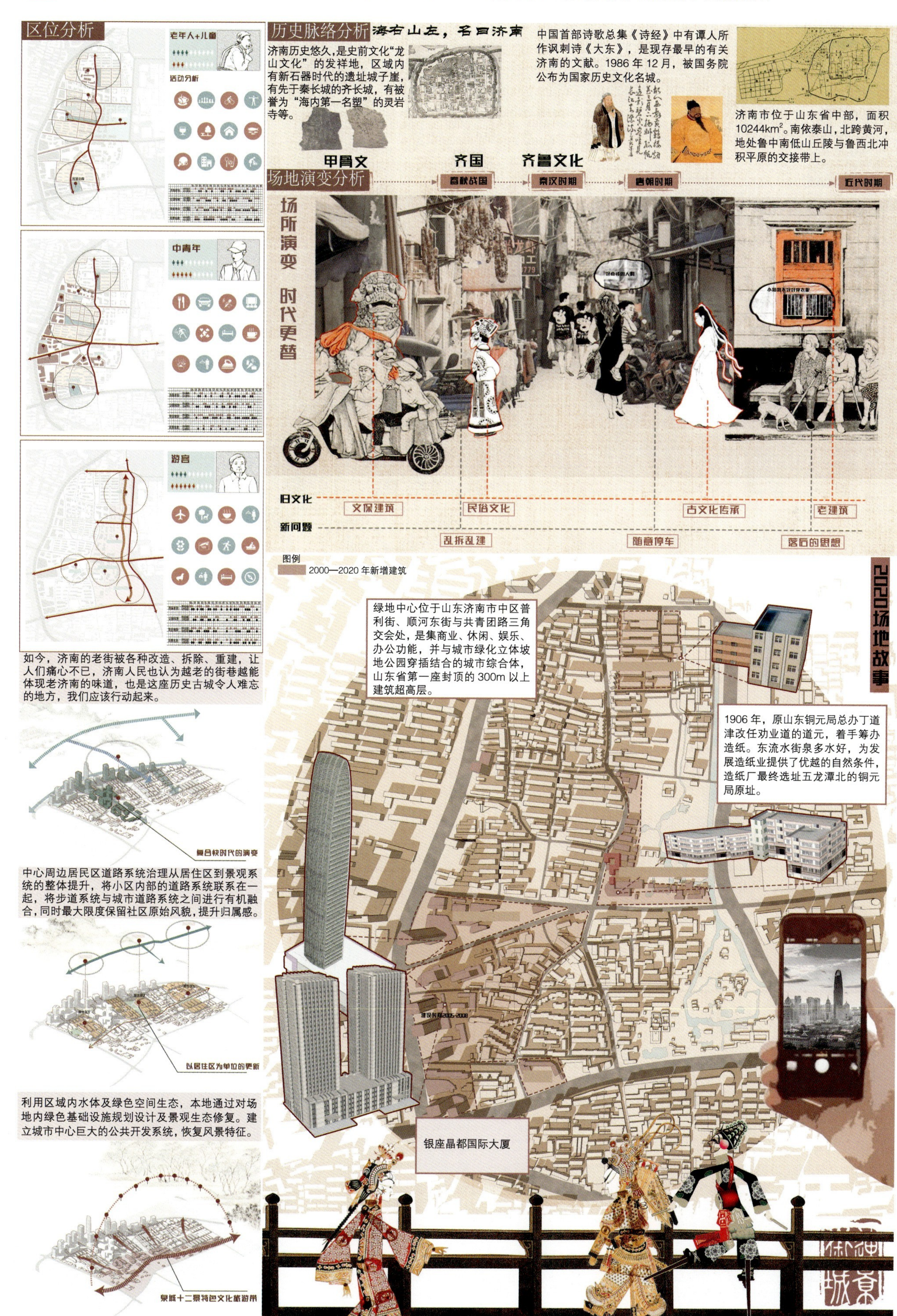

02 街城连景·水韵泉城

——济南市大明湖周边地区城市更新设计

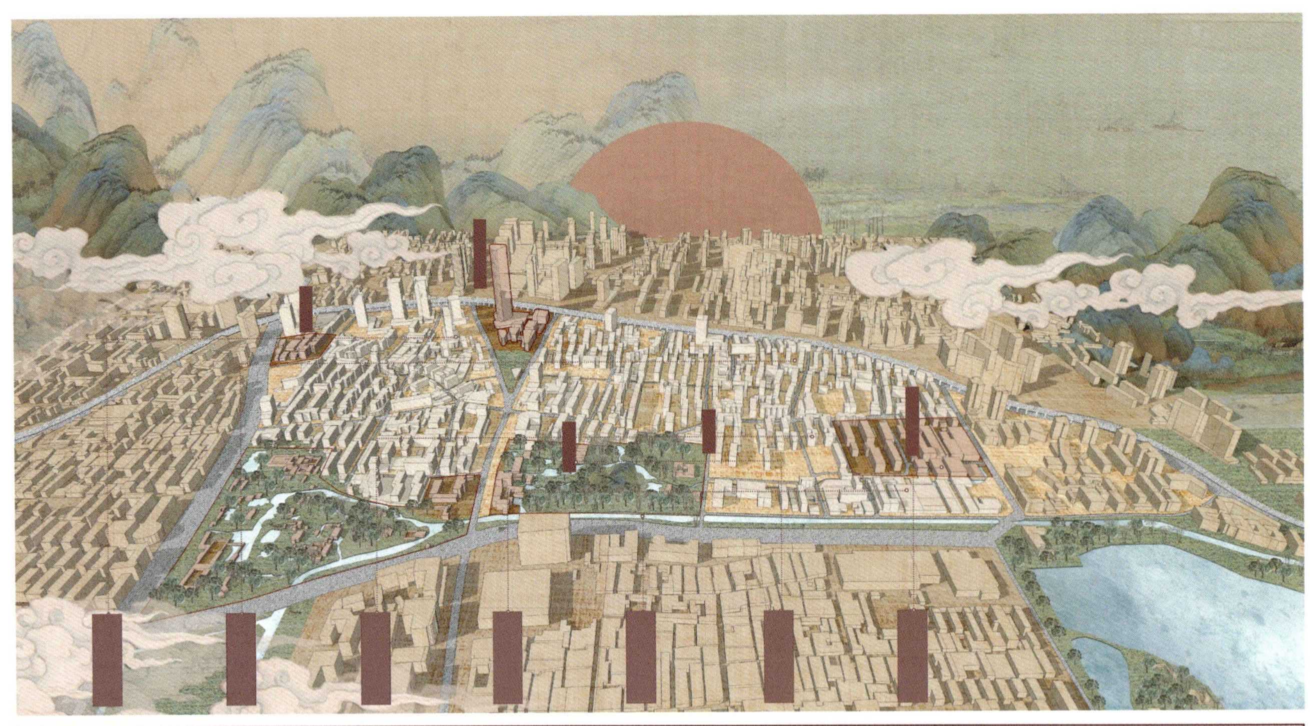

问题总结

如今，济南的老街被各种改造、拆除、重建，让人们痛心不已，济南人民也都认为越老的街巷越能体现老济南的味道，也是这座历史古城令人难忘的地方，我们应该行动起来，保护我们身边的老建筑，从而保留住我们家园济南古城的原汁原味。

拆改分析

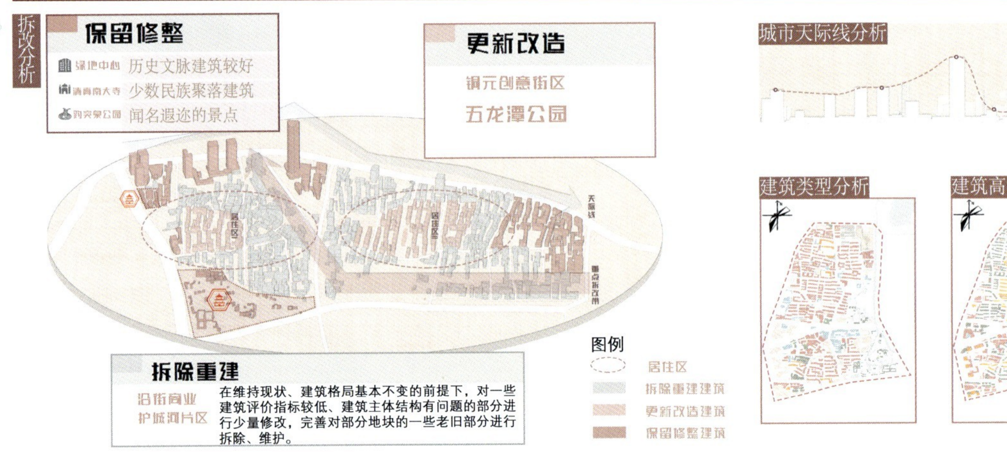

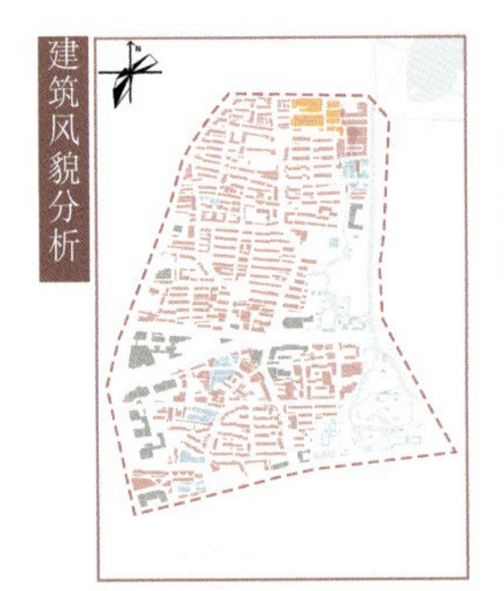

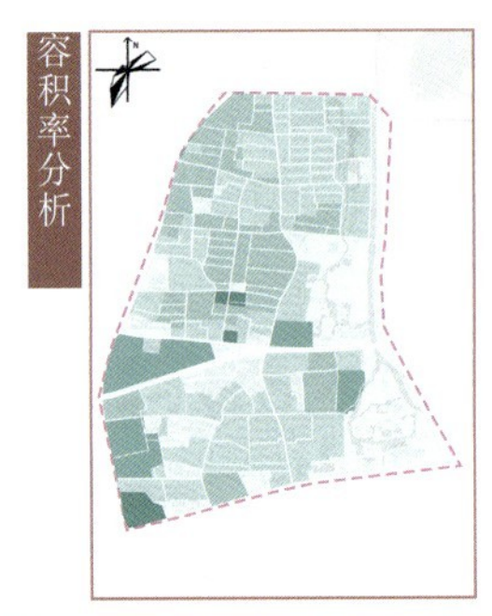

03 街城连景·水韵泉城 ——济南市大明湖周边地区城市更新设计

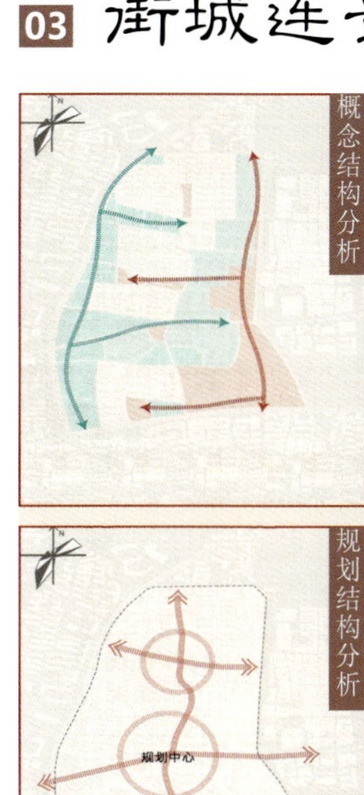

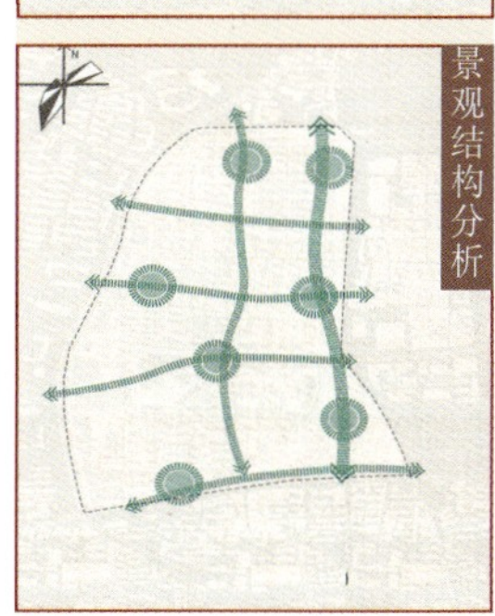

04 街城连景·水韵泉城 ——济南市大明湖周边地区城市更新设计

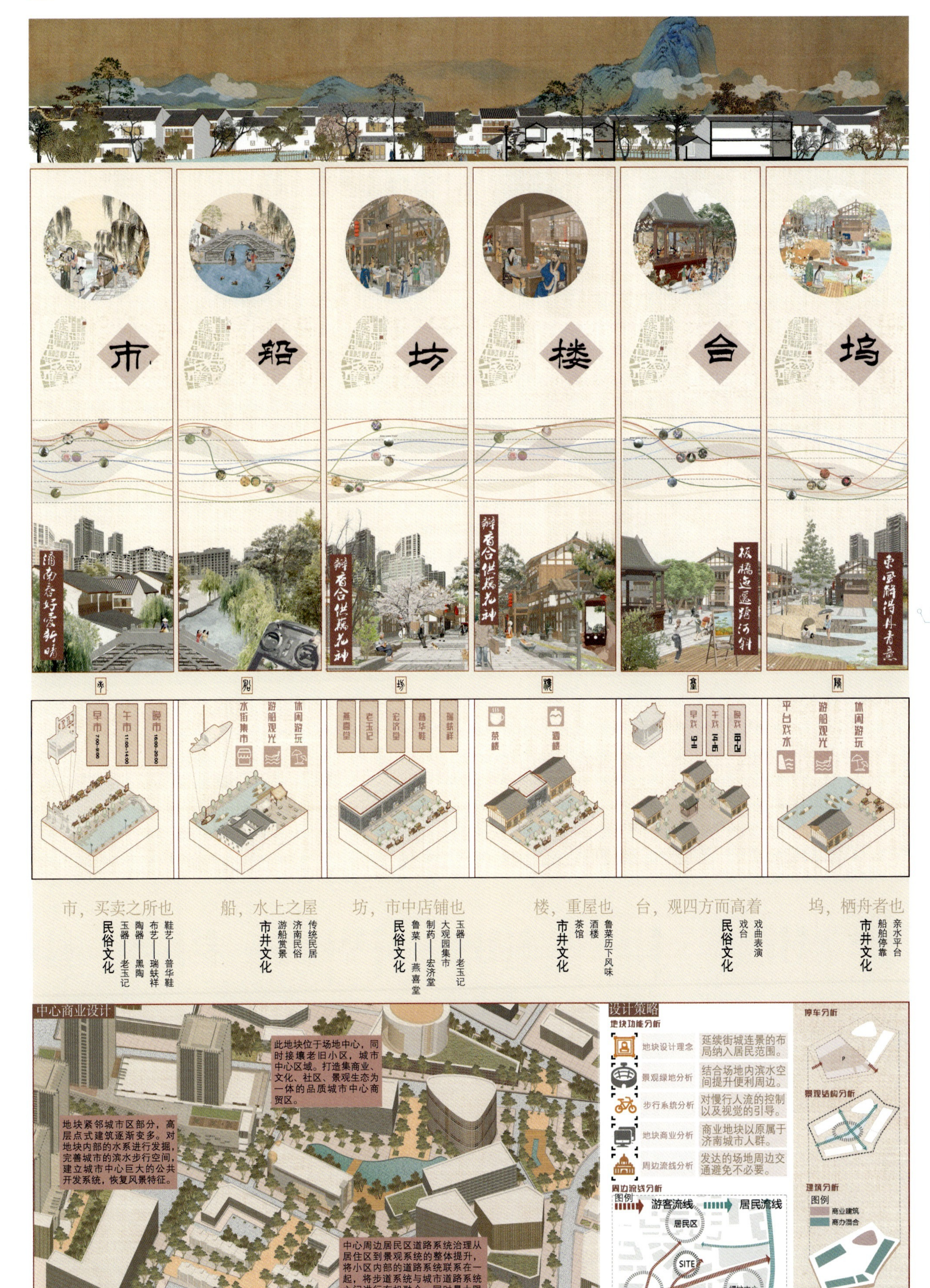
市
船
坊
楼
台
坞
辩香合供蕊花神
辩香合供蕊花神
早市 7:00-9:00
午市 11:00-14:00
晚市 18:00-20:00
水街集市
游船观光
休闲游玩
燕喜堂
老玉记
宏济堂
普华鞋
瑞蚨祥
茶楼
酒楼
早戏
午戏
晚戏
平台戏水
游船观光
休闲游玩
市，买卖之所也
鞋艺——普华鞋
布艺——瑞蚨祥
陶器——黑陶
玉器——老玉记
民俗文化
船，水上之屋
传统民居
济南民俗
游船赏景
市井文化
坊，市中店铺也
玉器——老玉记
大观园集市
制药——宏济堂
鲁菜——燕喜堂
民俗文化
楼，重屋也
鲁菜历下风味
酒楼
茶馆
市井文化
台，观四方而高者
戏曲表演
戏台
民俗文化
坞，栖舟者也
亲水平台
船舶停靠
市井文化
中心商业设计
此地块位于场地中心，同时接壤老旧小区，城市中心区域。打造集商业、文化、社区、景观生态为一体的品质城市中心商贸区。
地块紧邻城市区部分，高层点式建筑逐渐变多。对地块内部的水系进行发掘，完善城市的滨水步行空间，建立城市中心巨大的公共开发系统，恢复风景特征。
中心周边居民区道路系统治理从居住区到景观系统的整体提升，将小区内部的道路系统联系在一起，将步道系统与城市道路系统之间进行有机融合，同时最大限度保留社区原始风貌，提升归属感和认同感。
设计策略
地块功能分析
地块设计理念
延续街城连景的布局纳入居民范围。
景观绿地分析
结合场地内滨水空间提升便利周边。
步行系统分析
对慢行人流的控制以及视觉的引导。
地块商业分析
商业地块以原属于济南城市人群。
周边流线分析
发达的场地周边交通避免不必要。
周边流线分析
图例
游客流线
居民流线
居民区
SITE
绿地中心
停车分析
景观结构分析
建筑分析
图例
商业建筑
商办混合

桥
亭
阁
榭
廊
院
四面荷花三面柳
清泉石上流
趵突泉腾黄酒家
一鞭清泉荷花楼
游戏
餐饮
超市
衣帽
饮品
礼品
饮品
泉水平台
休闲娱乐
酒楼
济南传统民居
泉水四合院
桥，连洲者
亭者，人所停集也
阁，小巧楼阁
榭，临水之屋
廊，连屋者
院，围四方而居者
水上栈道
杨柳荷花
泉文化
休憩赏乐
曲水流觞
雅集文化
民宿商铺
茶馆酒楼
历下风味
市井文化
鲁菜历下风味
酒楼
茶馆
市井文化
园林建筑
趵突泉
泉文化
家家泉水
济南民居
市井文化
中心商业设计
设计通过串联水体构建区域慢性步行体系，打造特色景观廊道，点、线、面结合构建景观网络。
利用区域内水体及绿色空间生态，本地通过对场地内绿色基础设施规划设计及景观生态修复。
济南传统民居有其独特的地理和人文环境，形成了自己融合南北方特色的独立经济体系。
设计策略
地块功能分析
地块设计理念
增强亲水性以及与周围城市的联合。
景观绿地分析
进一步增强泉与其之间的亲水性质。
步行系统分析
对慢行人流的控制以及对视觉引导。
地块商业分析
结合文化将其作为济南的城市亮点。
周边流线分析
将机动车出入口的时候出入的安放。
周边流线分析
SITE
商办
图例
游客流线
居民流线
停车分析
景观结构分析
建筑分析
图例
商业建筑
商办混合

合肥工业大学

指导教师：宣 蔚

畔坊引埠 · 循泉绘城

设计成员：戴宜顺、李懿、熊静仪

重塑街巷的权利

设计成员：郭奕明、杨麒丙

泉城漫步 · 多元共生

设计成员：张梦婷、高韩

畔坊引埠 · 循泉绘城

——济南市大明湖周边地区城市更新设计

学　　校：合肥工业大学
设计成员：戴宜顺、李懿、熊静仪

戴宜顺

李懿

熊静仪

设计说明：

通过从区位背景到规划范围内现状问题研判，提炼主要问题作为更新的主要抓手和切入口，总结为“八有八缺”：有历史缺品牌、有空间缺统合、有生活缺品质、有密度缺通达、有资源缺体验、有建设缺风质、有开发缺个性、有需求缺满足。以共享和未来为理念，以“共智、共策、共享”为手法来共同营造，激活地块存量空间，打造有机交融活力场景，营造乐享未来生态生活，提升空间品质、提高资源利用、修复人文生态、顺应“中优”战略、助力泉城申遗。从道路交通、人居环境、生态景观、公共空间、文化商旅五方面进行整体规划把控，继而各个分区结合地块特征和问题“逐个击破”。基地区位优势显著，毗邻老城区核心地段，即“畔坊”。通过对基地历史的挖掘，发现基地内重要横向道路共青团路东连现在商业核心与历史文化保护区，西达商埠区，济南自开商埠，创造了近代中国内陆城市对外开放的先河，并极大促进当时济南的社会发展及城镇化进程，成为清朝末期城市“自我发展”的一个典范，见证了济南百年沧桑与沉浮。从自开商埠到历史重塑，济南老商埠凝聚着太多商业、文化的历史记号，见证了济南的城市发展。通过新建城市客厅串联西侧商区，以共青团路为纽带实现“引埠”；济南城内百泉争涌，享有“名泉七十二”之说，通过追寻基地内泉、水二者的历史足影，即“循泉”，重构乐活的“三泉”（趵突泉、五龙潭、迎仙泉）、“三水”（护城河、顺河、生产渠）的泉水生态格局，绘生绘城，最终实现对地块的更新设计，即“绘城”的最终愿景。

设计感悟 | 戴宜顺

首先，很感谢各位老师和负责院校的辛苦筹办与策划，让我们有了一场如此无比绝伦的视觉盛宴和思维碰撞。通过中期汇报各位老师的点评，我们发现自己对于前期的历史和信息挖掘的不足，这也成为我们后面的切入口和主题产生的来源。

关于毕业设计，其实我感觉更像是关于规划设计类的“最后的晚餐”，因为之后研究生的学习转向了宏观，所以这也是我当时选择五校联合毕业设计的原因，想着好好道个别，跟自己、跟队友、跟老师。三小只，从一开始的组队零商量选到了同一个课题，虽然之前已经很多次组队，但这也多半可能是最后一次了。想想以前，大家一起熬夜、通宵，从婺源到广州再到西安，好像大多数外出都是一起的。最后，我还要谢谢我的指导老师宣蔚老师，不仅是对于毕业设计的热情指导，还有上城市设计课时，给当时低谷期的我很多的鼓励和信心。远航的号角已经吹响，未来继续加油吧！

设计感悟 | 李懿

很幸运能以五校联合毕业设计来为我本科五年的学习画上句号。三个月间，从合肥到济南再到苏州，与同学们一起讨论方案、一起画图、一起汇报的日子，忙碌又精彩，是日后的珍贵回忆。

虽然毕业设计过程辛苦，但我更感激的是在这次联合毕业设计中收获的惊喜与成长。每一次的联合汇报我能都认识到自己的不足，不同学校在对待同一课题展现出的不同角度的解读和各具风格的设计手法，使我受益良多。

本次毕业设计的课题，让我了解了济南这座泉城，也让我对于城市更新有了更深入的理解。基地位于济南古城区与商埠区的过渡地带，因此我们通过新建城市景观综合体将商埠区与古城区串联起来，在设计中融入泉水文化，延续泉水生态，融泉于城。

感谢宣蔚老师对我们毕业设计的悉心指导，感谢其他学校老师们的指导，使我在本次设计中学到很多。也感谢我的队友熊静仪、戴宜顺同学在本次毕业设计与五年的生活、学习上给予我的帮助与关怀，感谢你们在学习中最难熬的时候和我一起度过。

祝愿大家万事胜意，前程似锦。

设计感悟 | 熊静仪

很幸运能够参加这次联合毕业设计，与其他学校的同学们交流、学习。这次的设计基地位于济南市，我也因此有机会第一次来到济南，通过现场的实地调研，我们对济南老城有了更深入的了解，感受到了当地的市井生活氛围。

设计步入尾声，回看近几个月的设计过程，感慨万分。我们将大学五年来吸收到的知识储备运用到了这次的毕业设计之中。在中期交流汇报上，见识到了不同学校教学方式的不同、侧重点的不一，也领略到了更多样的表达方式，看到了对于同一基地不同视角的理解与感受。

毕业设计是一段充实、艰辛、丰满的旅程，感谢一路引导、陪伴着我们的指导老师，感谢一起讨论、合作的队友，这段经历会成为我最难忘的毕业记忆。

畔坊引埠 · 循泉绘城

——济南市大明湖周边地区城市更新设计

01

上位规划

市域层面	古城片区
2020 版城市总体规划：彰显济南特有的泉城特色景观风貌	济南市古城片区控制性详细规划：集中体现“山、泉、湖、河、城”特色风貌的泉城特色标志区

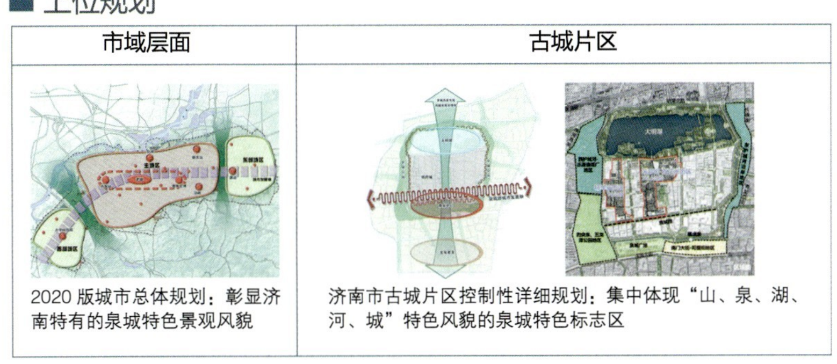

历史文化	社区生活
济南历史文化名城保护规划：保护延续济南的格局和风貌	济南 15 分钟社区生活圈专项规划

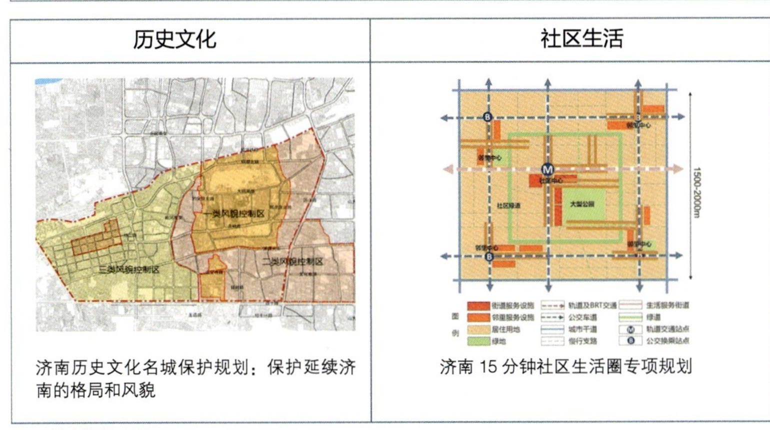

现状分析

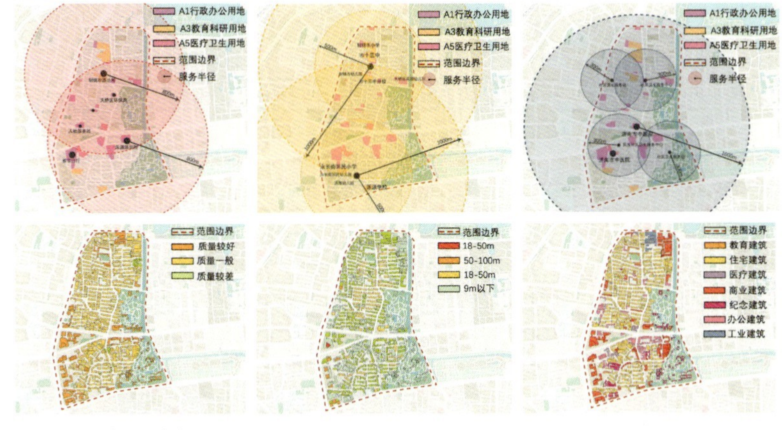

现状综合分析

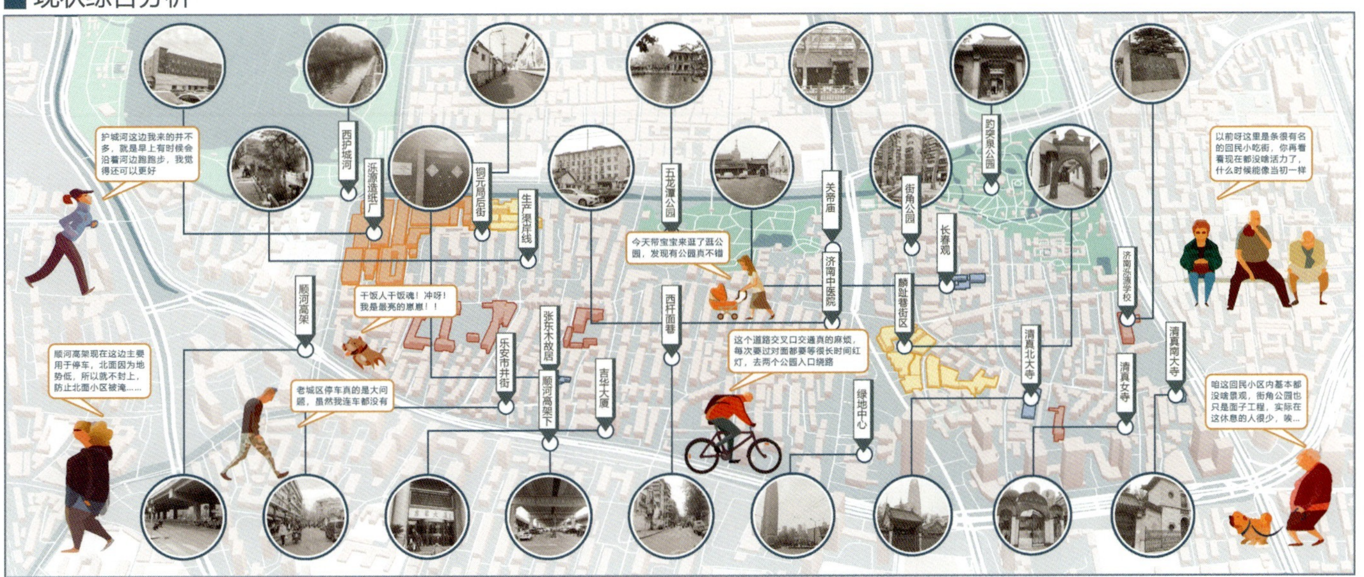

现状分析

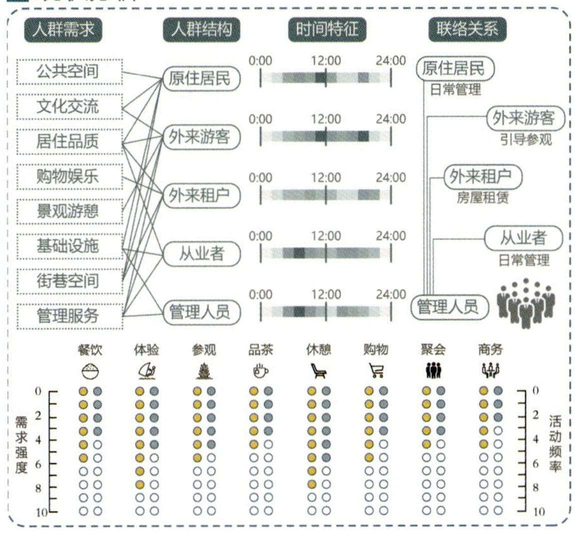

周边概况

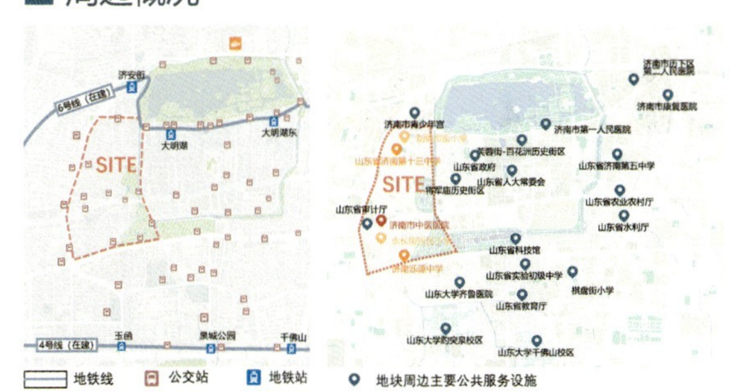

主题解析

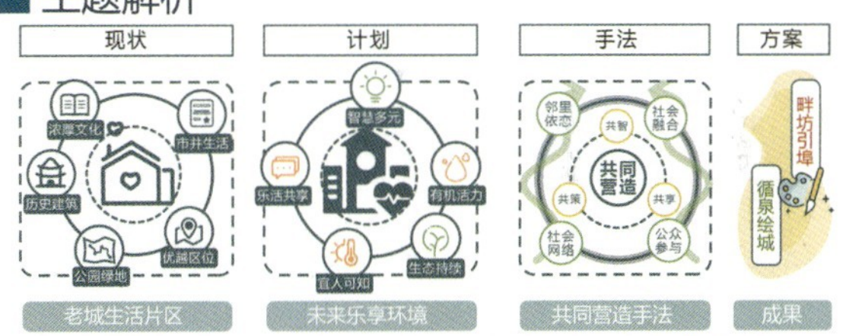

通过对基地的现状分析，发掘主要矛盾作为切入口，挖掘其浓厚文化、市井生活以及丰厚的物质和非物质历史文化资源，以共享和未来为理念，构建未来乐享环境，以“共智、共策、共享”为手法，打造有机交融活力场景，营造乐享未来生态生活。

畔坊引埠·循泉绘城

——济南市大明湖周边地区城市更新设计

02

■ 规划定位

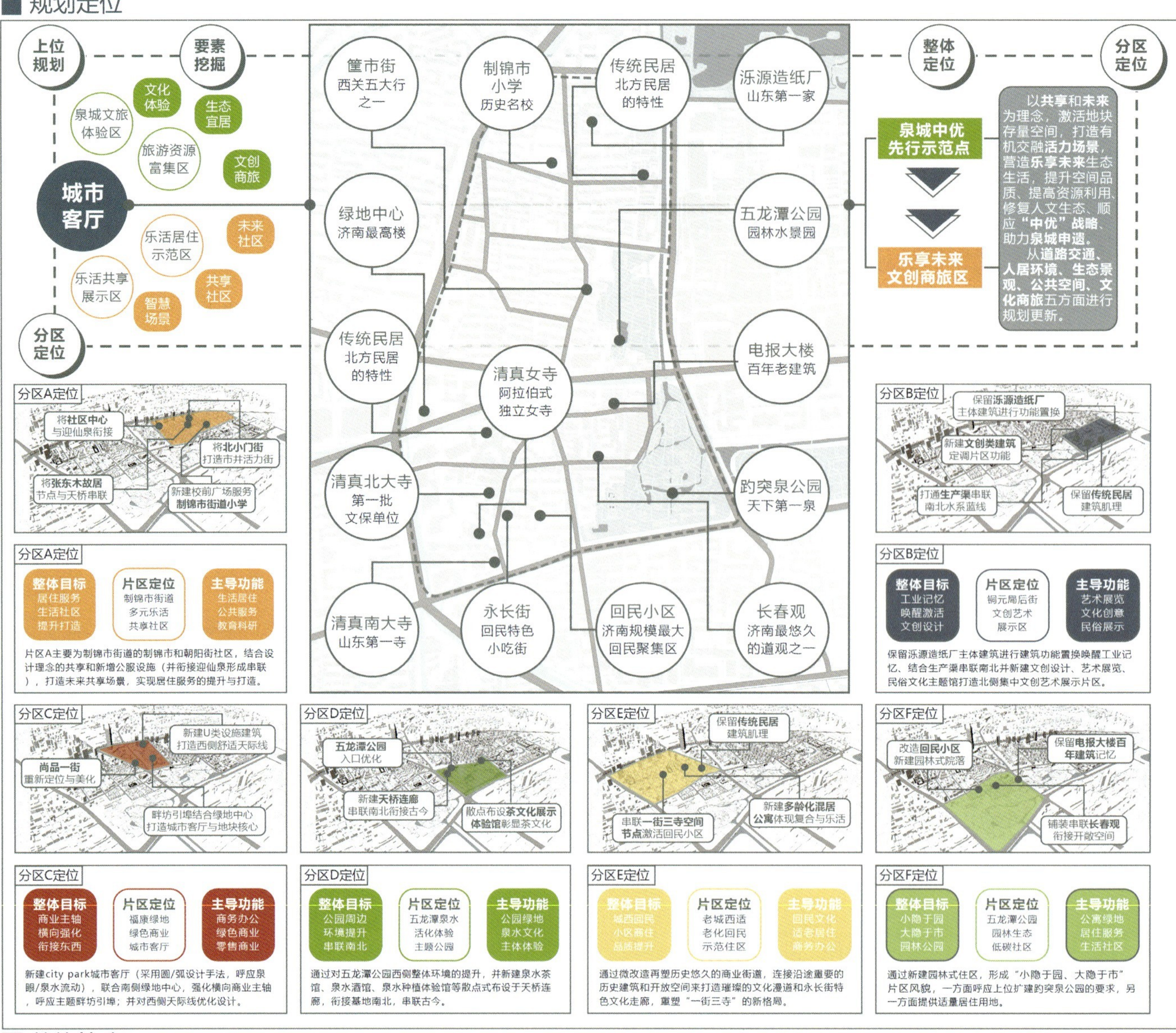

分区A定位

整体目标	片区定位	主导功能
居住服务 生活社区 提升打造	制锦市街道 多元乐活 共享社区	生活居住 公共服务 教育科研

片区A主要为制锦市街道的制锦市和朝阳街社区，结合设计理念的共享和新增公服设施（并衔接迎仙泉形成串联），打造未来共享场景，实现居住服务的提升与打造。

分区B定位

整体目标	片区定位	主导功能
工业记忆 唤醒激活 文创设计	铜元局后街 文创艺术 展示区	艺术展览 文化创意 民俗展示

保留泺源造纸厂主体建筑进行建筑功能置换唤醒工业记忆、结合生产渠串联南北并新建文创设计、艺术展览、民俗文化主题馆打造北侧集中文创艺术展示片区。

分区C定位

整体目标	片区定位	主导功能
商业主轴 横向强化 衔接东西	福康绿地 绿色商业 城市客厅	商务办公 绿色商业 零售商业

新建city park城市客厅（采用圆/弧设计手法，呼应泉眼/泉水流动），联合南侧绿地中心，强化横向商业主轴，呼应主题畔坊引埠；并对西侧天际线优化设计。

分区D定位

整体目标	片区定位	主导功能
公园周边 环境提升 串联南北	五龙潭泉水 活化体验 主题公园	公园绿地 泉水文化 主体体验

通过对五龙潭公园西侧整体环境的提升，并新建泉水茶馆、泉水酒馆、泉水种植体验馆等散点式布设于天桥连廊，衔接基地南北，串联古今。

分区E定位

整体目标	片区定位	主导功能
城西回民 小区商住 品质提升	老城西适 老化回民 示范住区	回民文化 适老居住 商务办公

通过微改造再塑历史悠久的商业街道，连接沿途重要的历史建筑和开放空间来打造璀璨的文化漫道和永长街特色文化走廊，重塑“一街三寺”的新格局。

分区F定位

整体目标	片区定位	主导功能
小隐于园 大隐于市 园林公园	五龙潭公园 园林生态 低碳社区	公寓绿地 居住服务 生活社区

通过新建园林式住区，形成“小隐于园、大隐于市”片区风貌，一方面呼应上位扩建趵突泉公园的要求，另一方面提供适量居住用地。

■ 总体策略

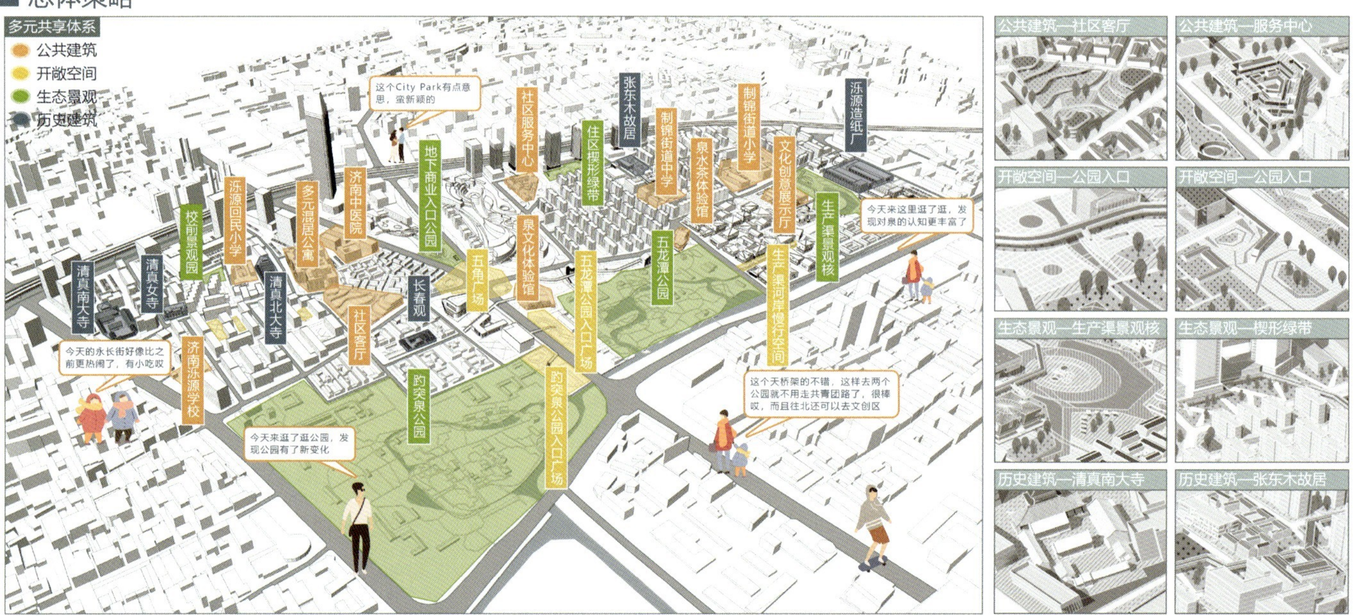

■ 总平图

经济技术指标
总用地面积：122.66hm²
建筑基底面积：41.65hm²
新建建筑基底面积：16.66hm²
保留建筑基底面积：24.99hm²
道路用地面积：22.69hm²
建筑密度：33.95%
建筑最大高度：300m
绿地率：34.17%
1 后街商业区
2 后街文创体验区
3 居住区
4 制锦市小学
5 济南市第十三中学
6 张东木故居
7 染坊历史展馆
8 济南市第十三中学分校
9 文创旅游体验
10 文创艺术展示
11 文化广场
12 供电局
13 供水局
14 社区服务中心
15 泉水茶馆
16 泉水酒馆
17 泉水种植体验馆
18 青少年活动馆
19 五龙潭公园
20 特色景观综合体
21 五龙潭公园入口
22 绿地中心
23 老年活动中心
24 多功能活动馆
25 电报大楼记忆馆
26 趵突泉公园入口
27 传统民宿
28 长春观
29 趵突泉公园
30 民俗街区
31 多龄共享公寓
32 社区客厅
33 清真北大寺
34 回民小学
35 清真女寺
36 清真南大寺
37 泺源学校
N
0 60 120 180m

畔坊引埠·循泉绘城

——济南市大明湖周边地区城市更新设计

规划鸟瞰图 A

规划系统分析图

场所情景展示

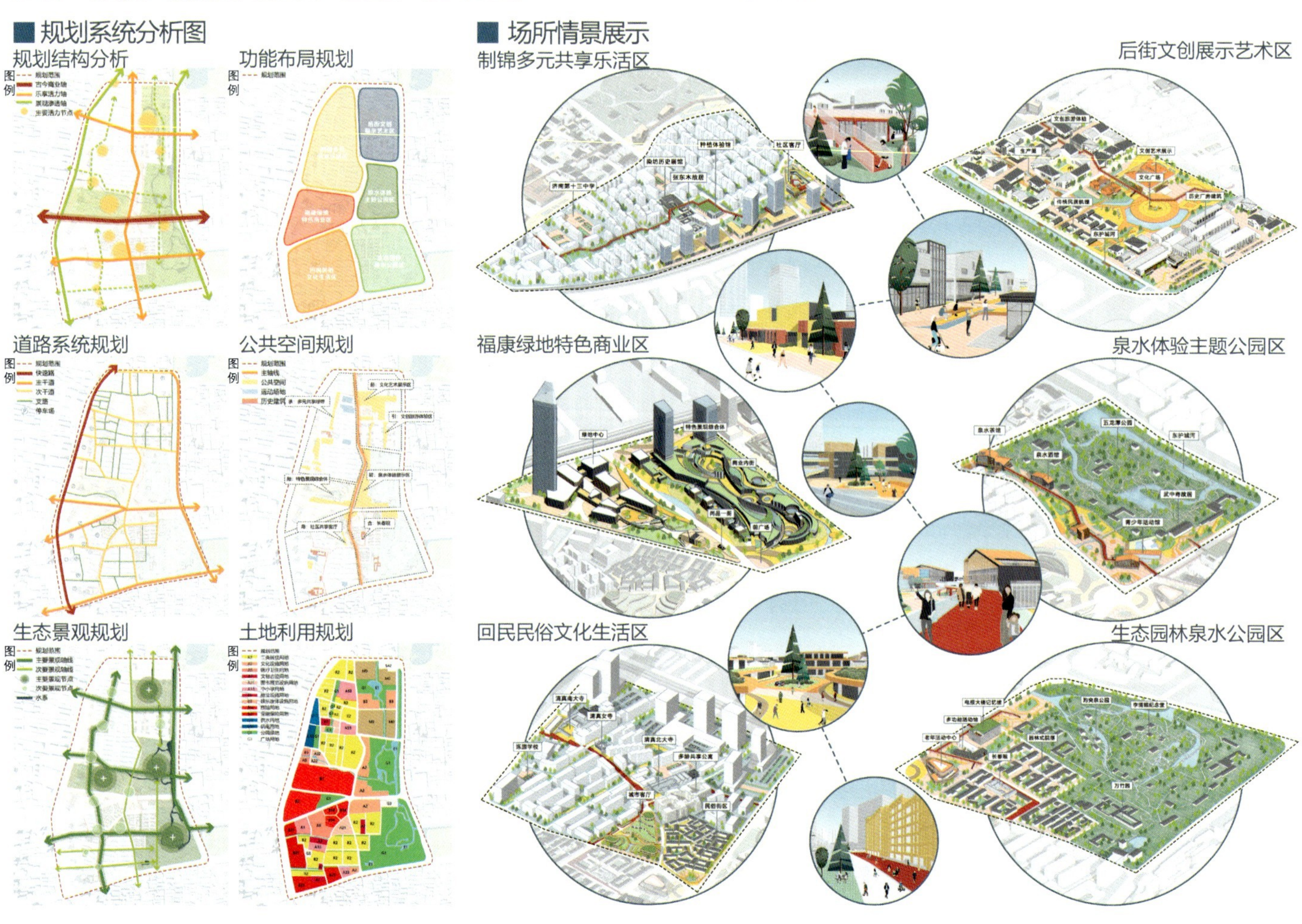

畔坊引埠·循泉绘城

——济南市大明湖周边地区城市更新设计

05

■片区详细设计

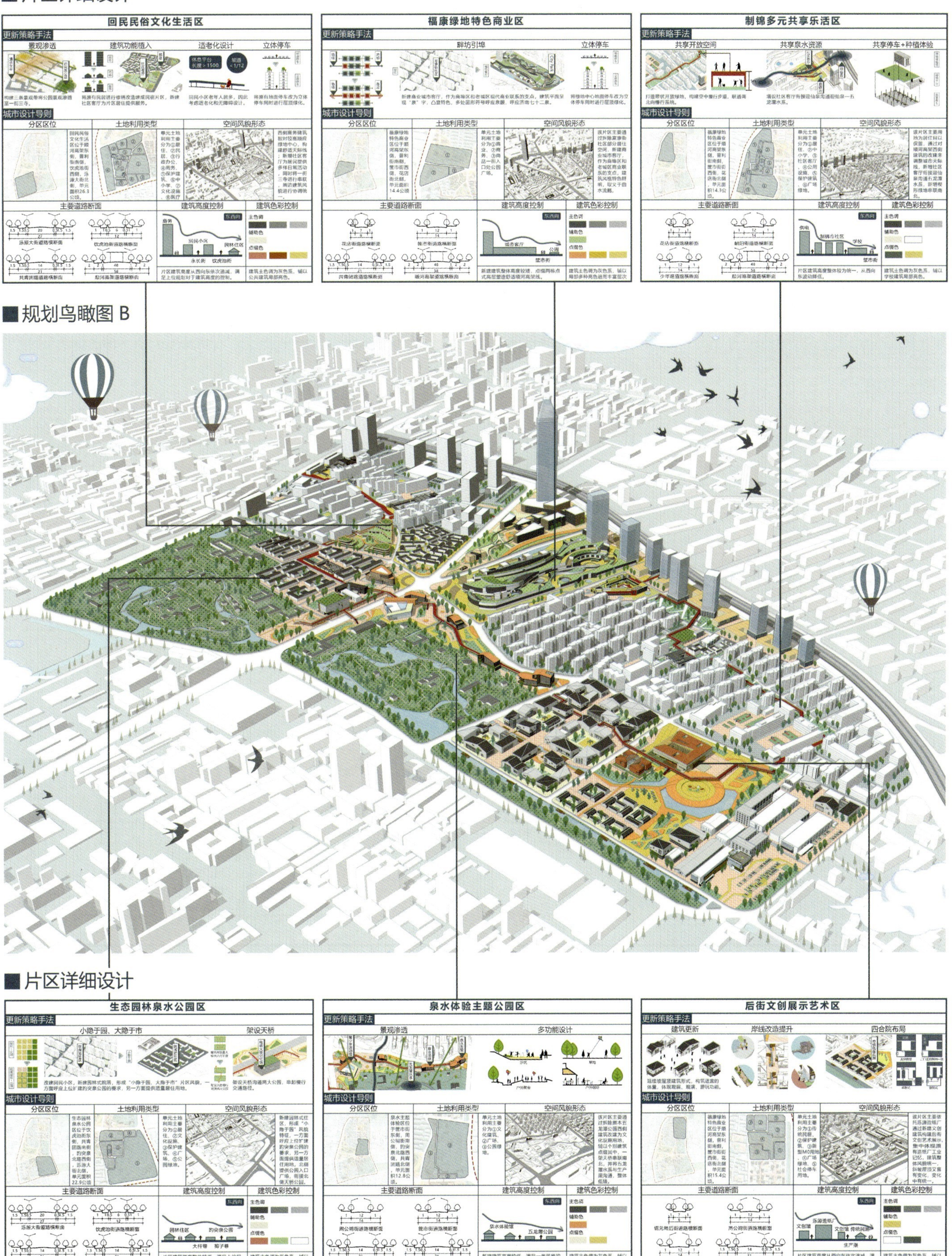

畔坊引埠·循泉绘城 ——济南市大明湖周边地区城市更新设计 06

未来社区

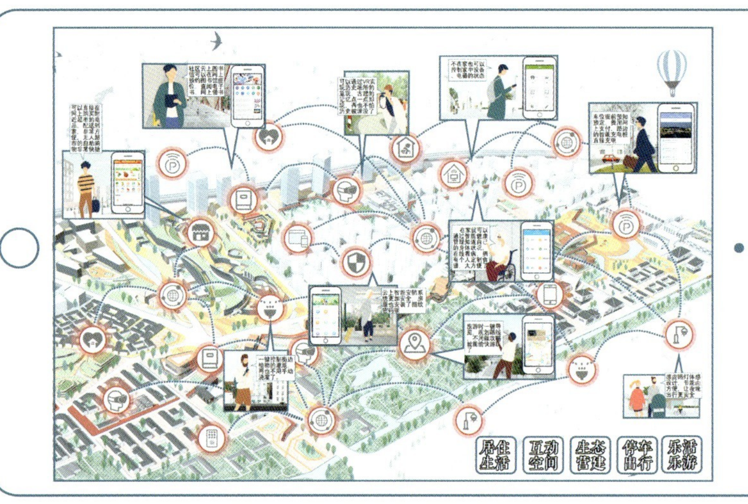

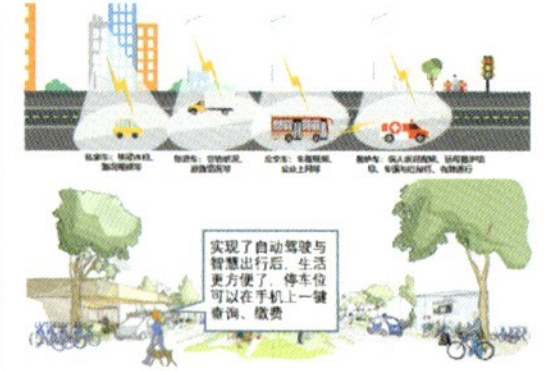

智慧交通出行：城市车联网

智慧乐活乐游：VR 重现历史场所

智慧互动空间：潮汐街道

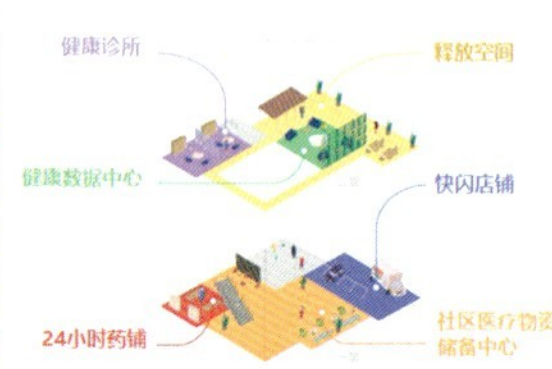

智慧居住生活：未来社区康养中心

产业发展

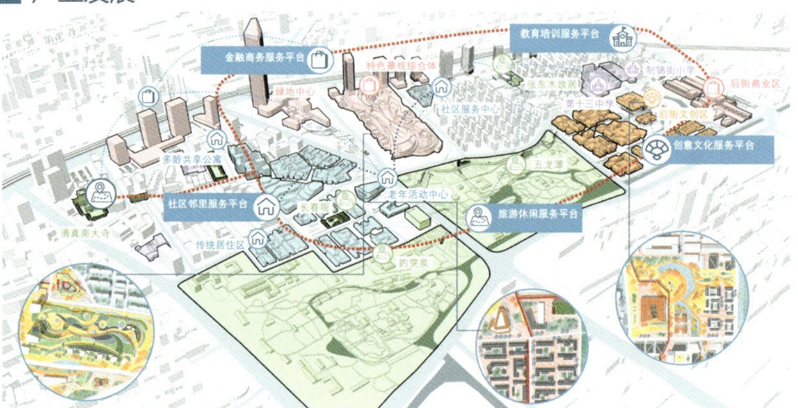

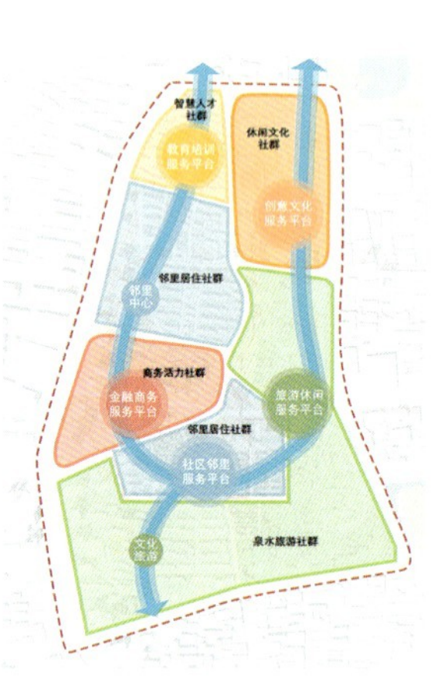

结合泉文化，搭建“Q+”创智发展结构一条 Q 形创智服务带、五大创智服务平台、5 个创智活力社群。

生态旅游

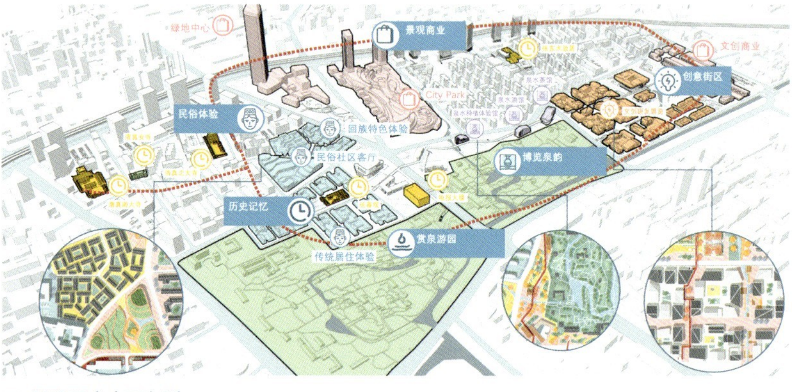

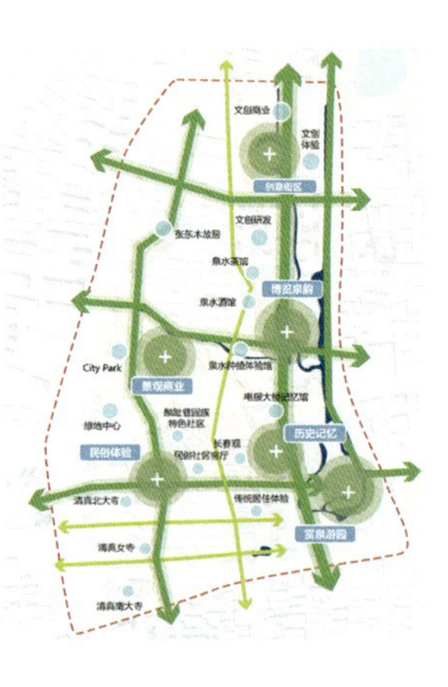

结合蓝绿资源，策划旅游活动 6 大主题片区：创意街区、博览泉韵、历史记忆、赏泉游园、民俗体验、景观商业。

顺河高架改造

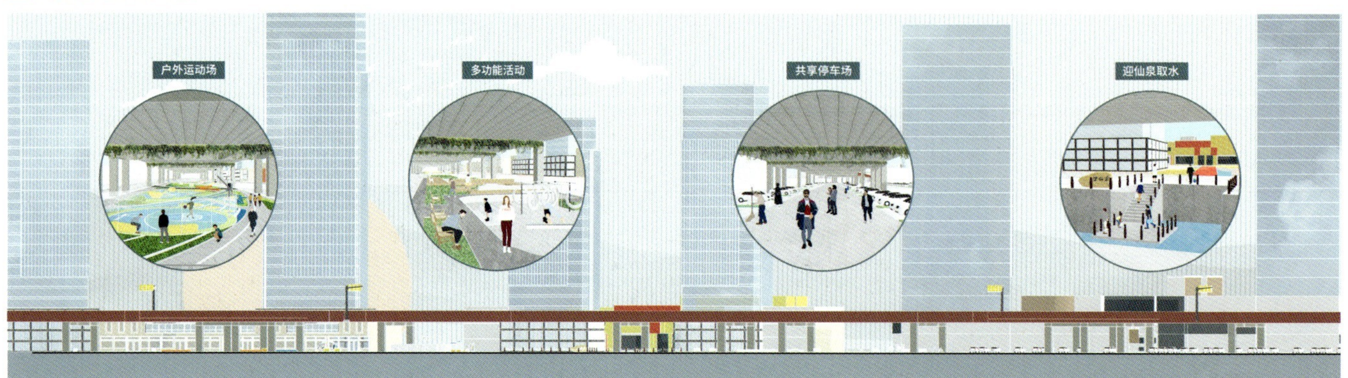

重塑街巷的权利

——济南市大明湖周边地区城市更新设计

学　　校：合肥工业大学
设计成员：郭奕明、杨麒丙

郭奕明

杨麒丙

设计说明：

本设计位于济南市老城区大明湖周边。设计基于“连接”理论，首先发掘基地内已有的触媒，同时根据前期对基地的细致调研，发掘了新的触媒，将老城区中的街巷作为连接的工具，对已有的触媒和新发掘的触媒进行了连接，并在连接成网络的基础上对连接进行重新梳理并划分等级，使其形成新的空间秩序。

在整体层面，方案对基地内的空间进行了梳理，建立了新的空间秩序，形成了新的空间结构；对基地内部的各地块功能进行了重新定义和再次划分；在基地内建立了完整和合理的景观绿地结构，使其能够和大明湖、环城河、环城公园产生良好的关系；在此基础上建立了济南市老城区大明湖周边地区完整的公共空间体系和步行交通体系。

在街巷层面，也是方案的重点层面，即重新对济南市老城区大明湖周边地区内的街巷进行塑造，并对街巷相关的各类用地进行了改造或者拆除重建，使得老城区内的居民重新获得新型街道空间，也使得老城区更加适应未来城市的需求。在此基础上，在街巷中置入了不同的新功能，如商业、文创、游览等，让街巷更有活力。

在建筑层面，方案基于对现状街巷的详细梳理和对建筑的质量评估，有选择性地拆除和改造了基地内现有的建筑。在重塑街巷的过程中，对节点上的重点建筑进行了改造或拆除重建，对基地内的重点保护建筑进行了保护性更新。

设计感悟 | 郭奕明

在选择毕业设计时，我就想到了：“五校联合将会是一个有些许困难且非常漫长的过程。但是我仍然坚定地选择了五校联合毕业设计。”

我认为，作为城乡规划专业的学生，应当更多地接触其他学校的同学，不仅是学习他们的设计方法，也是学习他们的设计思路，更是学习他们项目管理的方式和风格。

在五校联合毕业设计最初调研时，尽管大家非常繁忙，且无法进行现场调研，但我们仍然根据网上的资料，进行了详细的网上调研。也通过自己新学到的技术和知识，对场地进行了更详尽的分析。中期汇报在山东建筑大学进行，我们在完整表达自己方案的同时，也仔细聆听和学习了其他学校同学的方案汇报，在此过程中，我们也学到了很多，不管是方案设计、图面表达、语言表达和汇报技巧上都有极大的收获。在整个方案的设计过程中，尽管我们经历了许多困难，例如工作量大、空间梳理困难、整体轴线不易把握等，但我们经过老师的指导、进度把握、与杨麒丙同学的通力合作，最终还是完成了整个设计方案。在终期汇报来临之际，我们前往了下一届东道主单位——苏州大学，进行了终期汇报的答辩，这次答辩对我的影响非常深远。我意识到，在整个设计过程中，我们的方案仍然做的不够完善，也有许多我们以前并没有意识到的问题，我们也将继续改进。

这次五校联合毕业设计对我的影响很大。最后，非常感谢在毕业设计中帮助我们的每一个人，谢谢大家！

设计感悟 | 杨麒丙

时光飞逝，转眼间五年的大学生活即将结束。在大学生涯即将结束之际，选择并能够参加五校联合毕业设计对于我来说是非常难得和珍贵的经历，也是我在大学生涯最后能够站好的最后一班岗，同时也是莫大的荣幸。

感谢五校联合毕业设计为大家搭建了一个五校师生深入交流的平台，能够认识其他学校优秀的同学，了解他们的设计作品。同时在完成设计的同时，不断地对自己五年来的专业知识进行总结回顾，通过这段时间的研究学习，我学到了很多以前不知道的知识，特别是通过这次对大明湖畔地块的老城更新改造设计，让我对老城的认知、改造、功能定位与置换等方面有了进一步的学习和掌握。在参与五校联合设计的过程中，与小组成员一起讨论方案，对方案的细节深入思考，提出问题，查阅资料，并与指导老师交流，带着老师的建议继续对问题深入研究，进行设计，并与同学交流。尽管前期我们组的进度有一些滞后，但最后我们组还是成功完成了五校联合的毕业设计。在此过程中实在是受益匪浅，为以后的工作打下了坚实的基础。

在此，我要再次对我们小组的指导老师宣蔚老师表示感谢，同时也感谢我的队友郭奕明，以及在完成毕业设计过程中帮助过我们的人。

重塑街巷的权利——济南市大明湖周边地区城市更新设计

01

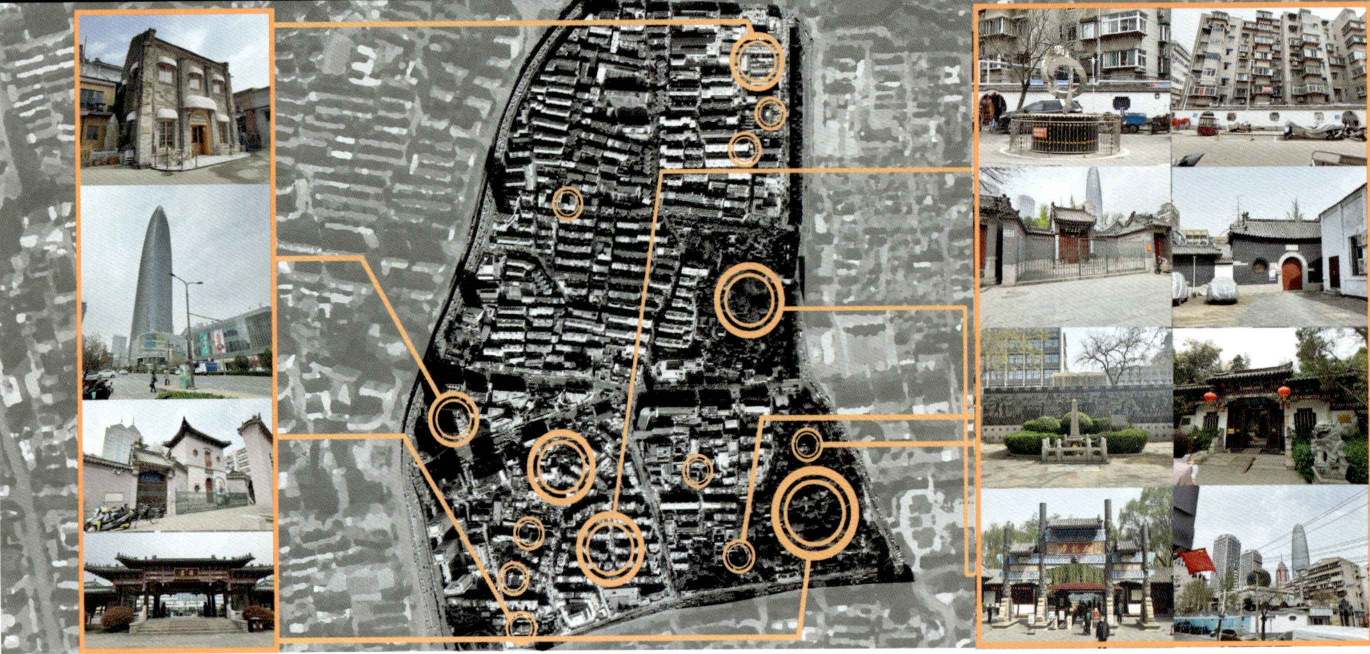

宏观区位

济南地处中国华东地区、山东省中部、华北平原东南部边缘。是山东省省会、副省级市、特大城市、济南都市圈核心城市、国务院批复确定的环渤海地区南翼的中心城市，是山东省政治、经济、文化、科技、教育和金融中心。

基地分析

基地功能	基地周边主要是居民区和天下第一泉景区，属于古城片区的中心位置，有较好的景观资源，同时也有较大的人流量。基地内部的功能主要以居住为主，同时附属了两个大公园和一部分商业。
道路交通	基地西侧有一条顺河路高架，是一条高架快速路，有较大的切割影响。在基地的南侧有一条泺源大街，属于城市主干道。基地北侧和东侧均为城市次干道，有较好的生活气息，方便基地与附近的古城片区和其他片区产生较好的联系。基地内部主要被城市主干道和次干道分为了五个街区，在五个街区中，除了五龙潭公园、趵突泉公园和一个商业中心所在的街区，其他街区的城市支路密度较大，在后续的设计中，可以考虑继续加密或进一步完善。
景观资源	基地附近的景观结构主要是围绕大明湖和济南老城作为中心，以环城河为带，形成完整的环城公园，作为景观带，从而向外辐射。基地内部，有两个大型公园，分别是五龙潭公园和趵突泉公园，同时还有环城河的一段穿过街区。这些景观和水系可以作为未来的景观资源，进一步保护开发。
空间形态	基地内有两个大型公园，公园中大多数建筑为景观建筑，并且公园内包含大量绿地、水系、景观小品等，建筑的密度很低，大多数属于开放空间。基地内的主要居住单元是社区大院。其中有大量板式的多层住宅，主要空间比较单调，其中的开放空间以东西走向的狭长空间为主。基地内还有一部分工业建筑，其中有较多的开放空间，且建筑体量有一定变化，大小不同。且许多工业建筑是保留完好的工业遗址和历史建筑，具有较好的开发价值。

道路情况

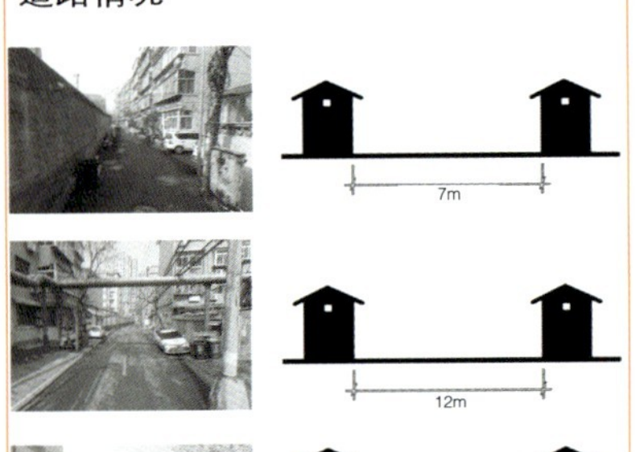

文化印象

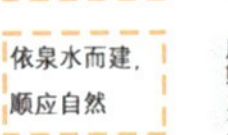

建筑模式		饮食特色		趣味民俗		传统工艺	
鲁派建筑		鲁菜		戏曲		艺术	
建筑色彩	整体上偏灰色，较为素淡	精于制汤	以汤为百鲜之源。	山东梆子	流行于鲁西南及鲁中地区。	威海根雕	中国传统雕刻艺术之一
建筑装饰	具有江南水乡的审美情趣	火候精湛	烹调方法为爆、扒、拔丝	柳子戏	中国戏曲四大古老剧种之一	张范剪纸	古老的汉族剪纸艺术
合院布局	灵活多样，富有情趣	注重礼仪	讲究排场和饮食礼仪。	大弦子戏	流行于鲁西南的古老剧种	鲁绣	山东地区的代表性刺绣
空间布局	依泉水而建，顺应自然	咸鲜为主	讲求咸鲜纯正，突出本味。	大平调	山东省地方传统戏曲剧种	淄博陶瓷	古老的制瓷技艺

SWOT分析

优势:基地周边有许多现代、历史片区，将现代、传统文化相融合，突出基地特色，促进基地发展。基地内部有一条完整的水体资源，拥有优质自然与文化资源。

劣势:建筑年代跨度较大，部分建筑老旧，建筑风格、形式、色彩等混杂;同时对地块条件的保护及利用不足，各片区之间自成体系，缺乏联系。

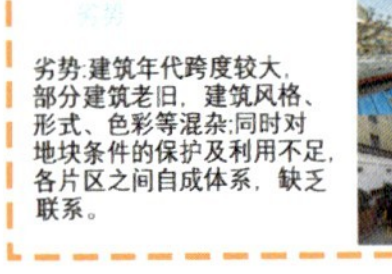

优势:地块内部拥有保存完好的工业遗址和历史建筑;拥有滨水地段，滨水地段具有潜在的城市活力，同时拥有宜人的街巷空间尺度。

劣势:缺乏与大明湖、护城河以及古城的联系;场地内部联系不足；地块功能单一，活力不足；现状建筑整体陈旧，风貌混杂;地域文化特色不鲜明，利用难度大。

前期现状分析

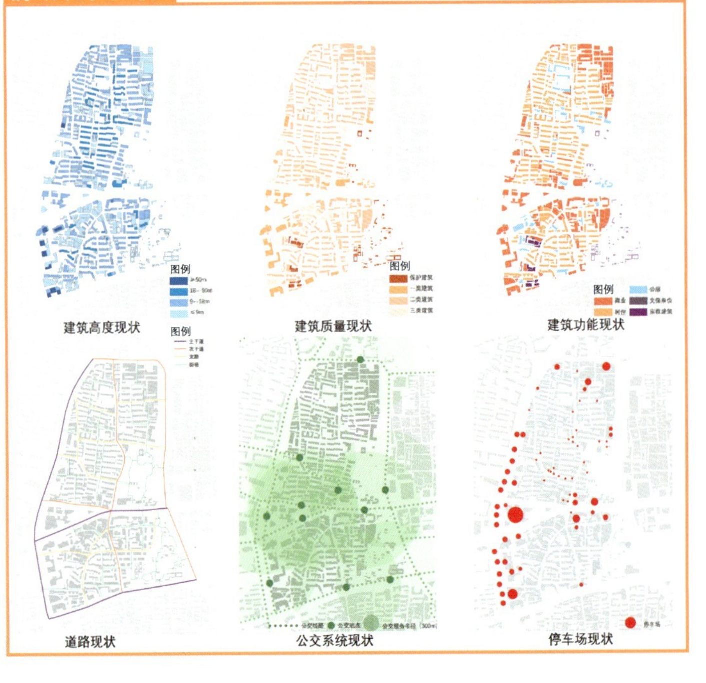

建筑高度现状　建筑质量现状　建筑功能现状

道路现状　公交系统现状　停车场现状

重塑街巷的权利——济南市大明湖周边地区城市更新设计

总平面图

理论基础

本次设计主要用到了"连接理论"。"连接理论"是将城市抽象为一种线性的连接关系。随着科技的发展，出现的"空间句法"能够把研究范围扩展到更大规模的城市层面，我们就能对复杂的城市连接进行量化分析。

城市"线性关系"指的不仅是景观轴线，还包括交通流线、连续的地段边界、视觉通廊等线性要素，它们综合构成了一座城市的线性网络。

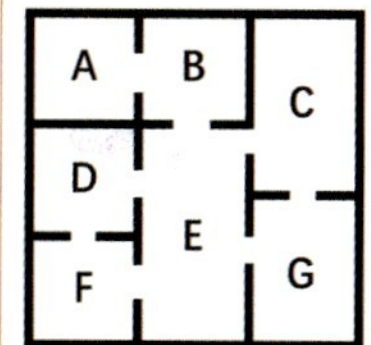

原始图形：
在城市建设过程中形成了大量复杂的城市空间。这些空间的大小、形状各异，同时这些空间相互连接、相互嵌套，研究。

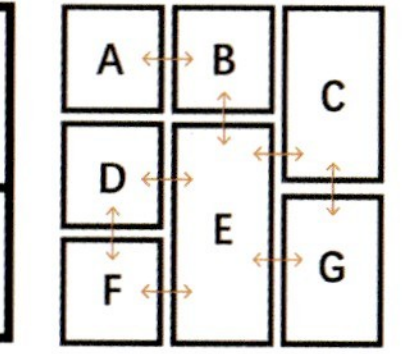

连接：
将这些空间的连接表示出来。将这些空间进行划分，同时将空间之间的连接进行抽象，方便后期分析。

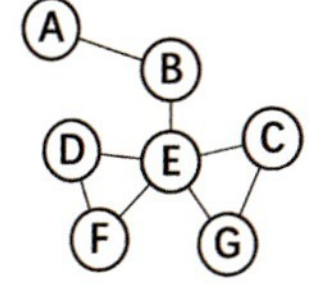

抽象：
忽略这些复杂空间的大小和形状，对它们进行抽象并表示连接。仅表示空间之间的连接关系。

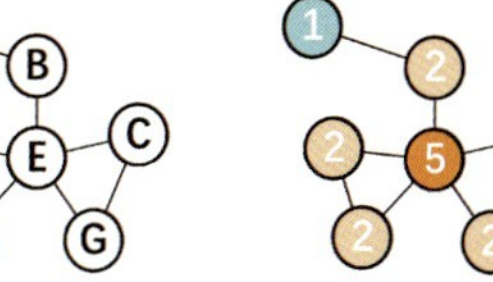

运算：
计算这些空间和周围空间连接的个数，并用数字的形式统计出来。数字越高，空间的连接度越高，即为处于中心位置的空间。

设计策略

1. 就近连接
   发掘基地内先有的节点空间作为触媒
2. 触媒发掘
   发掘基地内有潜力的节点发展新触媒
3. 组织网络
   将基地中所有触媒进行组团连接
4. 构建秩序
   将连接网络中的各个轴线进行分级

功能布置

01	文化水街北入口	15	五龙潭公园北入口
02	文创街区商业广场	16	五龙潭公园南入口
03	城市街头公园	17	五龙潭公园新建西入口
04	文化水街商业集中展示区	18	绿地中心商业绿地公园
05	传统民居保护区	19	现代商业步行街区
06	文化水街南入口	20	传统民居保护街区
07	学校开放绿地	21	现代商业步行街区
08	学校公共活动场地	22	回民社区口袋公园
09	张东木故居及相关保护建筑	23	步行商业街区北入口
10	社区公共活动中心	24	步行商业街区广场
11	小学活动场地	25	步行商业街区绿地广场
12	社区口袋公园	26	步行商业街区核心广场
13	社区商业中心	27	步行商业街区酒店
14	步行商业街区	28	回民社区开放广场

设计手法

1. 梳理：梳理基地内部现有的节点，并将这些节点作为触媒。从前期调研发掘出的节点主要有公园入口、大型公建、社区绿地、历史建筑等。

2. 发掘：发掘基地内部有潜力的节点，并将这些节点开发为新的触媒。这些节点主要针对现状不佳的建筑、不合理围墙等。

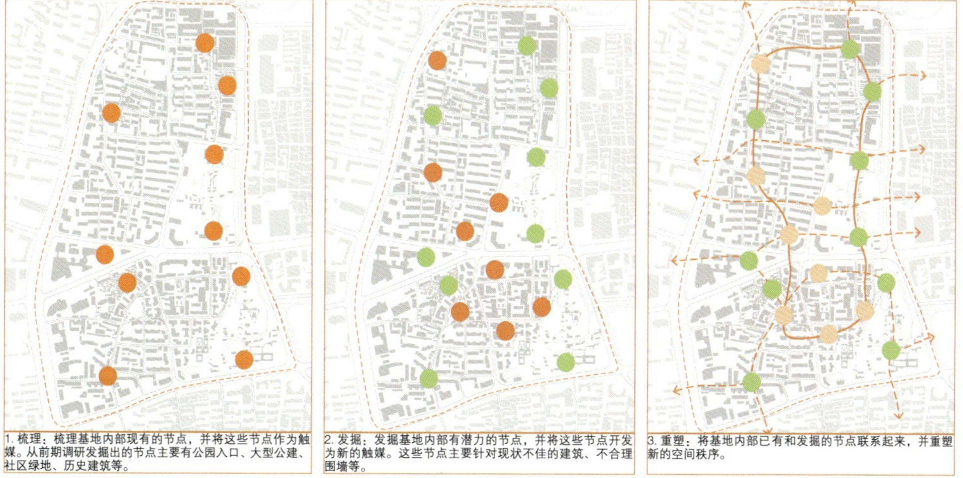

3. 重塑：将基地内部已有和发掘的节点联系起来，并重塑新的空间秩序。

重塑街巷原则

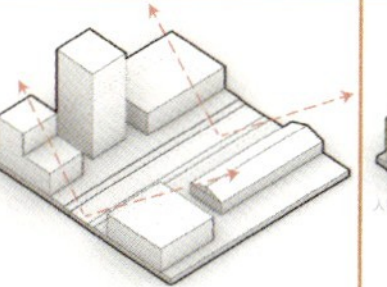

1. 街道空间设计：街道尺度适宜，符合人体尺度。

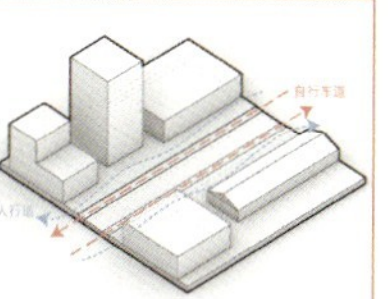

2. 道路通行程度：自行车道独立，提倡健康骑行的交通方式。

技术指标

指标	数据
占地面积	122.87hm²
建筑占地面积	33.68hm²
住宅建筑占地面积	13hm²
新建建筑占地面积	8.62hm²
道路占地面积	24.51hm²
绿地面积	27.85hm²
广场面积	4.34hm²
水域面积	4.55hm²
绿地率	34%
建筑密度	34%
建筑最大高度	303m

重塑街巷的权利——济南市大明湖周边地区城市更新设计

03

REBUILDING THE RIGHTS OF STREETS

空间结构

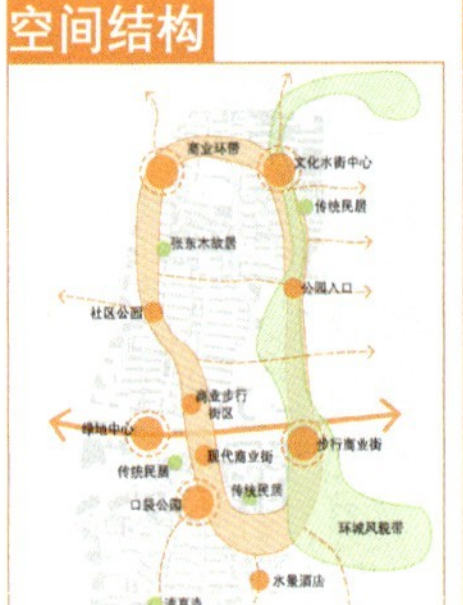

功能布局

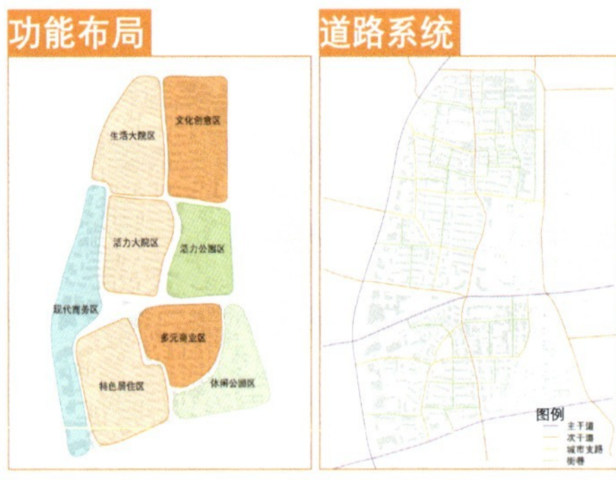

道路系统

重点重塑街巷

商业步行街：
拆除公园附近建设混乱的建筑，打造一条慢行，即以步行为主要方式的商业街。

现代商业街：
延续基地内的绿地中心和西边商埠组成的商业轴线，并打造一条现代商业街。

社区商业街：
将社区中原有的底层商业进行集群，构建社区商业街。

文化水街：
利用街区中原有的河流和街道，在文创街区中打造了一条文化水街，串联整个文化街区。

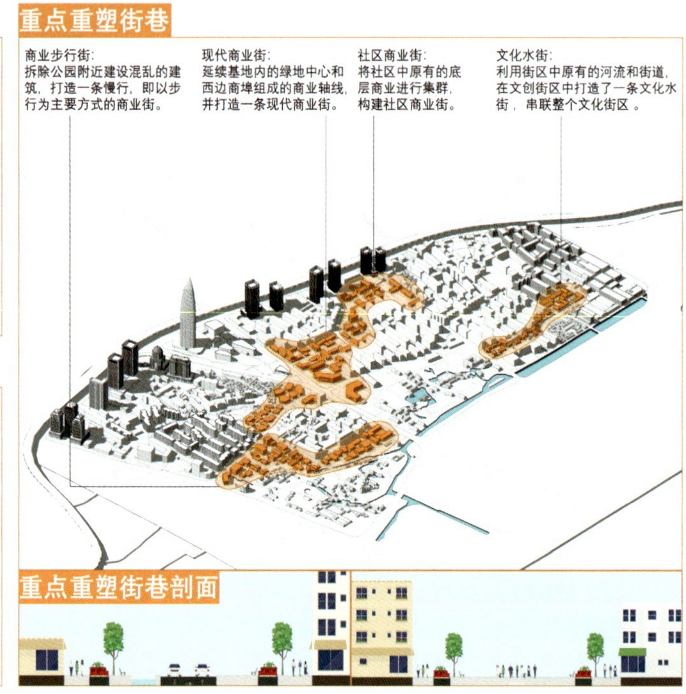

景观结构

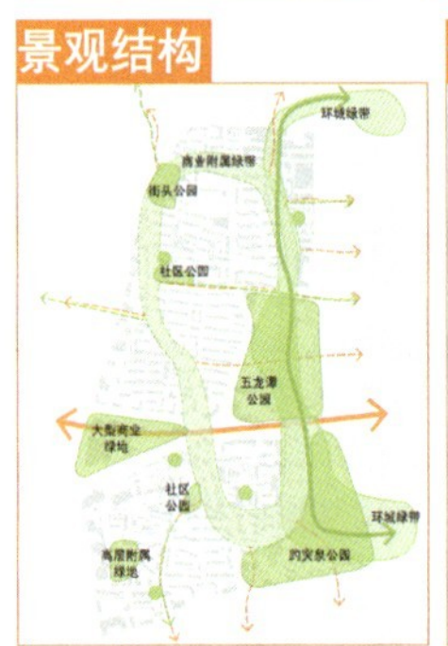

开放空间体系

城市风貌

重点重塑街巷剖面

停车空间

商业布局

重点重塑空间

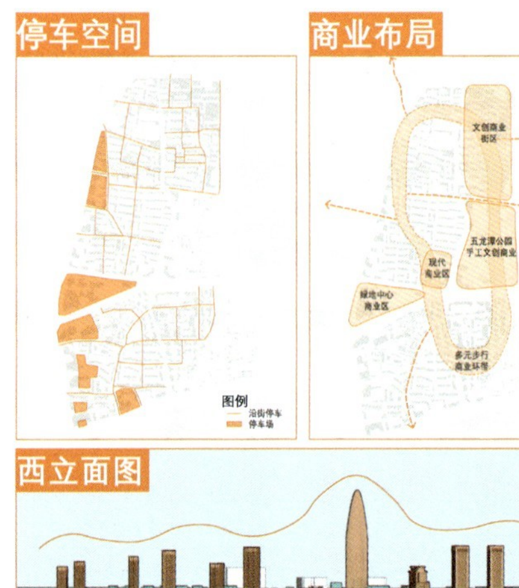

西立面图

重点重塑绿地

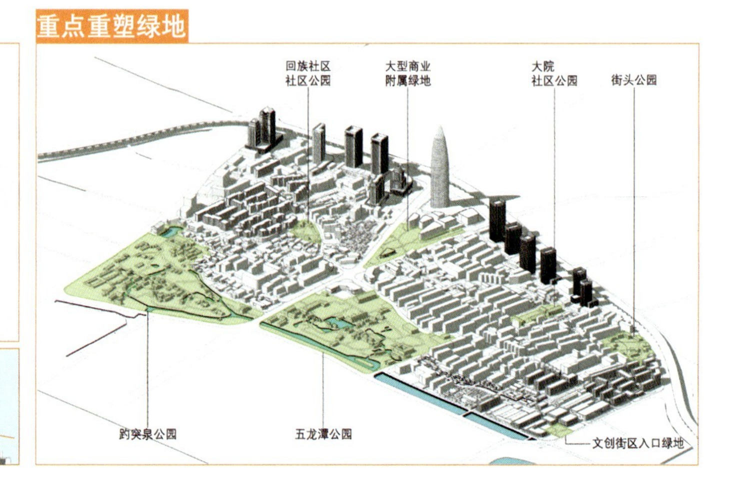

重塑街巷的权利——济南市大明湖周边地区城市更新设计

游览路线

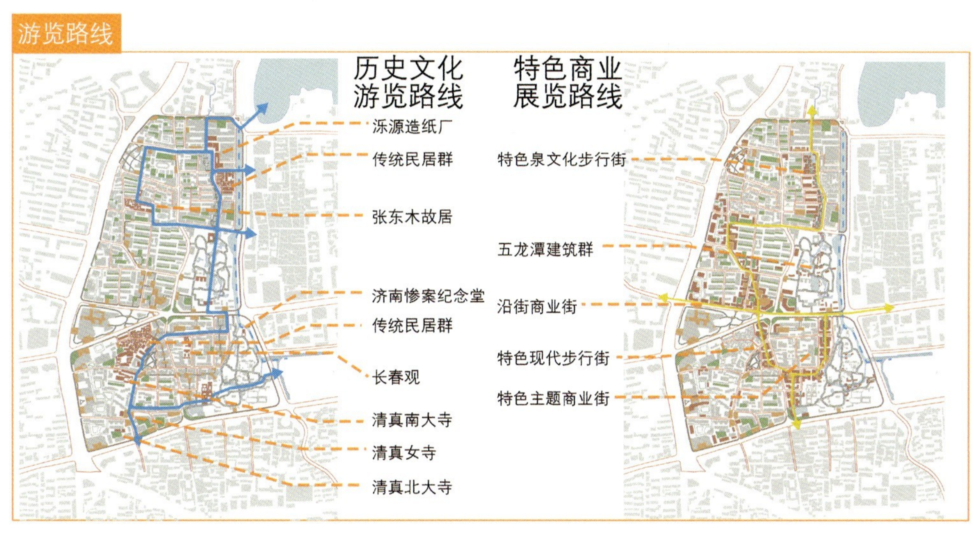

水系改造示意图

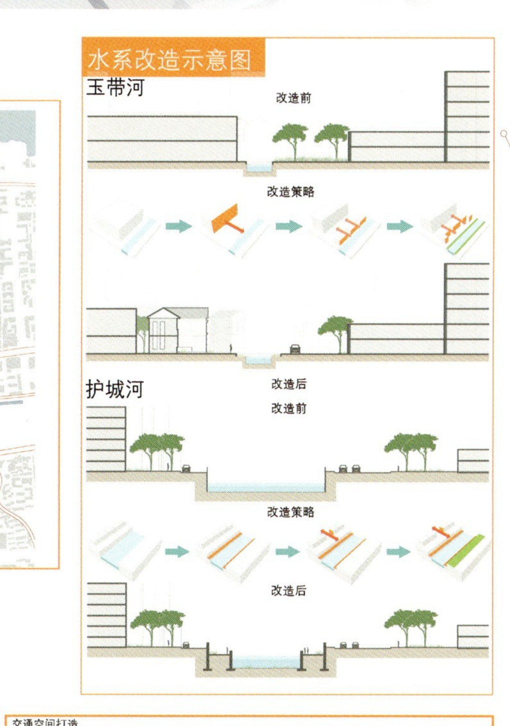

更新策略

老城更新改造策略——打造城市特色

保护、保留、改造、拆除、新建

修复整治、功能整合、功能置换

保护与更新有机统一
- 地区原有特征提取：泉、回民、鲁派建筑
- 开发与保护
  - 完整保留：质量较好并且功能合适的建筑，以及被要求保护的历史建筑
  - 整体修复：功能完善，质量较好的建筑，以及具有一定历史价值的建筑
  - 功能整合：由于建筑自身功能缺乏发展空间，需要集约整合发展的建筑
  - 功能置换：建筑自身功能难以适应发展空间，本身建筑质量较好的建筑
- 传承与重塑：特色泉城

老城交通改造策略——打造街巷交通体系

以人为本为原则，进行街巷交通重塑

老街巷、新街巷、商业步行街、文化街巷

交通空间打造

交通问题						解决策略			
空间内向	人流稀少	消极界面	人流稀少	消极界面		视线通达	视野开阔	视线通达	视野开阔
建筑	路线	建筑 围墙	路线	建筑 建筑	→	路线	路线	建筑	活力界面

老城产业打造策略——新业态引入

结合自身特色打造特色商业街及文创空间

文创空间、主题餐厅、特色商业步行街、文化展览体验街

产业环境打造：公共空间提升 → 街巷体系梳理 → 社区活力重塑 → 主题商业提升 → 特色产业开发

老城空间改造策略——为老城置入特色空间体系

公共空间、街巷空间、建筑空间当地特色挖掘

绿地空间、街巷空间体系的连接与打造

多元空间打造

街角空间	住宅空间	街道空间		多元空间打造	连续空间打造
空间特征：半开敞空间	空间特征：封闭空间	空间特征：线性空间	→	空间特征：多样性	空间特征：连续性

老城文化激活策略——打造文化廊道

泉城文化展览廊道、回民文化展示

张东木故居、清真北大寺、泺源造纸厂、趵突泉等

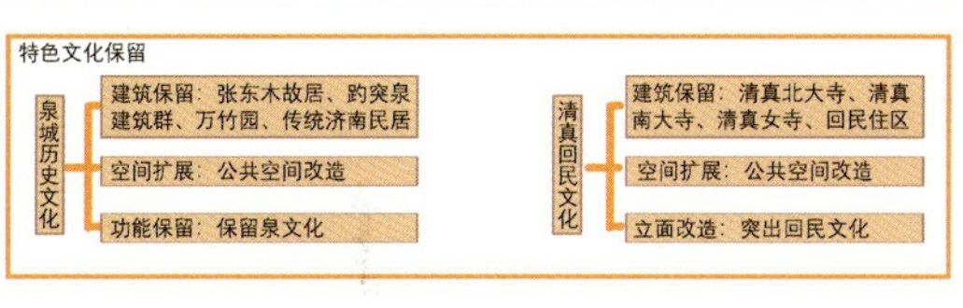

老城环境改造策略——结合现状打造绿色网络

结合设计节点对现状环境资源充分利用

公园景观、泉水景观

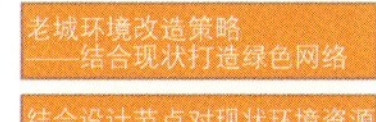

绿色网络打造
- 环境品质提升
  - 绿色网络：构建绿道网络
  - 公共空间：设置集中场地
  - 街角空间：打造特色立面
  - 运动空间：增设活动场地
  - 游览空间：打造游览路线
  - 街道空间：增加街道景观

重塑街巷的权利——济南市大明湖周边地区城市更新设计

05

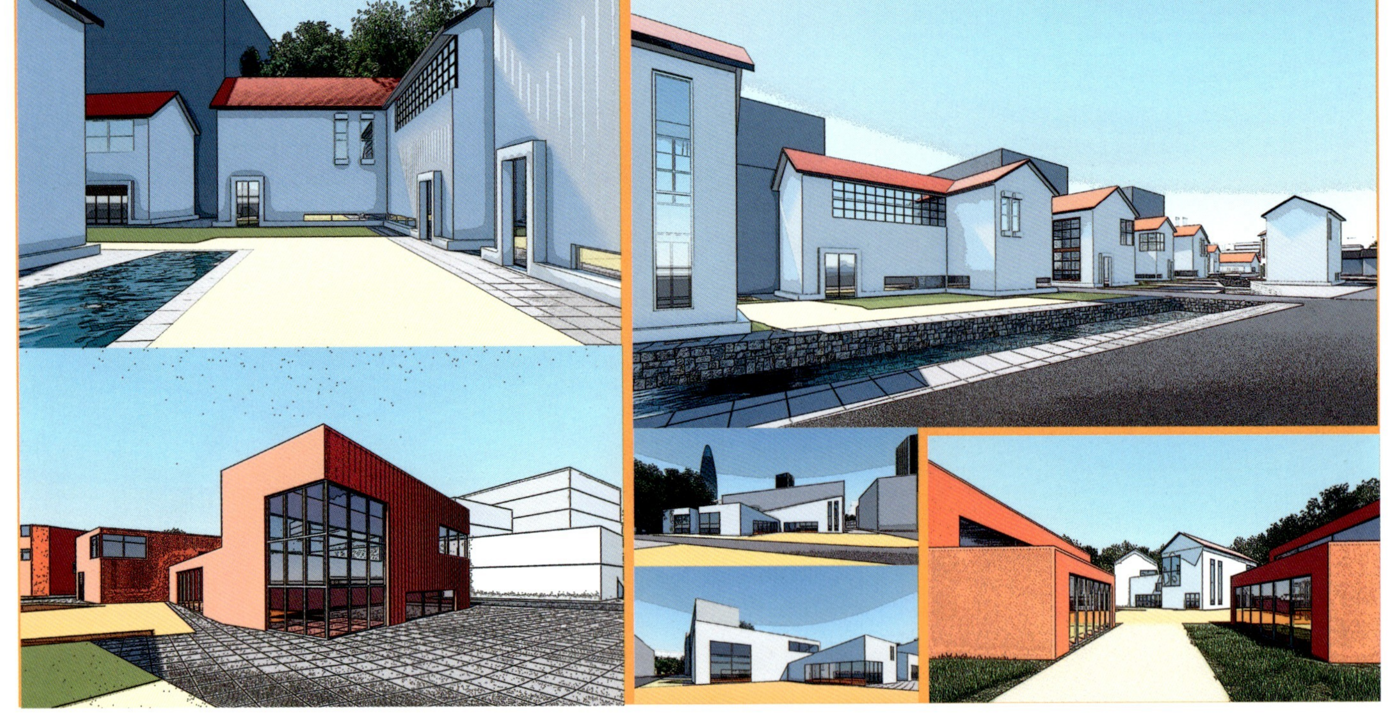

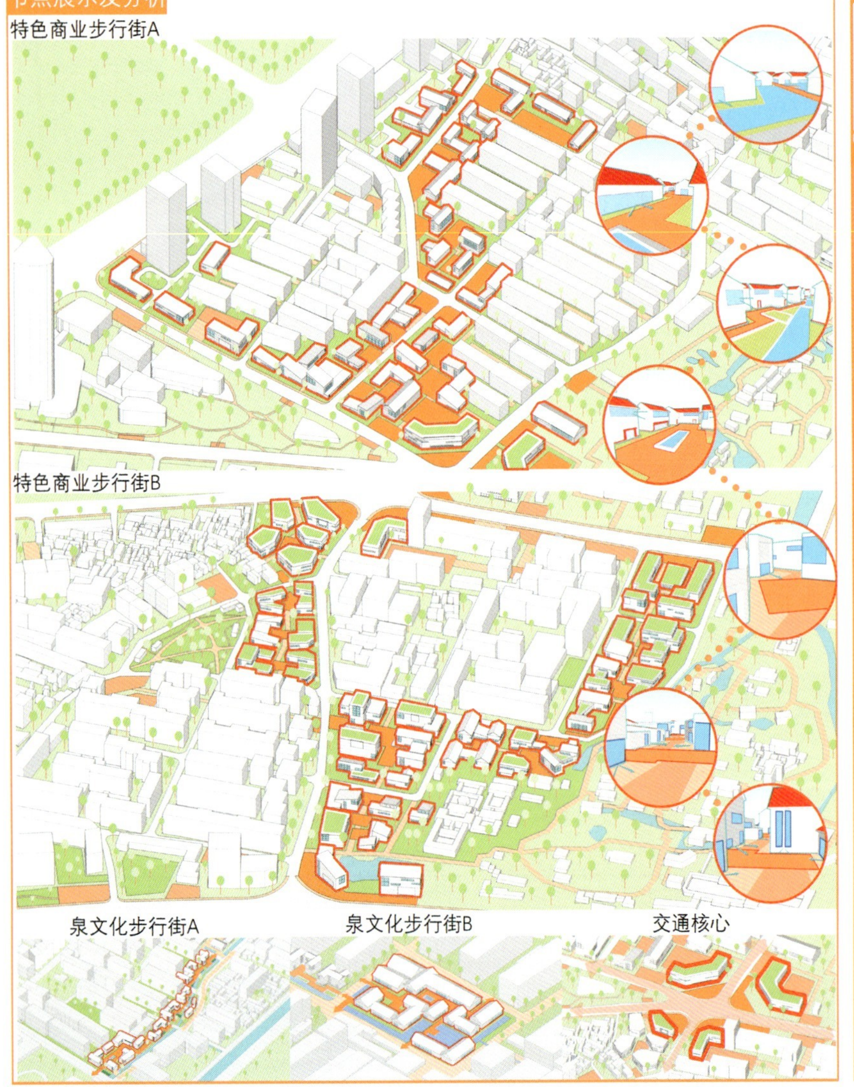

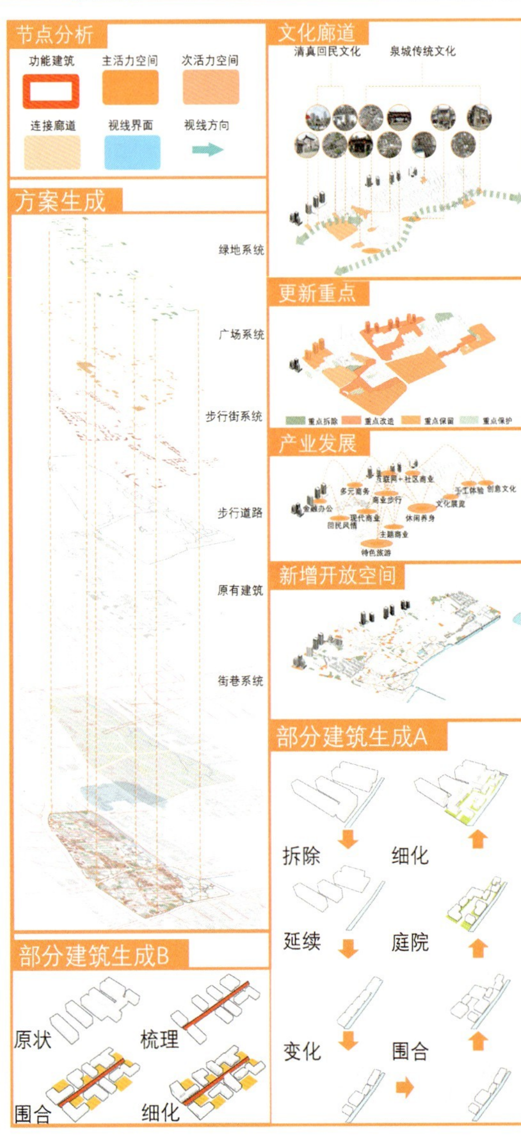

重塑街巷的权利——济南市大明湖周边地区城市更新设计

REBUILDING THE RIGHTS OF STREETS

06

人群时间流线

时间	文创商业街区	公园	大型商业	小型游园
9:00				
10:00				
11:00				
12:00				
13:00				
14:00				
15:00				
16:00				
17:00				
18:00				
19:00				
20:00				
21:00				

人流较大 人流中等 人流较小

项目分期规划

泉城漫步 · 多元共生

——济南市大明湖周边地区城市更新设计

学　　校：合肥工业大学
设计成员：张梦婷、高韩

张梦婷

高韩

设计说明：

我们对济南大明湖周边地块制锦市街道和泺源街道的现状进行了详细的调研分析与研究，包括基地内的建筑、道路、开放空间、公共服务设施、景观等，以问题为导向，按照相关原则与目标，对基地进行一系列的更新改造，包括功能置换、城市肌理、道路系统、停车系统、开放空间体系等。总结出了基地的三个主要矛盾：1. 基地要素多元，但各个要素之间缺乏联系与整合；2. 基地内有自西向东有现代化片区向传统风貌片区过渡的趋势，但是基地的传统肌理几乎被全部侵占，且传统风貌与现代风貌分化对立；3. 基地内可供人活动的室外空间十分匮乏，且品质低下，很多活动空间没有吸引力。针对基地的第一个主要矛盾，方案参考城市织补的理论，对基地内节点进行补充、空间进行梳理，并借助现状活力街道建设慢行步道联系各个节点与片区，以及基地与周边。最终形成了一个以慢行系统为引导，多元节点共存的网状结构，统筹基地要素，达到提升片区活力的目的。针对基地第二个主要矛盾，方案采用织补的方法，进行适当地建筑拆建改，延伸现状传统城市肌理，加强传统风貌区和现代风貌区的交织与融合，从而打破现状新旧城市风貌对立的局面，打造传统和现代风貌共存的空间视廊。针对基地的第三个主要矛盾，方案参考了“健康社区”理念和生活性街道建设理念方面的部分内容，进行适当拆建改，新增街道中心、居民活动广场等公共活动空间。

设计感悟 | 张梦婷

什么是城市更新？城市更新的着眼点在哪些地方？城市更新的力度如何控制？城市更新的主题如何确定？当地居民与游客生活如何和谐统一？如何以新植入功能带动并激发原有地区功能活力？随着本次设计的逐步深入，这些在开题之际便萦绕在脑海中的问题便有了逐步的解答。每一次的交流沟通都是一次新的思维碰撞，每一次的案例解答都是一次新的启发共鸣。设计需要艺术灵感，更需要理性的支撑。我们首先根据阅读国内外关于城市更新的相关文献和案例，对相关理论和实践进行系统的分析和研究。然后从济南大明湖周边地块制锦市街道和泺源街道的现状进行了详细的调研分析与研究，包括基地内的建筑、道路、开放空间、公共服务设施、景观等。以问题为导向，按照相关原则与目标的指引，对基地进行一系列的更新改造，包括功能置换、肌理、道路系统、停车系统、开放空间体系等。在此次设计中我们通过不断探索与试错，总结出现在这个能比较好地提升改造设计基地的方案。在一次讨论如何延续基地内原有居民生活，如何保证现有居民活力不被游客冲击的时候，我突然脑海里蹦出来四个大字“生活街道”。这一灵感的出现大大推动了我们方案的进行。

设计感悟 | 高韩

为期三个月的五校联合毕业设计圆满结束了。通过这次毕业设计，我有幸与其他四个学校的师生交流学习成果，对城市设计有了更为深入的理解。济南大明湖西南侧地块用地面积较大，基地内要素多元复杂，如何整合地块要素，提升地块活力，对于我们来说是一次大的挑战。设计过程一波三折，最初准备避免大拆大建，对地块进行微更新，在经过中期答辩后，我们调整方案，对地块进行适当拆建，从而有力地打造基地各个方面的特色，最终确定了我们“三纵两横”的规划结构。在这一规划结构的基础上，对于每个节点、每条轴线，我和我的队友各尽所能，打造了一个个特色片区。在此期间，我们加深了城市设计的结构梳理、节点空间设计等方面的理解，同时也学会了一些新的作图技能。时光稍纵即逝，转眼三个月已经过去。毕业设计的三个月里，在宣老师的指导下，我和我的队友全力以赴，最终给出了我们较为满意的答卷。这是充满汗水的三个月，也是充满收获的三个月。在此感谢我的指导老师宣蔚老师的悉心指导，她认真负责，给我们的设计方案提出了很多好的建议。也感谢我的队友在毕业设计期间的协作并进，她的努力使我们的方案更具特色。最后感谢五校联合这一平台，让我收获颇丰，祝福五校联合越办越好。

——济南市大明湖周边地区城市更新设计

基地区位

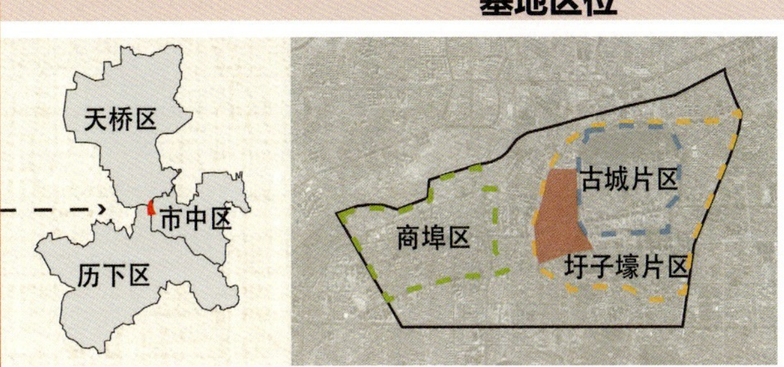

基地位于山东省济南市天桥区、市中区、历下区三区交界处，用地权属复杂。同时基地位于圩子壕保护区，处于济南古城和现代城市片区过渡地带。

周边环境

相关规划

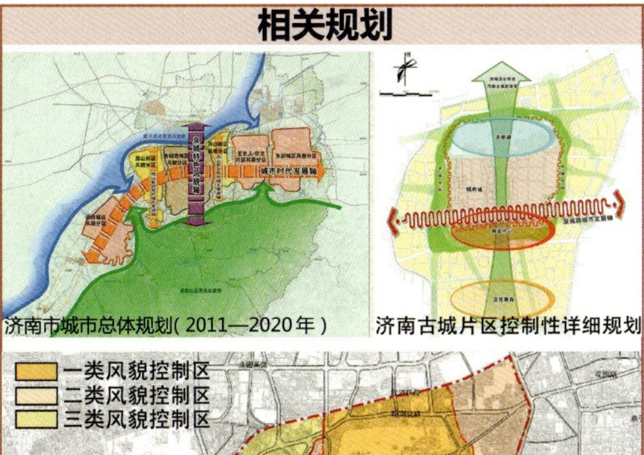

一类风貌控制区
二类风貌控制区
三类风貌控制区

济南市古城片区控制性详细规划

《济南城市总体规划（2011—2020年）》
城市“中优”发展战略——打造泉城特色发展轴，优化老城城市功能。
《古城片区控制性详细规划》
空间结构“一区、一圈、一轴”，加强泉城路发展轴和环城公园的建设。
《济南历史文化名城保护规划》
控制城市风貌，延续古城肌理。一类风貌控制区要求建筑体量应较小，且建筑风貌与古城传统风貌相协调，二类风貌控制区要求建筑小体量，色彩采用低明度青灰色系。

现状分析

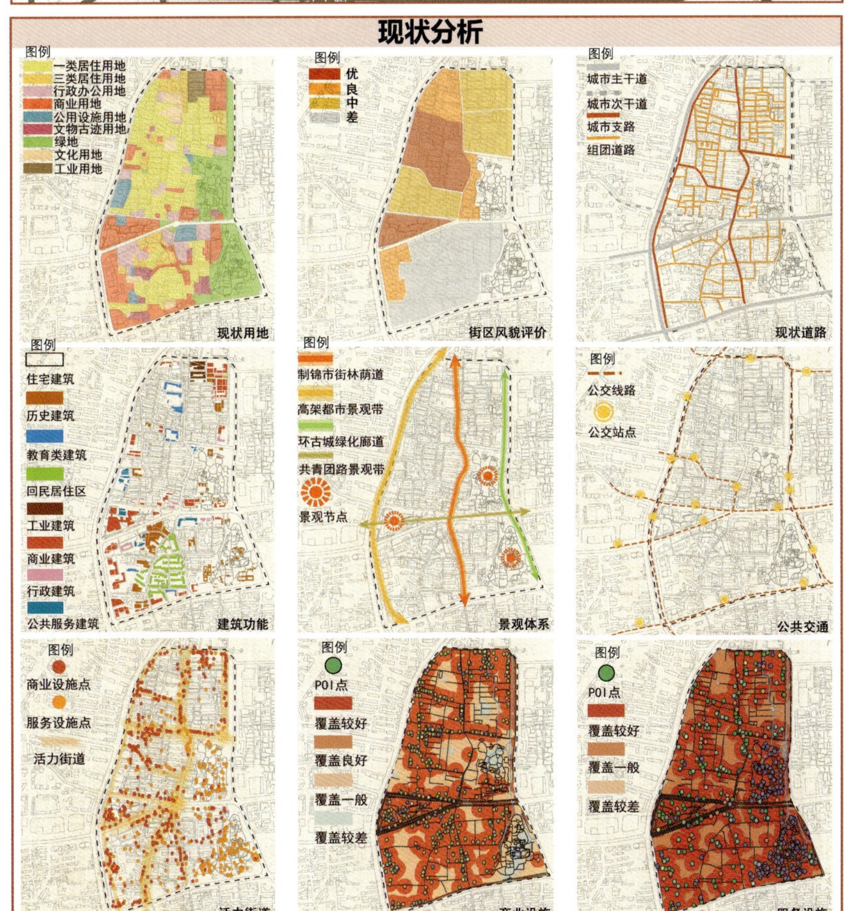

要素提取

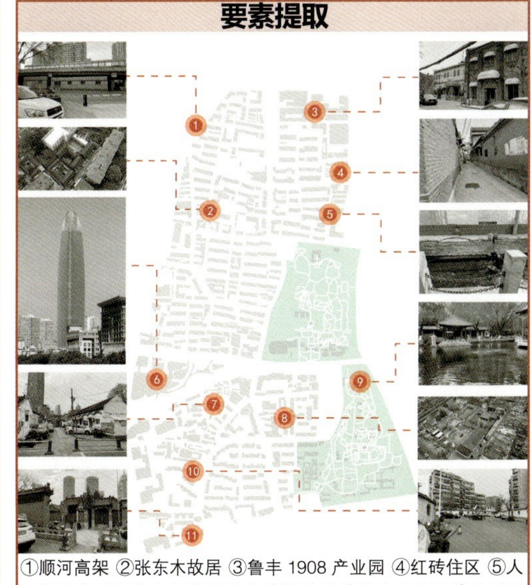

①顺河高架 ②张东木故居 ③鲁丰 1908 产业园 ④红砖住区 ⑤人工渠 ⑥普利绿地中心 ⑦麟趾巷 ⑧长春观 ⑨趵突泉公园 ⑩永长街 ⑪ 清真北大寺、清真南大寺

空间品质

天空比例：<10%，10%~20%，20%~30%，>30%

绿化率：1%~2%，2%~3%，3%~4%，4%~5%，>5%

设施杂乱 乱停乱放 空间闲置 空间闭塞

现状总结

优势	劣势	机遇	挑战
区位优越：基地位于圩子壕保护区，紧邻老城，周边设施丰富多样。 交通便利：基地南临泺源大街，中心城区东西联系主干道共青团路横穿基地。	品质不足：老旧住区建筑密度大，街道空间有限且杂乱破旧。 活力不足：基地缺乏活力空间，和活力空间承载的相关活动。	资源丰富：基地内有两座世界级公园，济南最高建筑以及许多商业、文化要素，有助于打造旅游产业。 烟火气息：基地内有大片居住区和丰富的商业业态，有助于活力提升。	空间割裂：基地内部权属复杂，导致每一个片区联系较弱，支离破碎，不成系统，基地资源丰富但没有得到整合，无法发挥潜能。

矛盾整合

泉城漫步 · 多元共生

——济南市大明湖周边地区城市更新设计

2

设计流程

区位优越 人群多样 风貌杂乱
要素多元 空间失序 缺乏联系

城市织补理论 → 补充节点 织线成网 串联节点 多元共生 → 打造多样特色节点 绿脉水系织补 规划系统流线 促进传统肌理延伸

活力街道理念 → 安全街道 绿色街道 活力街道 智慧街道 → 生活干道符合开发 智慧街道打造 出行吸引点设置 绿色街道打造

分析现状 → 提出理念 → 制定策略 → 具体设计

设计目标

1. 根据上位规划的要求，整合基地特色要素，融入古城片区"一环""一圈"，打造系统性、多元共生的新中心。

2. 补充居住区公共活动空间，提升空间品质，加强各个片区之间的联系，形成公共空间系统，激发老旧住区活力。

3. 延续古城肌理，打造景观过渡带，缓解新旧城市风貌的分野。

产业：多元、统筹、区域协调
泉城漫步 多元共生
生活：便捷、活力、健康、和谐
景观：过渡、协调、生态、品质

理论应用

泉城漫步 多元共生

城市织补理论
1. 梳理现存节点，梳理活力街道
2. 按需补充节点，补充公共空间
3. 联系各个节点，织成网络系统

活力街道理论
1. 打造安全街道，营造稳静氛围
2. 打造绿色街道，促进永续发展
3. 打造活力街道，追求乐享生活
4. 打造智慧街道，提供智能服务

城市织补策略

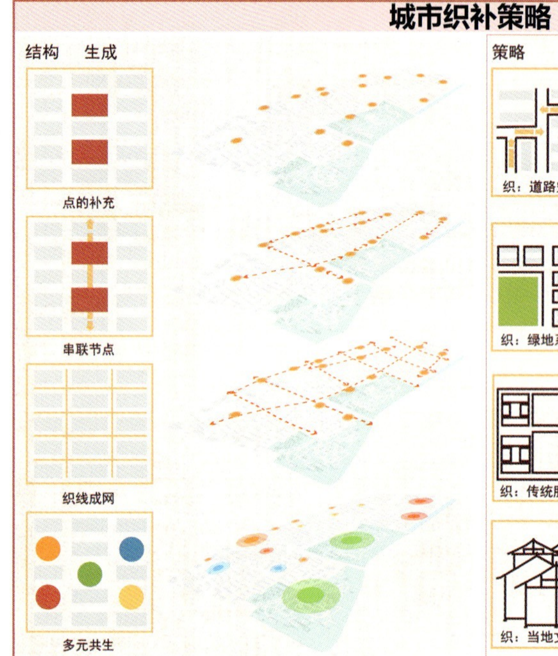

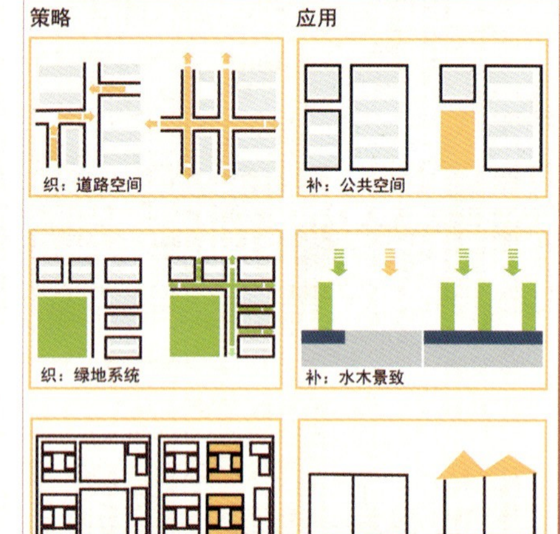

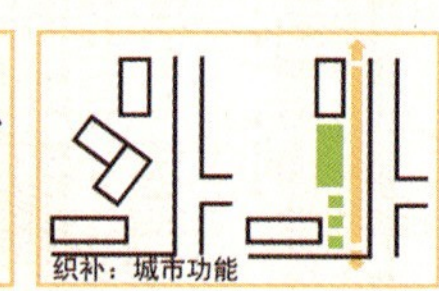

活力街道策略

"回归街道生活，塑造活力街区"

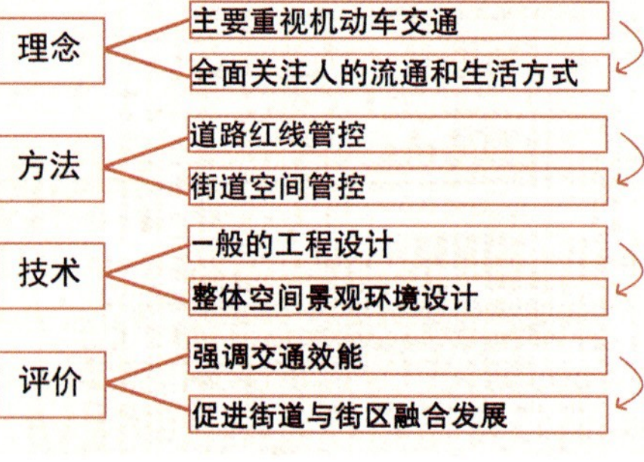

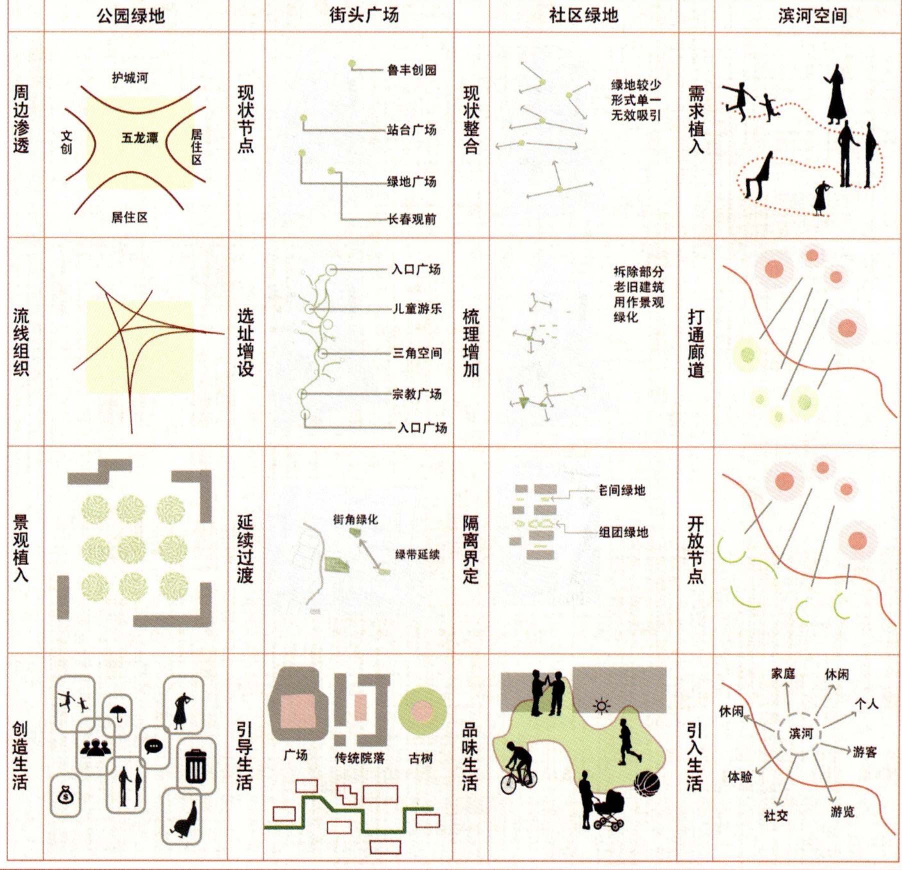

总平面图

N
0 10 50 100m
经济技术指标：
用地总面积：1198000m²
建筑总面积：1832940m²
容积率：1.53
建筑密度：41.6%
绿地率：42%
① 鲁丰文创园
② 鲁丰停车场
③ 入口景观池
④ 萌宠展览馆
⑤ 创意手工作坊
⑥ 活力街区入口广场
⑦ 室外篮球场
⑧ 休闲草地
⑨ 制锦市小学
⑩ 第十三中学
⑪ 市民停车库
⑫ 屋顶植物园
⑬ 高架上盖公园
⑭ 空中廊架
⑮ 张东木故居
⑯ 制锦市幼儿园
⑰ 儿童天地
⑱ 展示舞台
⑲ 第十三中分校
⑳ 创意游憩廊亭
㉑ 居民立体停车库
㉒ 红砖步行街
㉓ 滨水长廊
㉔ 下沉舞台
㉕ 鲁园
㉖ 茶园
㉗ 戏园
㉘ 五龙潭
㉙ 入口广场
㉚ 公交站台广场
㉛ 青年公寓
㉜ 青年广场
㉝ 绿地中心
㉞ 泉城空中花园
㉟ 文化馆
㊱ 地下商城入口
㊲ 回民街牌坊
㊳ 文化体验步行街
㊴ 旅游酒店
㊵ 长春观
㊶ 永长街回民小学
㊷ 健身天地
㊸ 宗教广场
㊹ 社区服务中心
㊺ 社会停车场
㊻ 回民街入口广场
㊼ 趵突泉公园
㊽ 过街天桥

鸟瞰图

方案分析

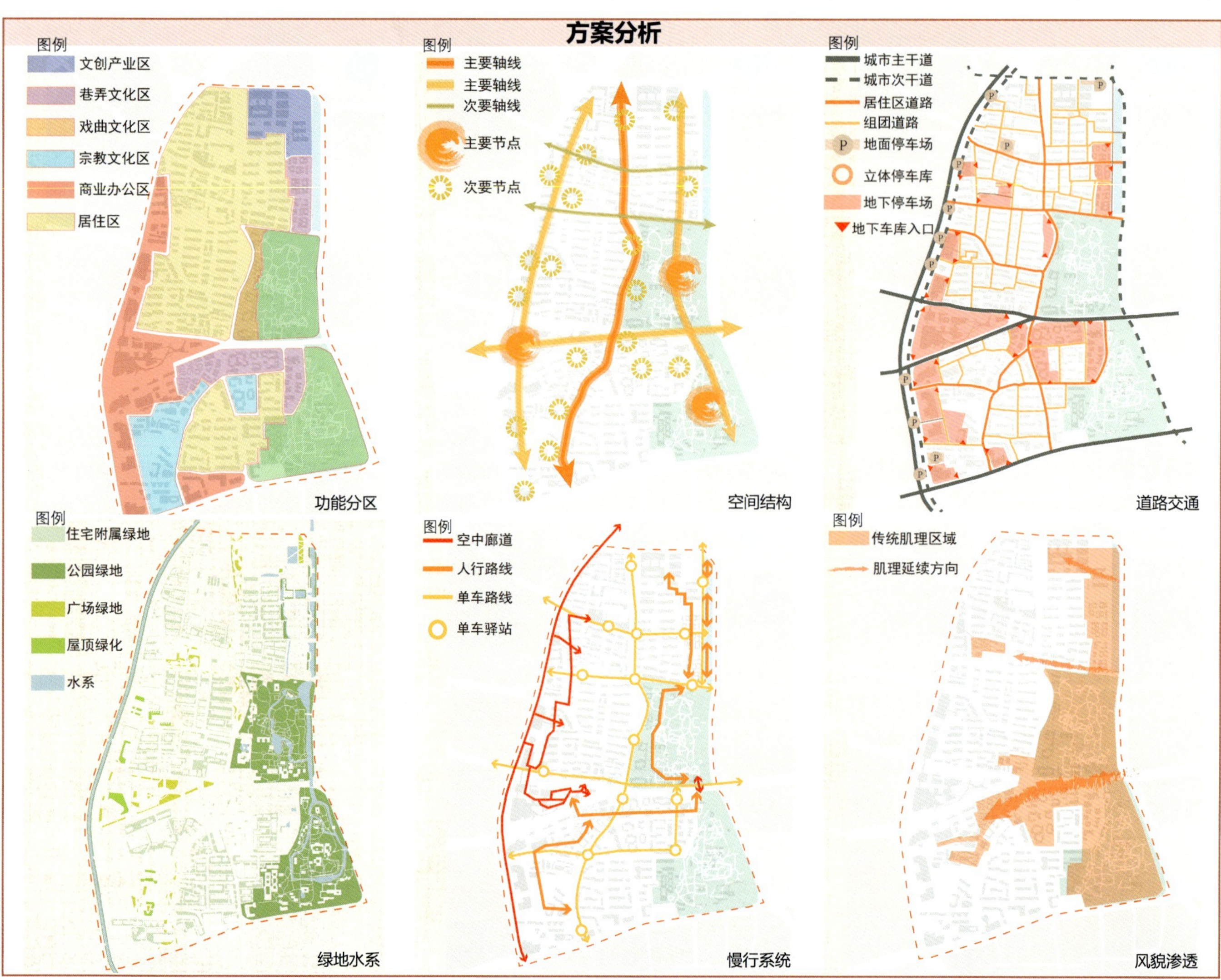
图例
文创产业区
巷弄文化区
戏曲文化区
宗教文化区
商业办公区
居住区
功能分区
图例
主要轴线
主要轴线
次要轴线
主要节点
次要节点
空间结构
图例
城市主干道
城市次干道
居住区道路
组团道路
地面停车场
立体停车库
地下停车场
地下车库入口
道路交通
图例
住宅附属绿地
公园绿地
广场绿地
屋顶绿化
水系
绿地水系
图例
空中廊道
人行路线
单车路线
单车驿站
慢行系统
图例
传统肌理区域
肌理延续方向
风貌渗透

主轴街道设计

活力街道复合开发

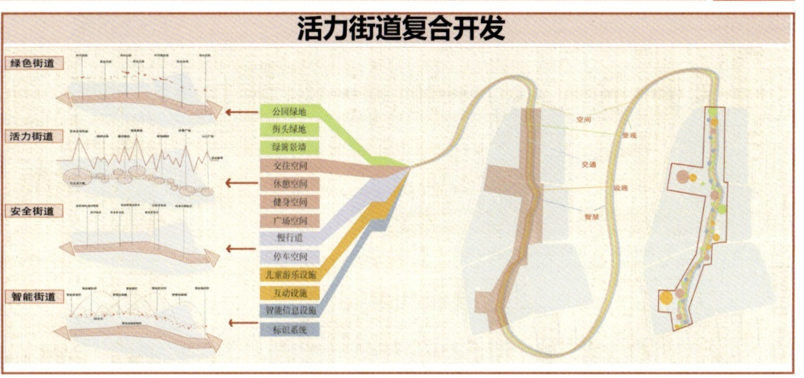

绿色街道策略

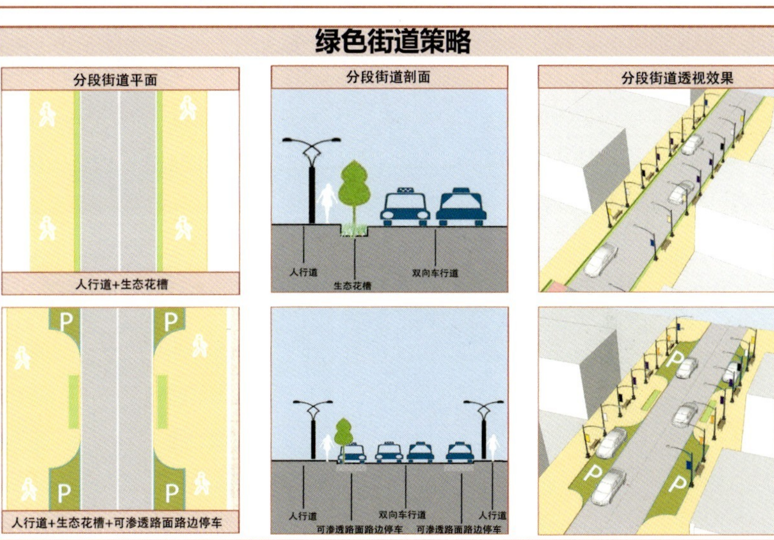

智慧街道策略

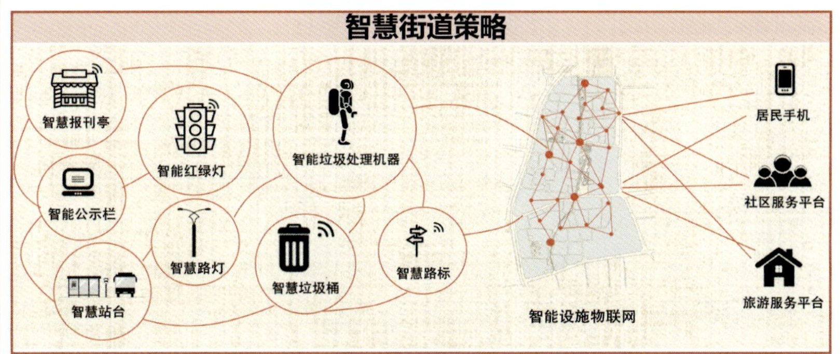

高线公园设计

现状高架桥保留一段成为城市的特色记忆，参考纽约高线公园改造成上盖公园。结合周边建筑通过空中廊架连接到基地内部地面景观，形成良好的步行景观系统。

节点效果

五龙潭茶园：老济南人素有饮茶听戏的文化习惯，本节点延续了这种文化。

五龙潭戏园：济南有“曲山艺海”的美誉，本节点主要功能包括戏曲交流、教学、演出。

五龙潭鲁园：老济南人有就餐听戏的习惯，本节点基于鲁菜文化传承这种习惯。

鳞趾巷现状街道和建筑布局形式提取。

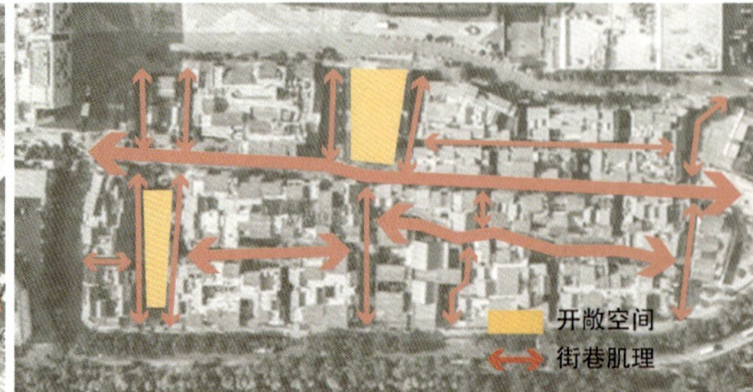

宽厚里街巷肌理提取。

鳞趾巷传统街区：本节点毗邻鳞趾巷，是鳞趾巷街巷肌理的延续。

长春观传统街区：本节点毗邻长春观，街巷主要依据济南传统街巷肌理布局。

红砖住区传统街区：本节点依托于红砖住区进行改造与扩建，延续了济南传统街巷与院落的肌理，主要打造了沿人工渠游览路线、街区中心商业街道、沿护城河商业街以及亲水平台，横向的街道与纵向的街道形成网络结构，保证了片区各个部分的联系。

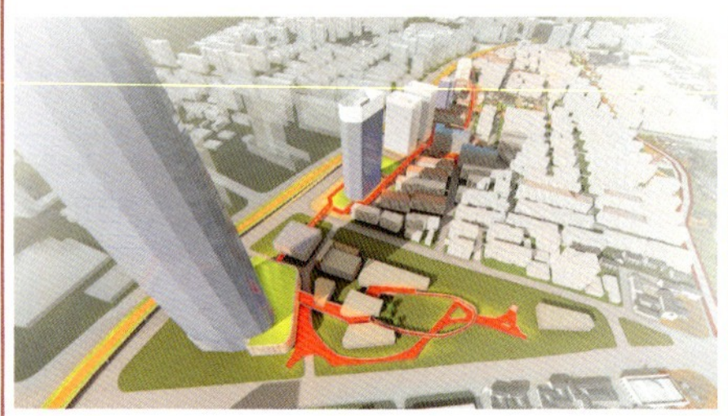

线上公园：依托高架和普利绿地中心的立体空间打造综合线上公园体系。

制锦市街道中心：根据住区需求建设街区活动中心，包括图书馆、文化馆、街道办、幼儿园等功能。

青年广场：改造现存的国际青年公寓，主要包括篮球场、活动平台等功能。

青年广场：改造现存的国际青年公寓，主要包括篮球场、活动平台等功能。

大明湖景区
视线引导

拆除街角老旧低层商业建筑，建造公共活动广场，既用作文创园入口广场，也是古城“一环”西段的入口空间，借助厂房改造引导视线，衔接大明湖景区。

天际线

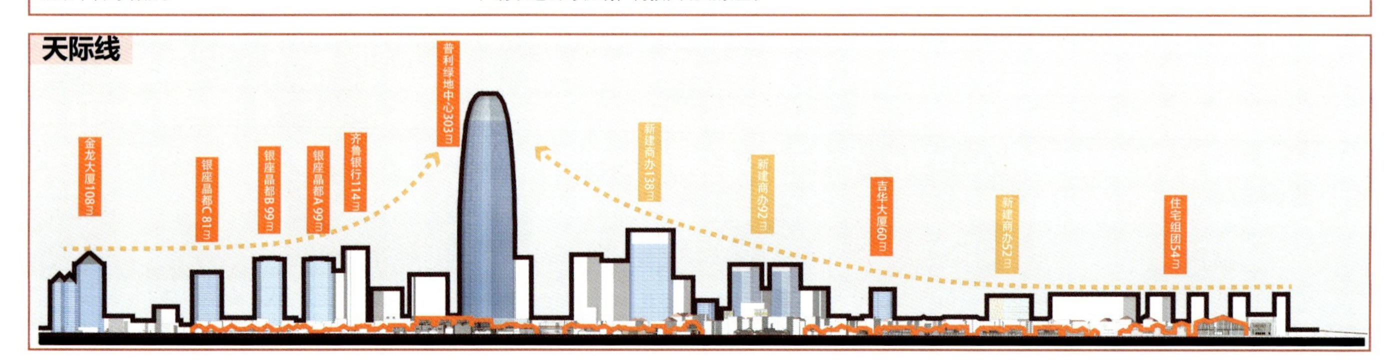

郑州大学

指导教师：汪 霞

引泉入市 · 乐活泉城

设计成员：刘笑、彭兴宇

泉佑西关 · 悠享家园

设计成员：程文君、刘浩

泉韵润城 · 重焕西厢

设计成员：贺晶、蔡欣珂

泉韵寻踪 · 智汇新生

设计成员：高世杰、王广栋

引泉入市 · 乐活泉城

——济南市大明湖周边地区城市更新设计

学　　校：郑州大学
设计成员：刘笑、彭兴宇

刘笑

彭兴宇

设计说明：

本次设计的基地位于济南市大明湖周边地区，属于老城核心区的外围地区，基地内主要以居住商业和游憩功能为主，有两个闻名天下的泉主题公园——趵突泉和五龙潭。

通过前期分析和问题总结，将基地定位为“泉、人、城”共生风貌区，重点实现泉、人、城三者的和谐共生，促进泉文化的深层利用和广泛传播。并据此分别从功能、生态、文化、交通四方面提出设计的目标意象，即乐活泉居多元混合的功能意象，水绿为基泉城名韵的生态意象，文化之旅，旧景新生的文化意象和慢行为脉，邻里互融的交通意象。

在策略提出阶段，根据前面功能定位和目标意象阶段提出的设想，同样从功能、生态、文化、交通四大系统提出策略和落实空间。功能方面的两大策略是明确功能定位和多元业态混合；生态方面的两大策略是连通地面水系和打造分级开放空间；文化方面的两大策略是打造文化主题和激活文化空间；交通策略从宏观和微观两方面提出：宏观交通策略侧重交通骨架架构，包括打造慢行环道和完善道路体系两大策略；微观交通策略侧重按交通网络的织补，包括健全慢行系统和慢性主题分区两大策略。

结合策略的提出和空间的落实，进行方案设计的功能结构推演，通过延轴、织环、缀点、连线、补网五步操作得出基地的规划结构，即“两轴、两环、五区、多点”的空间结构。

设计感悟 | 刘笑

很荣幸能参加这次五校联合毕业设计，首先要感谢这次活动，让我们来自五个学校的同学们能够有机会在济南、苏州这两座美丽的城市相聚。时光荏苒，三个月的时间转瞬即逝，这三个月以来的五校联合毕业设计，使我受益匪浅，同时也感受良多。

本次设计基地选在济南大明湖周边地区，刚知道这个消息的时候，我是很高兴、很激动的，毕竟天下第一泉声名远播，也提前在网上查了很多资料，了解济南这座因泉而闻名的城市，虽然很遗憾没有在一开始就去实地调研，但是通过资料搜集，我对济南这座城市有了更多的兴趣。

从最开始的网上开题到中期汇报，我经历了从满怀激动到略有茫然，再渐入状态的转变，在中期汇报时，看到了来自不同学校同学的不同视角，给我带来了很多灵感，也开拓了思维，每个学校精彩的汇报、讲解也给我们带来了一些压力，从中期汇报到最终汇报，我经历了从进入状态到埋头苦干的转变。在老师的指导下，我和我的队友一次又一次地调整着我们的方案，整理着我们的思路，在经历了多次修改后，最终在中期汇报时向专家和来自各个学校的老师、同学们讲解了我们的方案，也领略了其他各位同学的精彩方案，受益良多。有忙碌，有欢乐，有辛苦，也有收获，通过这次的联合毕业设计，不管是从专业知识、设计方法，还是心态上我都有了很大的提升，感谢各位指导老师和队友的付出。

设计感悟 | 彭兴宇

首先非常感谢五大院校为我们这次联合设计提供了平台，让我们在毕业之际也能跟兄弟院校互相交流、学习。在本次设计过程中，我们从其他学校的同学身上学到了很多，也认识到自己与其他院校的设计学习有所不同。从这些不同中，我们不断取长补短，收获许多设计上的新思路。同时也非常感谢我们的辅导老师以及各位评审老师，在他们的指导下，我们认识到自己的不足和设计过程中遗漏的细节，在与老师们的沟通下，我们也获得了许多设计实践经验。

通过这次大明湖周边区域城市更新设计课题，我对于旧城更新、遗址保护等有了更深刻的认识，城市更新不仅是一个城市优化的过程，同时它也是一个艰难且意义非凡的过程。通过前期对基地现状调研，我们充分感受到了济南的泉城风貌，同时也体验到当地居民的精彩生活。出于让城市生活更美好，泉城济南更加和谐、美丽的目标我们进行了本次设计，发掘泉城文脉，优化泉城生活，提升泉城风韵。在设计过程中，我们遇到了许多现实问题，通过对这些问题的思考，以及解决方案的揣度，我们在不知不觉中成长许多。

最后希望五校联合毕业设计越办越好，学弟学妹们能在这个平台上收获到宝贵的学习经验！

区位分析

城市区位

一体、两翼、多点的空间格局

黄河 商河 "北翼" 北岸先行区 "一体" 齐河 济南中心城区 "南翼" 平阴 莱米一钢城

济南是世界级文化魅力区，也是著名的旅游休闲、商业商务集聚区，其城区呈现一体、两翼、多点的空间格局。

主城区位

东部城区 中心城区 西部城区

济南市中心城区可分为三个片区：中心城区、东部城区和西部城区。通过城市时代发展轴东西轴向连接。中心城区是济南市发展核心。

基地区位

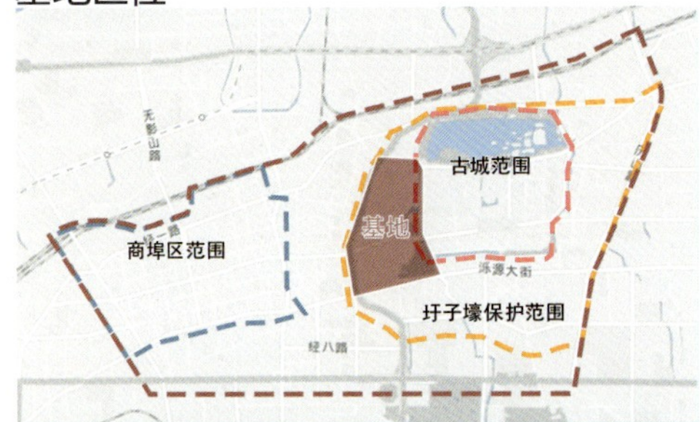

基地位于济南市中心城古城片区，圩子壕保护区内，在商埠与古城之间。基地内景观资源丰富，以居住功能为主。

上位规划分析

中心城区绿地系统规划结构图

根据上位规划，济南整体绿地格局为"二环二横四纵、多楔多点多线"，同时将形成"一环两湖四群多带"的泉系景观构架。与基地有关的一环指环城公园，四群指趵突泉、五龙潭等四大泉群形成的公园绿地景观。

济南市城市景观风貌分区图

根据上位规划，济南整体风貌分区呈现两轴六区两带的结构，其中基地位于古城商埠区，是城市传统文化的核心区域，也是展现城市传统风貌的重点地段，基地还位于城市时代发展轴上，古今风貌交融。

古城片区空间结构图

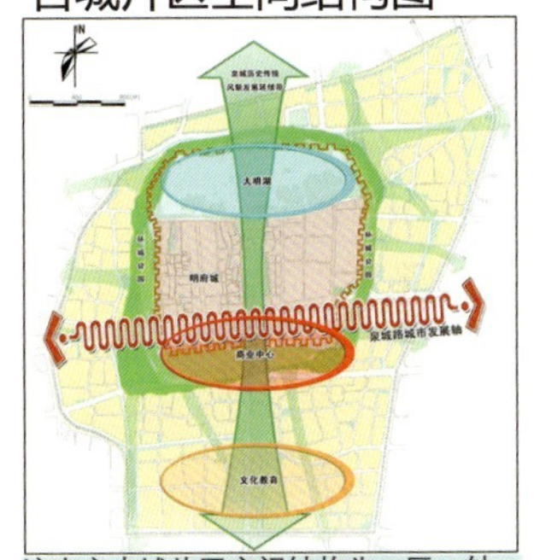

济南市古城片区空间结构为一区一轴一圈，一区指古城片区定位为泉城特色发展区，轴指沿泉城路的城市发展轴。

城市历史变迁

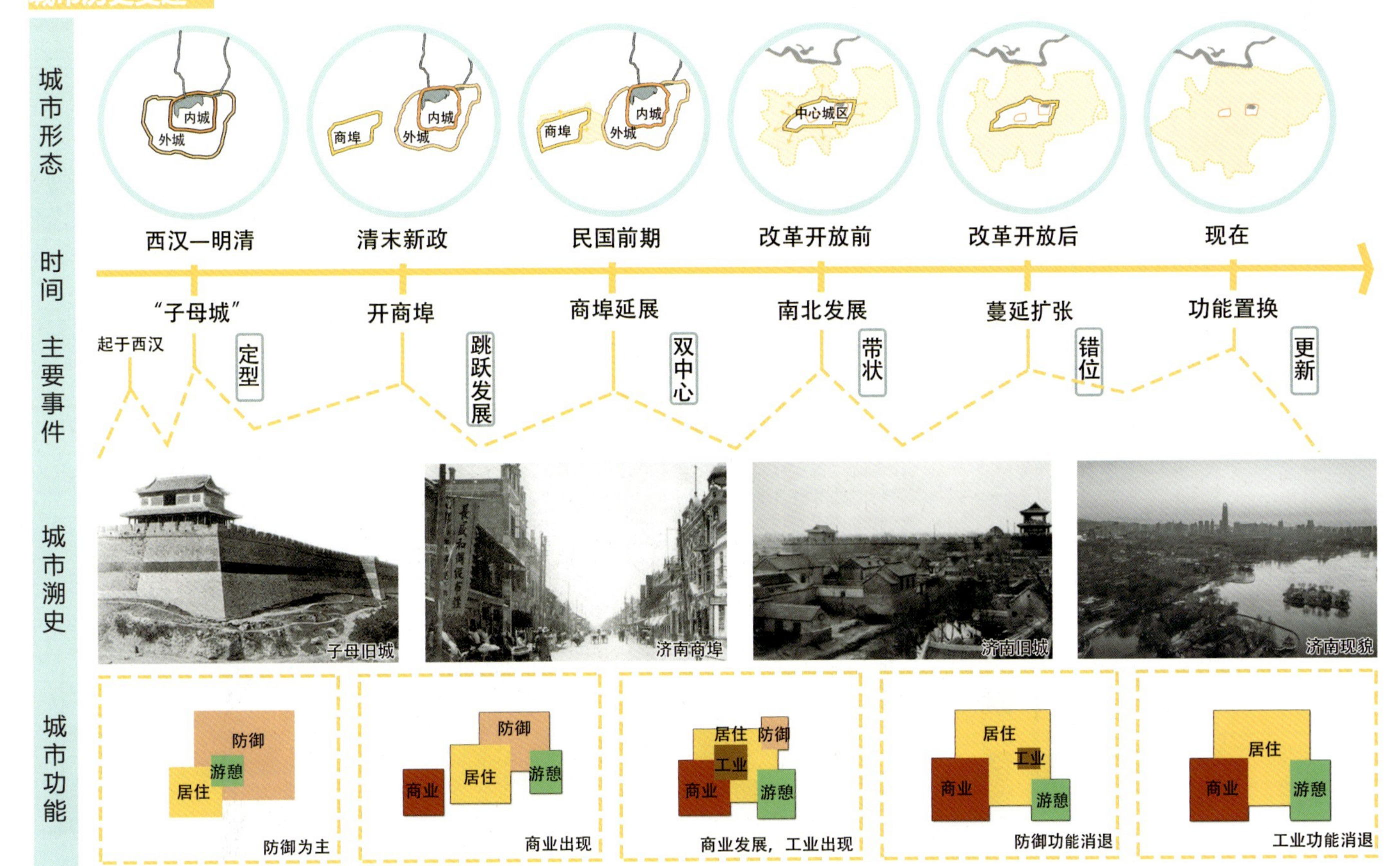

城市工业变迁分析

官办军事工业阶段——受"民族自强"的政策影响，近代工业开始萌芽。

民族工业发展阶段——在新商品巨大的市场需求带动下，民族工业快速发展

重工业与日用工业发展阶段——国家大力发展工业，重工业和轻工业并重发展

工业布局优化阶段——受到市场经济的影响，工业园区化的方式快速发展

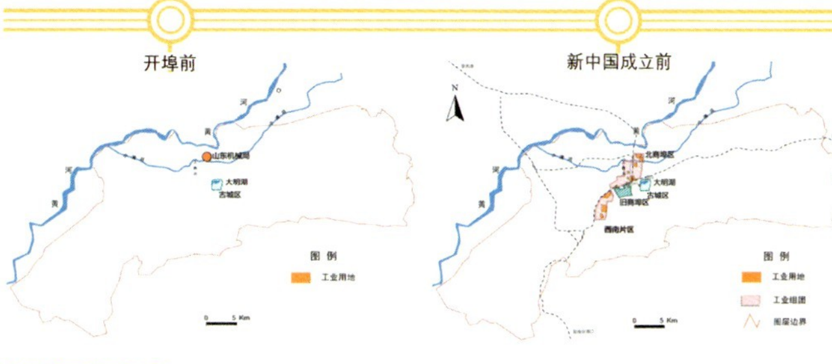

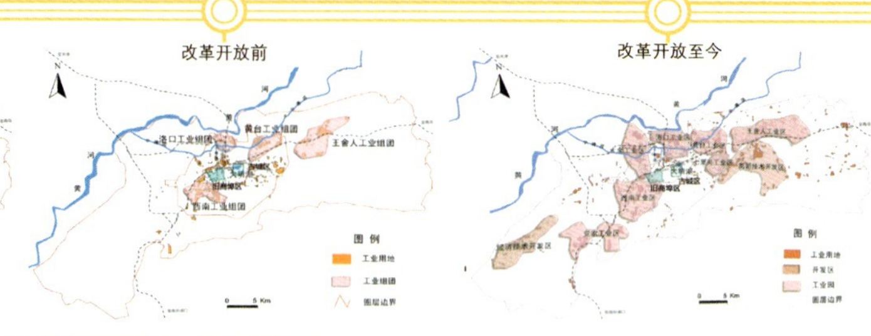

产业分析

城市产业结构

旅游收入占比

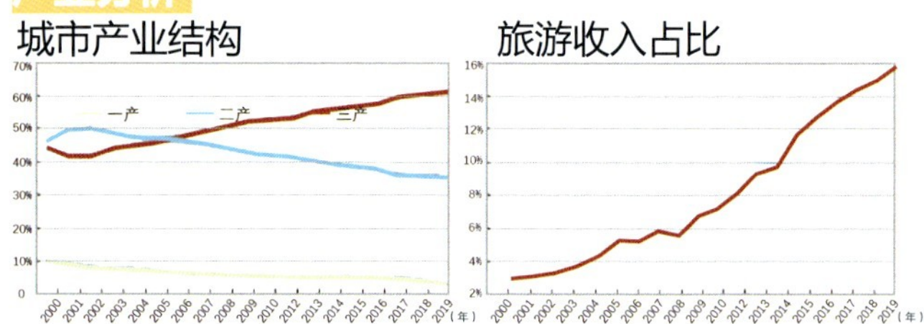

城市产业空间布局

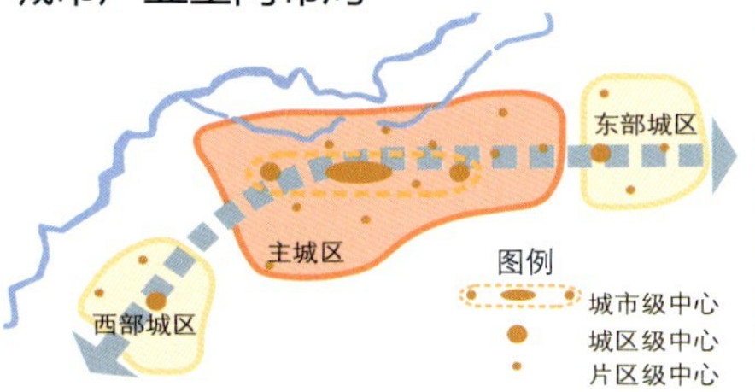

济南市经过多年"退二进三"的产业调整，产业布局逐步优化。老城区改造提升步伐加快，以泉城特色标志区、百年商埠区等为代表的文化旅游商务休闲等产业迅速发展。

基地周边交通分析

基地周边交通资源概览

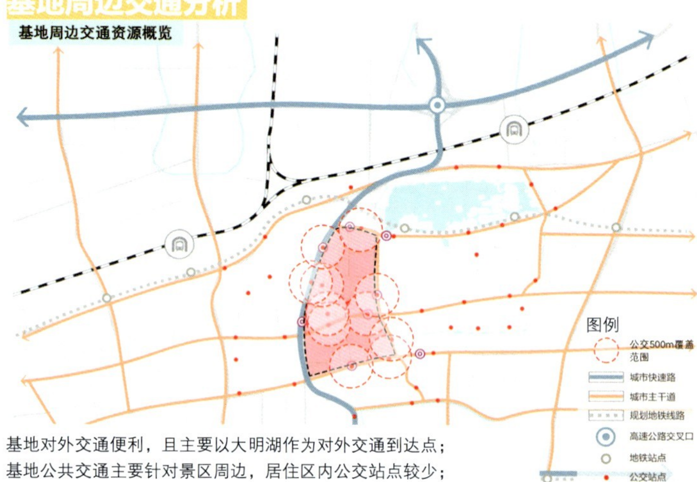

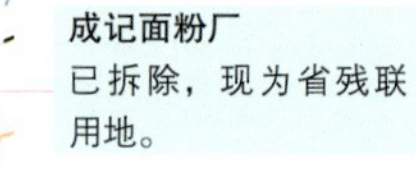

基地对外交通便利，且主要以大明湖作为对外交通到达点；基地公共交通主要针对景区周边，居住区内公交站点较少；基地内步行尺度友好，适宜步行和骑行等慢行交通。

城市商业圈演变

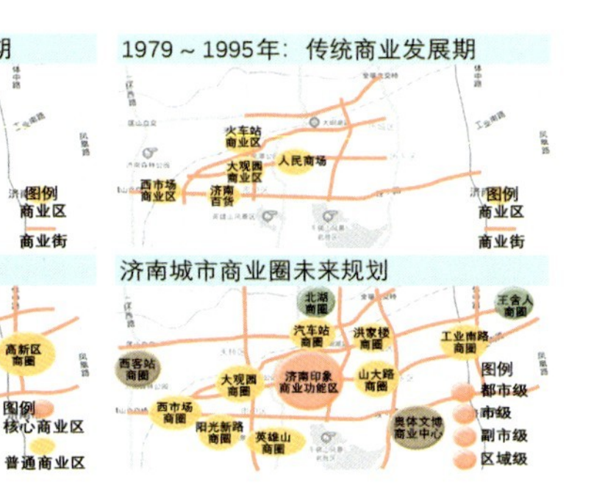

基地及周边工业遗产分析

泺源造纸厂
山东第一家机制纸厂，目前租赁给山水音响作为办公与仓库。

东元盛印染厂
原印染厂展销厅，现在为制锦市派出所。

成记面粉厂
已拆除，现为省残联用地。

济南电气公司
位于曲水亭街，现已拆除。

丰年面粉厂
位于铜元局后街，现已拆除。

基地与泉分析

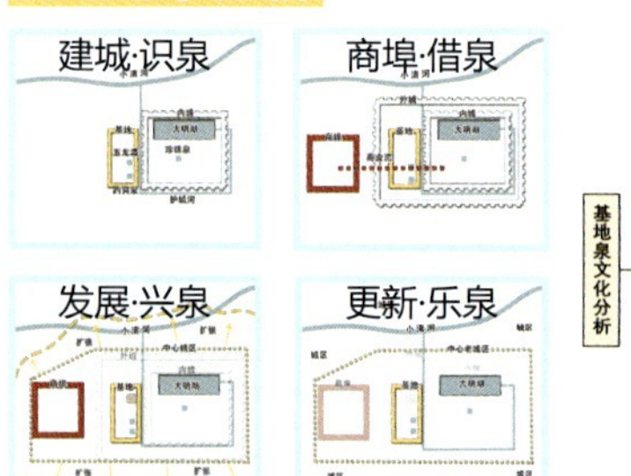

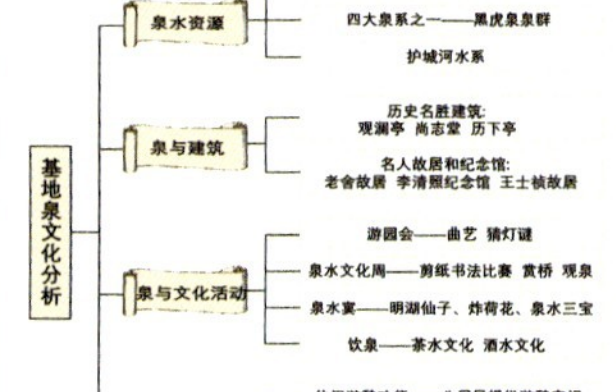

护城河
位于基地东侧，环绕老城区形成景观环道。

迎仙泉
位于顺河高架下，未充分利用和保护。

趵突泉
被誉为天下第一泉。

大明湖
济南三大名胜之一，城市景观的核心。

珍珠泉
与大明湖成轴线景观。

五龙潭
四大泉群中水质最优。

黑虎泉
取水的最佳地点之一。

基地重点要素

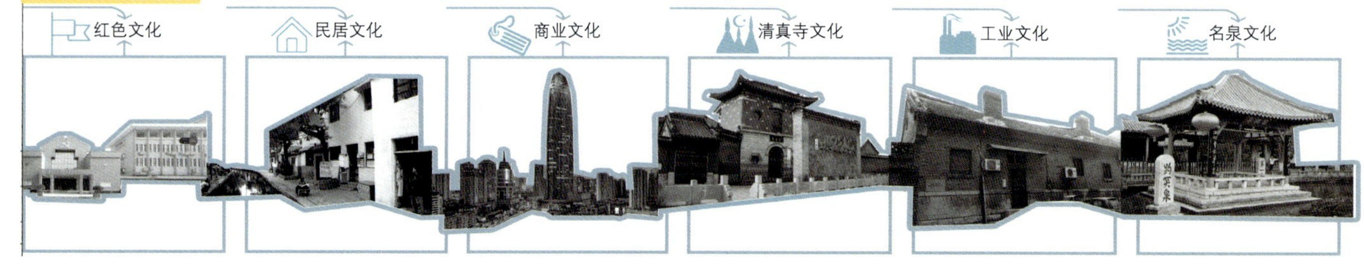

人群活动分析

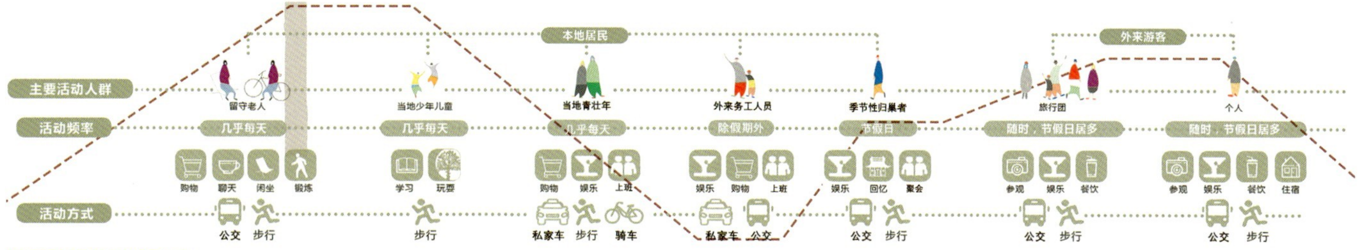

人群交往分析

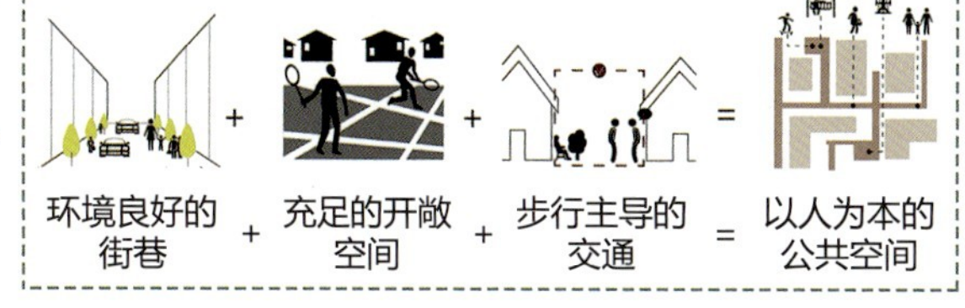

基地分层分析

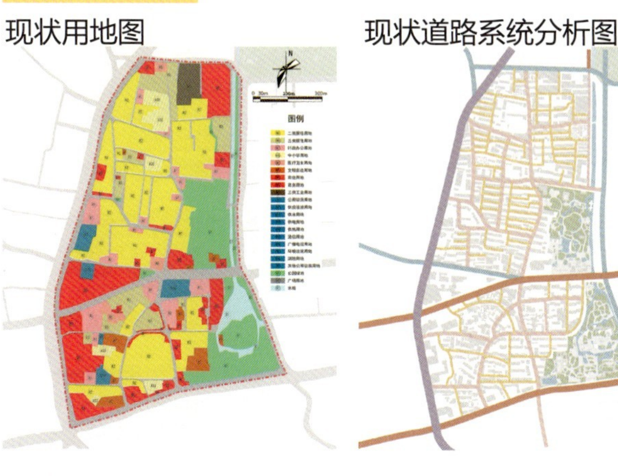

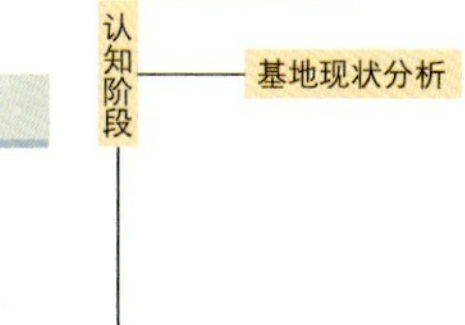

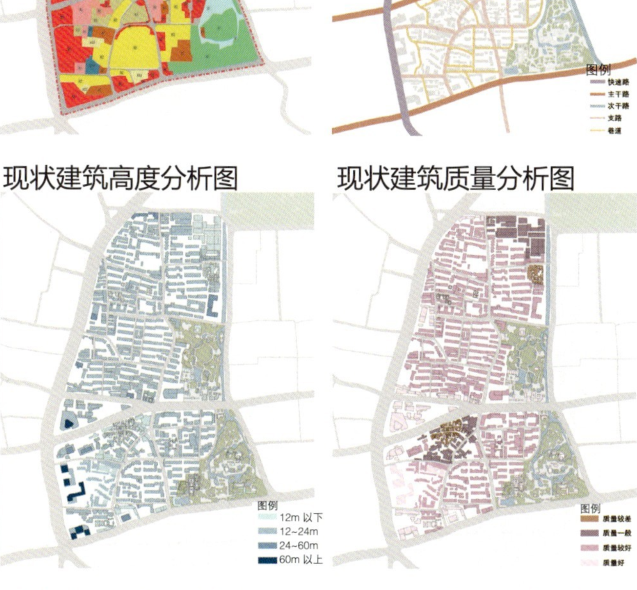

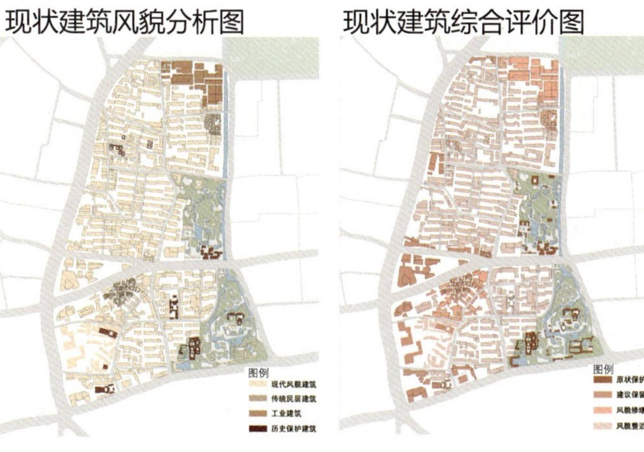

研究框架

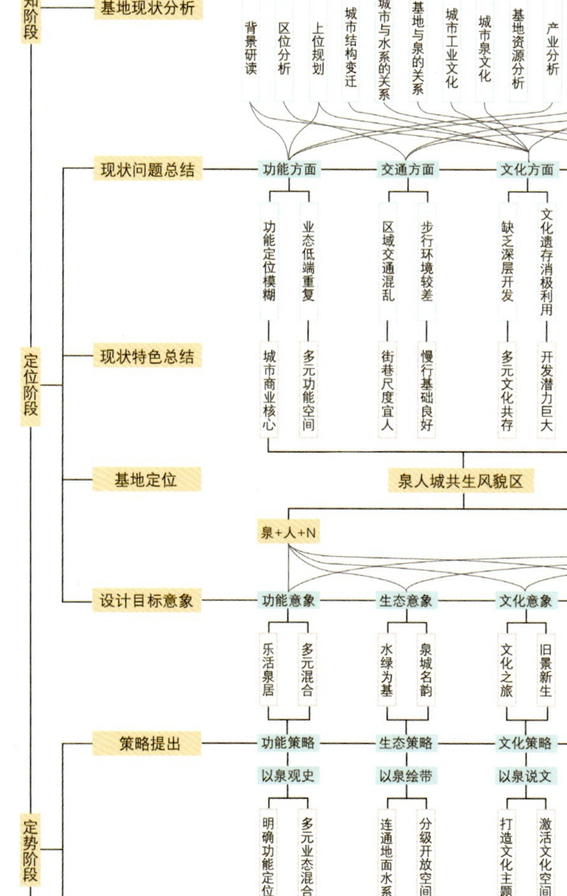

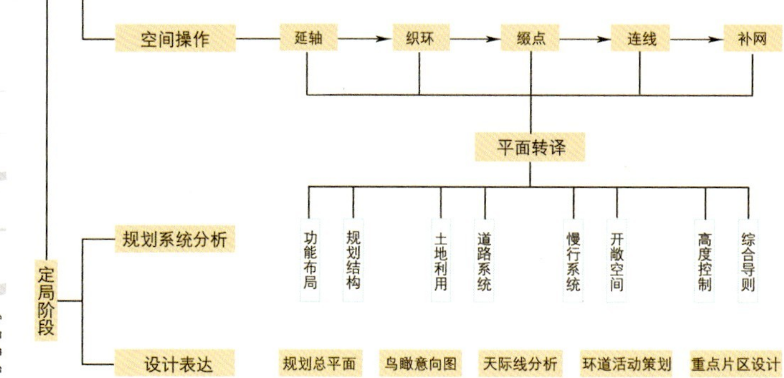

总平面图

经济技术指标	
总用地面积	1216956.29㎡
总建筑面积	1793434.09㎡
容积率	1.47
绿地率	0.65
建筑密度	0.25

鸟瞰效果图

节点分析

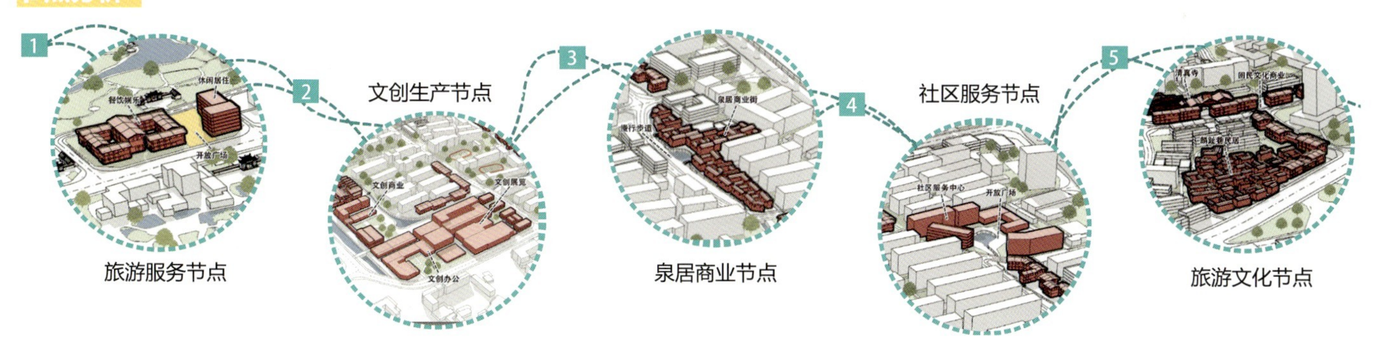

活动策划

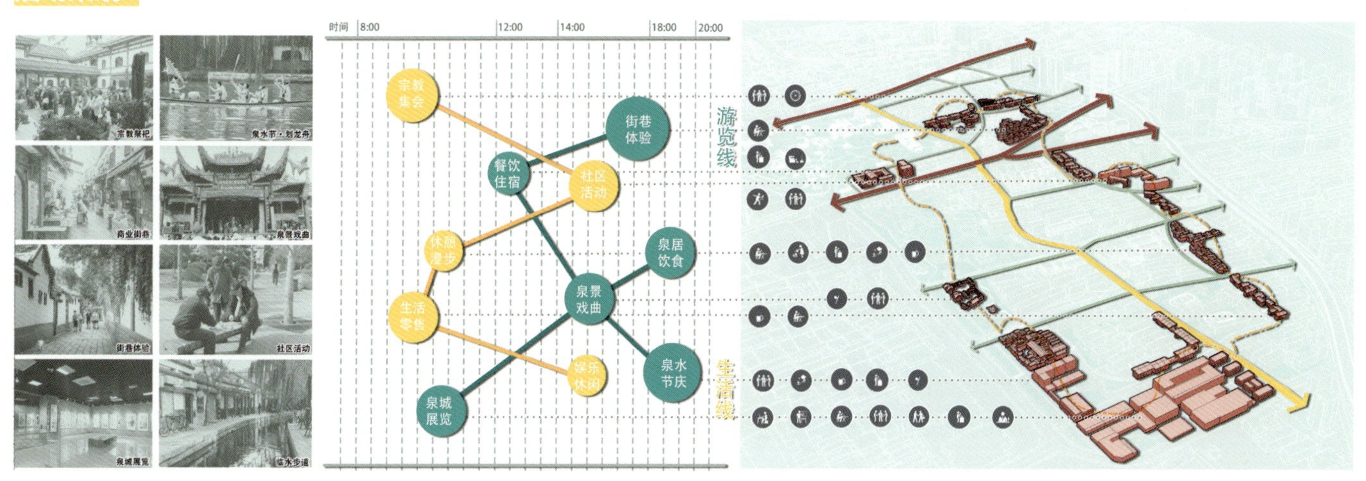

规划系统图

用地规划图

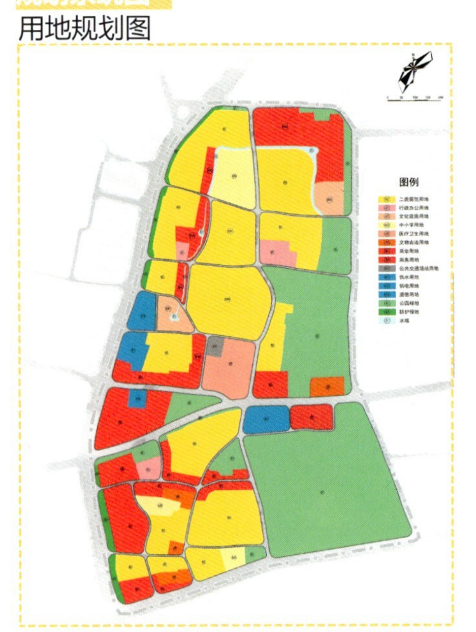

道路系统规划图

规划结构图

规划分区图

开放空间规划分析图

建筑高度规划分析图

滨水空间分析

基地水系分析图

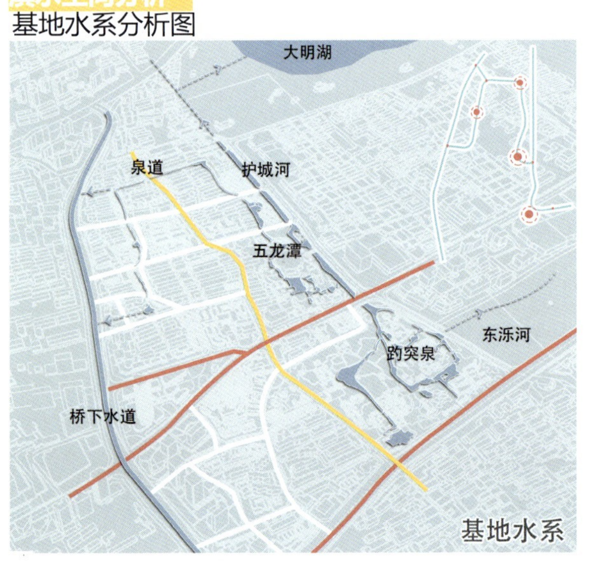

滨水活动策划

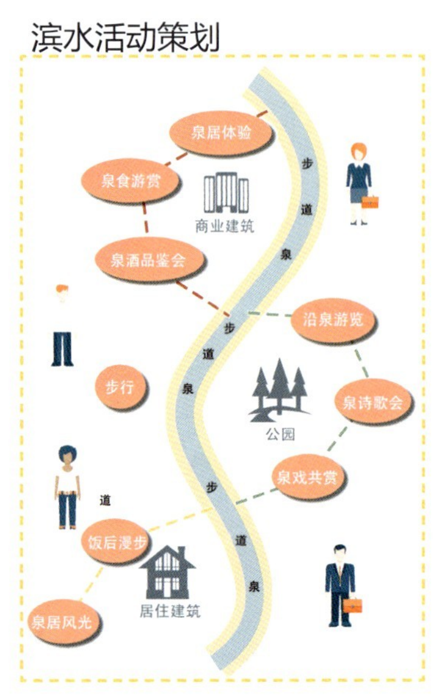

滨水空间形式

泉佑西关·悠享家园

——空间基因理论下的济南市大明湖周边地区城市更新设计

学　　校：郑州大学
设计成员：程文君、刘浩

程文君

刘浩

设计说明：

基地位于济南旧城片区，是泉城历史文化遗产保护体系的重要内容，是市域“山水融城”特色格局的重点要素，是总规中重点打造的市级文化中心。

古城保护以“一城一湖一环”（古城、大明湖、环城公园）为重点保护整治对象，要求控制建筑高度，保护古城的街巷肌理和泉池园林水系，增加开敞空间。旧城更新方面，济南市提出了“改善人居环境、完善城市功能、集约节约用地、传承城市文脉、引导产业升级、提升城市形象”的总体目标，对旧住区、旧厂区、旧院区等更新对象，综合运用整体改造、功能提升、综合整治等更新方式，因地制宜实施更新。

方案通过对基地特色资源、历史发展、现状空间等各层面多角度的分析，得出该片区所具有的核心诉求——古城片区要发展、历史文化要传承、社区生活要更新，从而推演出设计主题：“泉佑西关·悠享家园”。并且通过对基地空间基因的识别、解析与导控，希望紧密贴合与回应泉城的特色风貌和空间特征，加强设计的在地性。

在此之上，方案分别通过控规、整体城市设计、分区城市设计三个层面一步步进行细化，对用地演变的逻辑进行了说明，对整体空间氛围进行了描绘，对具体空间设计进行了设想。本方案对现状的改动相对较小，但这并不代表着我们没有设计的理想和激情，而是说我们愿意把理想和激情溶解于现实土壤之中。

设计感悟 | 程文君

毕业设计完成，长长地舒了一口气，站在这五年的终点处，油然生发出对奋斗时光的纪念之意，对走过路程的叹咏之情。联合毕业设计成为本科五年历练的结尾，而每一个结尾又暗示着新的开始，我一方面感谢着这段经历给我带来了进一步的能力提升，另一方面也因窥探到了更广阔的圈子，而对未来怀有着些许期待和彷徨。

联合毕业设计对本科所学知识的检验、对个人能力的激发与提升是毋庸置疑的。在最后的三个月中，参与联合毕业设计的同学们几乎每天都集聚在教室里，思考方案、交流想法、绘制图纸、推进工作。偶尔会问自己一句：“该走的路已经走完了，末尾这一段需要这么战战兢兢吗？”但集体的压力，督促着我们每个人尽心尽力做好最后一个作业。行百里者半九十，现在我们可以确认，自己没有“半”在那个九十上，也因自己能够善始善终而认为整个毕业设计过程值得付出。

而联合毕业设计中的启发、对比、失落、怀疑等情绪和感受也是自然而然的。规划知识何其广焉，即使积累了五年，也远不能够将任务轻松地完成。在挣扎中、对比中、烦闷中，看到别人的成果，不禁反思这个领域是否应该坚持——看得到别人的光鲜，看不到背后的苦痛，这是许多人的通病，自然也包括我在内。也正是在这样的一次次历练中，更加锻炼了个人的品质——忍受艰辛和相信付出的品质，负面情绪不会永远消失，但我逐渐可以与其和平相处。

最后，我满怀谢意，向联合毕业设计致敬，向老师、同学们致敬，向五年时光致敬。

设计感悟 | 刘浩

面对这本科毕业前的最后一个课题设计，我们想不起五年来经历了多少次艰难的认知更新，也数不清为完成一张张图纸付出了多少辛劳的汗水与心血，只是看着这些代表着五年成果的图纸，心里觉得竟然到了这里，这是一件很幸运的事。

很幸运选择了五校联合毕业设计。2021 年一月份，毕业设计任务下达时，我和队友选择了参加这次联合毕业设计，当时我们认为这是一条“光荣的荆棘路”，经过大四保研、考研的磨炼，我们相信自己一定有能力迎接前方的未知挑战，也希冀着在挑战和训练中进一步提升自己的专业技能。

很幸运到往了济南、苏州两地。中期汇报在济南的山东建筑大学举行，终期答辩在苏州大学举行，除了探访同行、同辈们的学习环境外，对于城市设身处地的体验、感知和认识也是我们作为城市规划人所应具备的素养和背景。

很幸运达到了设计成果要求。本以为毕业季应是一段轻松的时光，散散闲思、发发感慨，但在这过程中才发觉每一天都被推进设计的压力主导着，每一天都被构思和绘图的任务填满着，行至此处，回望漫途，似在探索中走到了终点，就像在彷徨尝试中度过了这规划五年。

当然，幸运背后是付出和坚持，坚从何来？作为规划人，我们不能持虚无主义的不可知论，我们必须相信：通过今天的努力，人们可以期待更美好的明天到来。

设计说明

方案通过对基地特色资源、历史发展、现状空间等各层面、多角度的分析，得出该片区所具有的核心诉求——古城片区要发展、历史文化要传承、社区生活要更新，从而推演出设计主题：泉佑西关·悠享家园。并且通过对基地空间基因的识别、解析与导控，希望紧密贴合与回应泉城的特色风貌和空间特征，加强设计的在地性。

规划背景

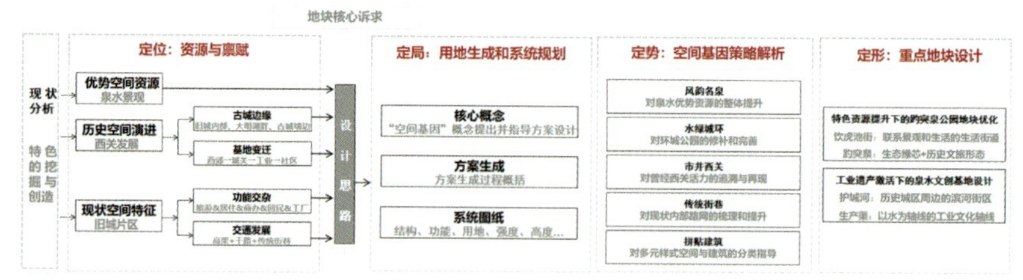

上位规划

济南城市发展战略规划提出建设“大强美富通”现代化国际大都市的规划目标，创建国家中心城市和美丽宜居泉城的发展定位。围绕济南目标定位，以创建国家中心城市和营建美丽宜居泉城两个方面为抓手，战略规划制定了分解实施的八大行动。

行动 1——动能转换：建设全国新旧动能转换先行区

行动 2——文化复兴：打造“山水圣人”中华文化高地

行动 3——特色彰显：彰显“山、泉、湖、河、城”空间特色

- **以“山水圣人”中华文化轴为主线**，串联一系列文明起源重要遗址，圣人故里，统筹文化保护-传承-创新。合力打造中华文化高地。
- **带领周边城市共建“山水圣人”中华文化高地及国际旅游胜地**，建设综合服务中心。
- **提升泉城魅力，彰显泉水文化特色**，使济南成为“山水圣人”中华文化高地及国际旅游胜地的重要目的地。

- **融汇山水，建设公园城市**：依托山体河流建设网络化公园体系，构建兼具通风和防洪排涝功能的山河通廊。
- **彰显泉文化，打造魅力空间**：修复泉景观，再现泉生活;以十大泉群、72名泉、“家家泉水”为内涵拓展泉品牌。
- **创建黄河国家湿地公园**：打造两百里内涵丰富的景观长卷。
- **高标准建设“八大湖区”**：切实体现“有风景的地方就有新经济”这一经验。
- **延续文脉与肌理，展现历史文化名城风采。**结合中疏，再现老城风韵，打造为世界唯一的泉水文化会客厅;以老城为中心延伸泉城特色风貌轴，建设胶济文化创意走廊。建设济南特色的国际康养名城。结合山水自然与现代医养优势，重点建设南山康养胜地，高品质、低强度绿色发展。

周边分析

周边绿化景观资源优越

周边公共交通较为便利

图例：居住 商业 教育 历史 公服 绿化

洪家楼天主教堂
胶济铁路陈列馆
济南泺华银行旧址
山东丰大银行旧址
泉城广场
解放阁
山东大学趵突泉校区
SITE

位于古城片区内，连接两个传统街区，周边历史文化资源丰富规划建设要与整体风貌相符

历史沿革

近代城市格局演变

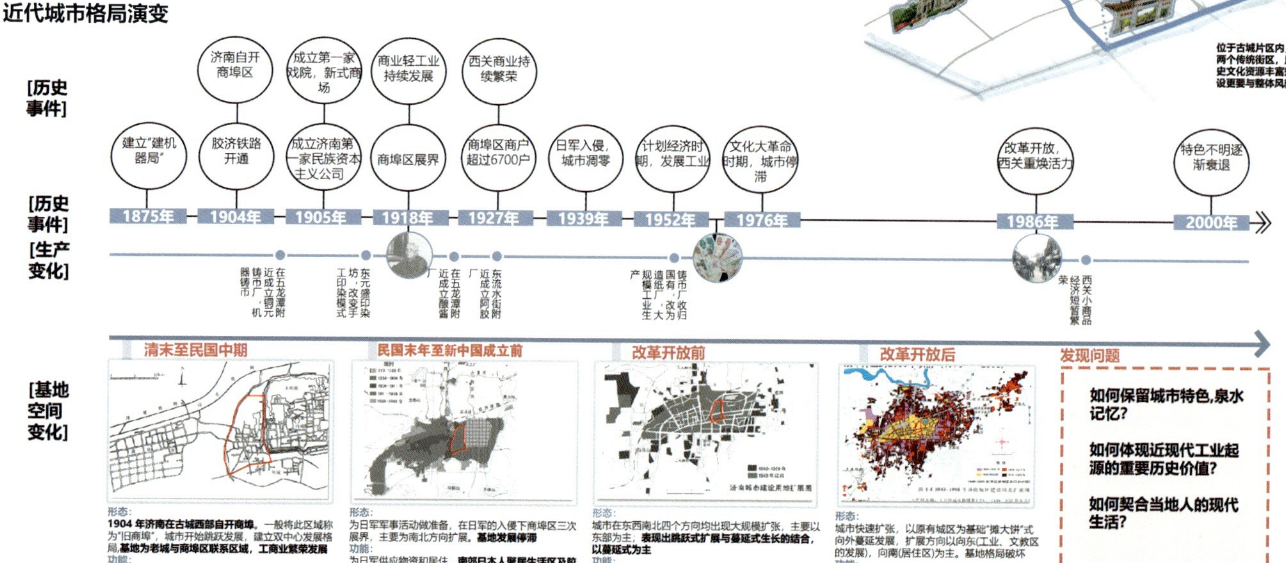

街巷分析

街巷发展沿革

1901—1914年，商埠区通过基地街巷迎仙桥街，普利街，青龙街与老城相连，其中普利街为联系商埠区和老城区的主要道路

济南解放前期，老城区与商埠区联系紧密，基地五条道路成为联系通道

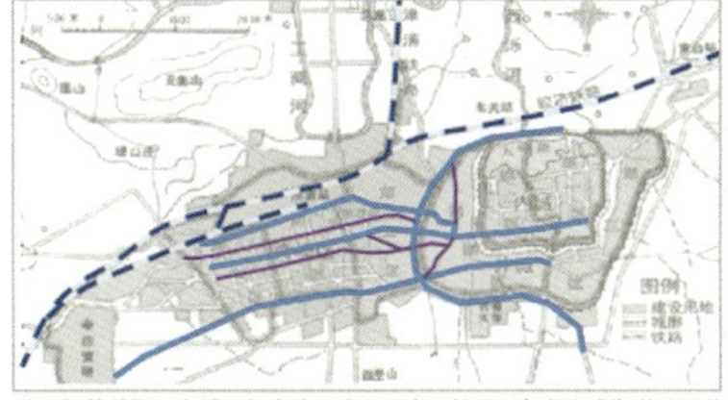

新增主干街巷：铜元局后街，顺河街
新增次干街巷：镇武街、铜元局后街、周公祠街、共青团路、饮虎池街

街巷格局演变

时间	功能	地位	小结
1865年（晚清）	古城内外联系	商贸街巷，入城必经	名称蕴含历史功能
1865年（晚清）	古城商埠联系	物资运输，手工商业	
1865年（晚清）	市域交通联系	快速交通，交通联系	重要交通通道
1865年（晚清）	市域交通联系	生活属性，快速交通	连接枢纽

街巷现状

顺河高架
铜元局后街
铜元局后街
镇武街
东流水街
北园小街
周公祠街
三圣巷
竹竿巷
篦市街
福康街
趵突泉北路
普利街
共青团路
盛唐巷
剪子巷
篦子巷
永长街
石棚街
长春观街
永长街
饮虎池街
泺源大街

街巷宽度为7m，街道D/H为0.4，其中停车占道现象严重，行走空间小

街巷宽度为7m，街道D/H为0.4，其中停车占道现象严重，可供行走空间

街巷宽度为5m，街道D/H为0.4，其中停车占道现象严重，行走空间小

街巷宽度为5m，街道D/H为4，停车占道，杂物堆叠，可供行走空间小，

街巷宽度为5m，街道D/H为3.5，其中侵街小商贩占道经营，行走空间少

图例
二类保护街巷（名称、尺度、走向）
三类保护街巷（名称、走向）
四类保护街巷（名称）
普通街巷）

资源分析

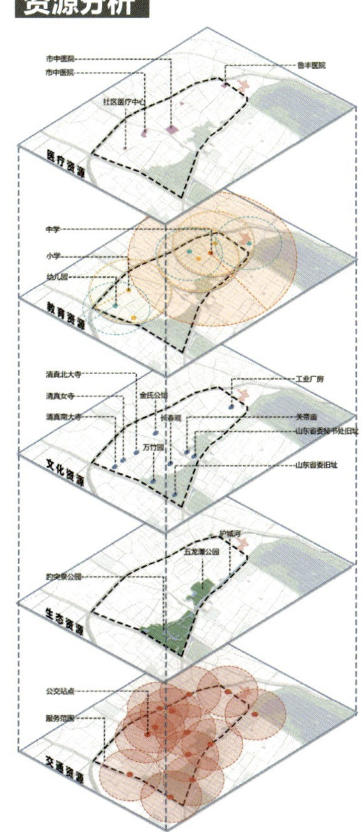

总结分析

SWOT 分析

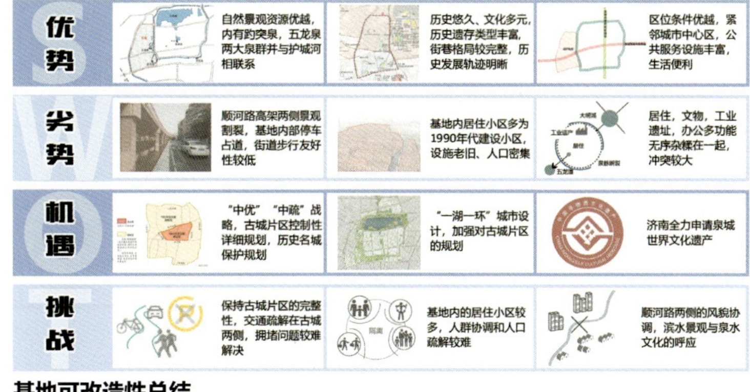

基地可改造性总结

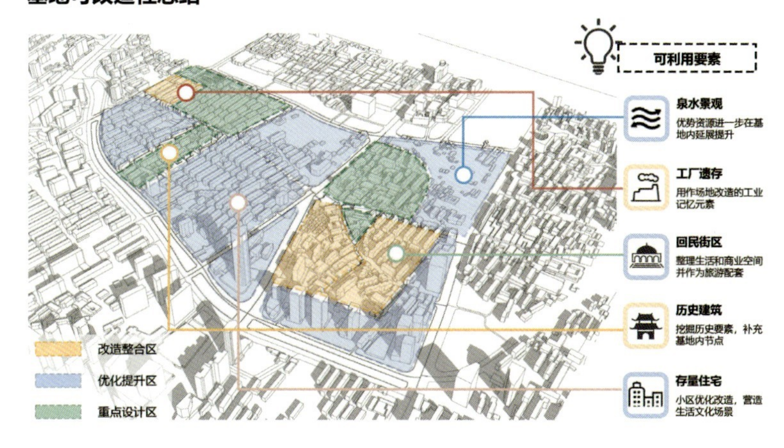

功能定位

功能定位研究

泉佑西关·悠享家园

以共享和未来为理念、地块存量空间激活、顺应乐享未来生态生活、提升空间品质、提高资源利用的**泉水文化生活体验区**

生态引动的城市生态环境

蓝绿开放
依托的突泉公园、五龙潭公园、环城水系和生产渠
织补地块蓝绿体系
融合公共空间，植入活动
形成空间绿廊的渗透

泉韵展示的客厅一角

把握济南的核心竞争力和软实力
拉近泉与生活的距离
再现历史人文图景
创新泉水管理政策
将泉水及泉文化
转化为泉城高质量发展的动力和优势

无界互动的活力片区

挖掘潜力空间
通过空间织补重塑活力体系
提升空间设施及邻里生活质量
打造新时代集创-游-居-行的
魅力品质旧城片区

主题解析

空间基因操作过程

对比项	场所特征				
	“风韵名泉”	“水绿城环”	“市井西关”	“传统街巷”	“拼贴街区”
空间基因解析	泉城互动	连续环绕	功能多元	宜人尺度	回民聚地
	泉园一体	水绿共生	商业会集	平行等级	居住小区
	细水蜿蜒	节点串联	邻泉而聚	密集街段	工业厂房
	文景相融		人文场所	慢行友好	现代商业
在地性发展评价	泉水是济南的灵魂、文化标记、世界标志。泉水作为济南城市最具特色的价值资源，必然应继续提升其特色	环城公园既体现了济南古城的格局，又是颇具泉城特色的游览胜地，应进一步优化	为当地居民提供具有活力的日常服务是旧城更新的重要任务	仅仅凭借传统街巷已无法满足现代化交通需求，未来的交通路网发展方向一定是等级分明的路网体系	多种风格的建筑体现了不同历史时期的空间发展脉络，这些建筑同是城市记忆的载体
总体构思	传承名泉特色，优化泉水格局，结合泉水资源提供更多优质公共空间	修补设计地块内消极存在的片段城环，补缀相关公共功能	提升服务水平，激发片区活力	织补、优化传统街巷，改造顺河高架，疏导干路交通	顺应未来需求合理保留有价值的建筑形体并植入新功能
评价结论	基因保留，特征延续，优化提升	基因保留，特征延续，优化提升	基因激活，特征再现，功能植入	基因进化，顺应发展，更新提升	基因合理保留，尊重特征，功能再生

塑泉思路

消极泉水空间改造

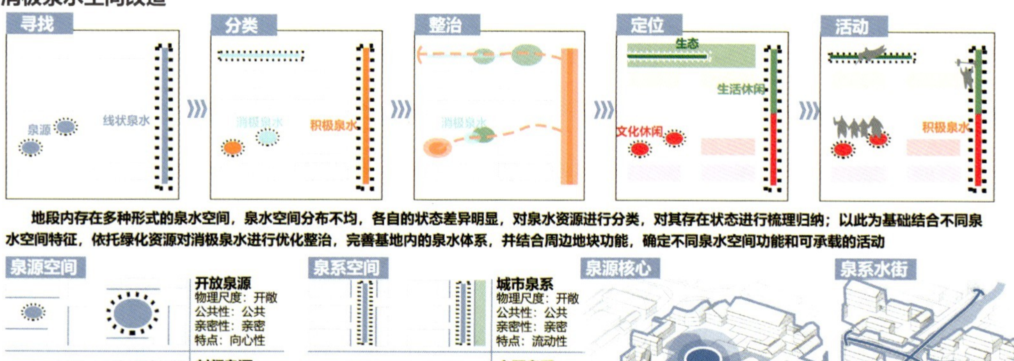

地段内存在多种形式的泉水空间，泉水空间分布不均，各自的状态差异明显，对泉水资源进行分类，对其存在状态进行梳理归纳；以此为基础结合不同泉水空间特征，依托绿化资源对消极泉水进行优化整治，完善基地内的泉水体系，并结合周边地块功能，确定不同泉水空间功能和可承载的活动

泉源空间

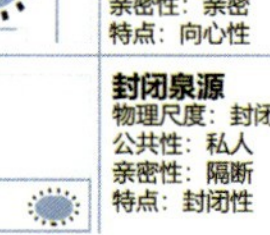

开放泉源
物理尺度：开敞
公共性：公共
亲密性：亲密
特点：向心性

封闭泉源
物理尺度：封闭
公共性：私人
亲密性：隔断
特点：封闭性

泉系空间

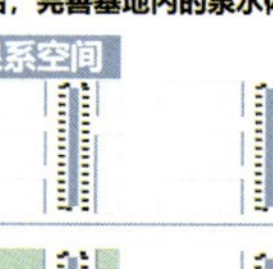

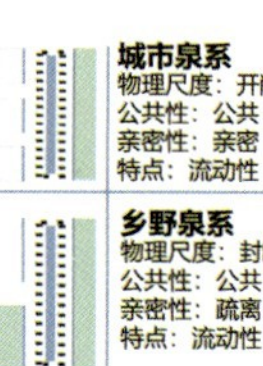

城市泉系
物理尺度：开敞
公共性：公共
亲密性：亲密
特点：流动性

乡野泉系
物理尺度：封闭
公共性：公共
亲密性：疏离
特点：流动性

泉源核心

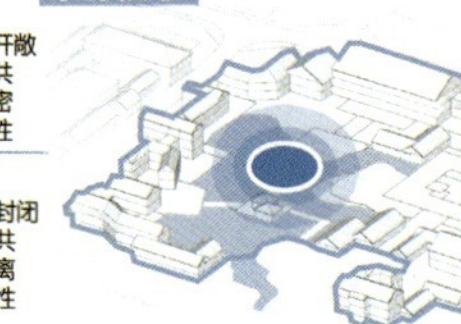

泉系水街

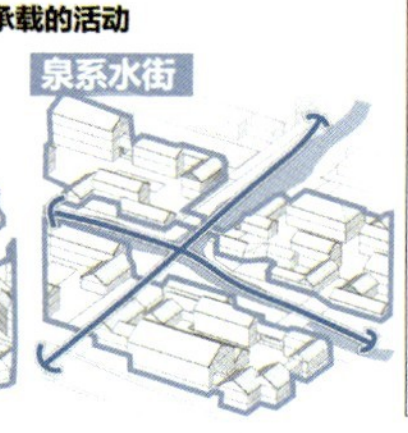

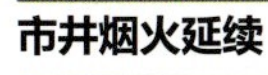

市井西关

市井烟火延续

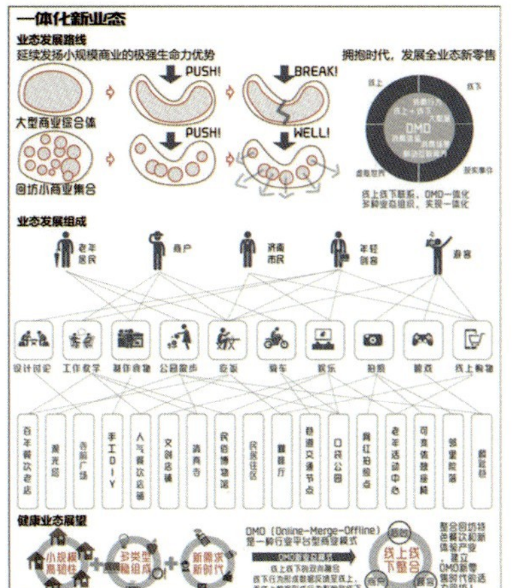

市井社会舒化

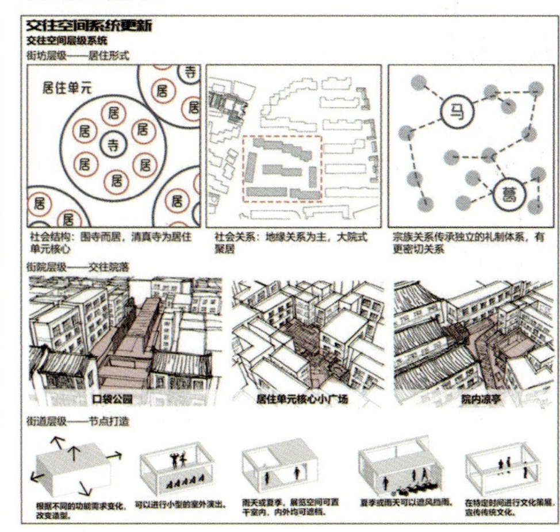

市井文化提升

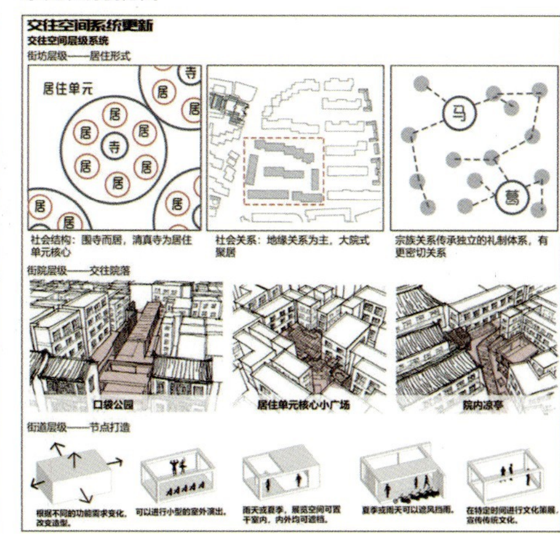

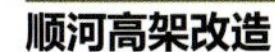

传统街巷

顺河高架改造

1998 年建成通车的顺河高架是贯穿济南老城区的重要南北快速通道。

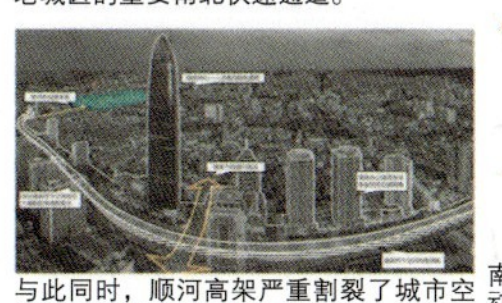

与此同时，顺河高架严重割裂了城市空间与传统历史风貌地区，整体空间景观效果不佳。

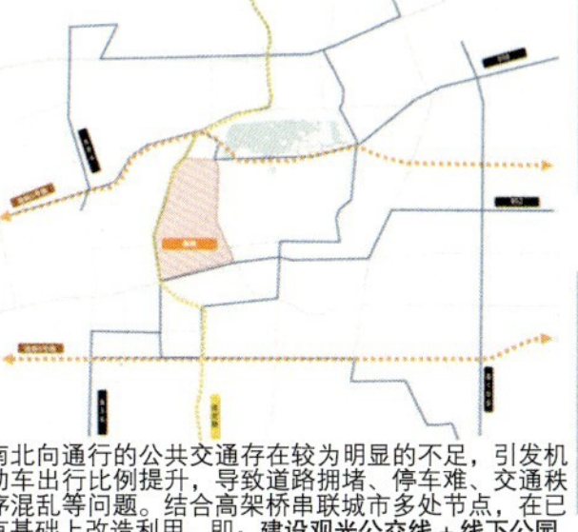

南北向通行的公共交通存在较为明显的不足，引发机动车出行比例提升，导致道路拥堵、停车难、交通秩序混乱等问题。结合高架桥串联城市多处节点，在已有基础上改造利用，即：**建设观光公交线＋线下公园**

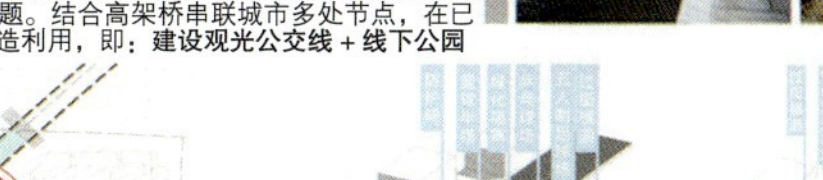

高架下河流

基地北片区高架下河流露天展示，河宽十余米，两侧为城市道路，西侧（靠近基地一侧）无人行道及慢行路等相关设施。

桥下休闲公园利用模式　桥下体育公园利用模式

穿越通行

一方面，由于通行需求，高架在与城市道路交叉口处多有下穿通道；另一方面，由于取泉需求，也存在高架下一侧道路设置斑马线的情况。

桥下过街方式　桥下围护方式　桥上绿化方式

迎仙泉

迎仙泉位于市中区水务集团以北，顺河高架桥下，是当地较为有名的取水点，走在济南大街小巷总能看到提着大桶小桶的打水客们忙碌的身影，人们亲泉爱泉，久而久之也就形成了一种来自市井间的泉水文化，这也是济南一道独特的风景线。

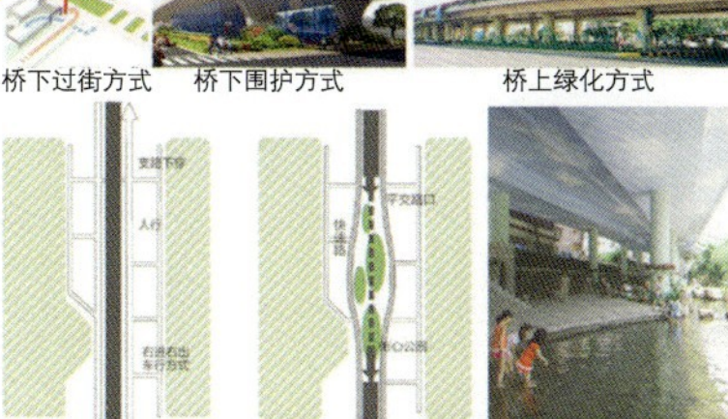

现状组织形式　规划组织形式　桥下公园

绿地中心

济南绿地普利中心是集商业、休闲、娱乐、办公功能，并与城市绿化立体坡地公园穿插结合的城市综合体。

超大体量综合体、城市主干路与高架桥交会于此，不宜再加入会使交通情况更复杂和安全性进一步降低的休闲类活动。

桥下空间安全提升改造模式　人行过街天桥建造模式

BRT 站点的场景营造模式　BRT 站点的场景营造效果

银座购物广场

济南银座购物广场是山东省商业集团总公司旗下在济南建立的大型购物广场，以"银座"为品牌的现代零售业。位于高架东侧，内在地带来了大量的通勤集聚和停车需求。

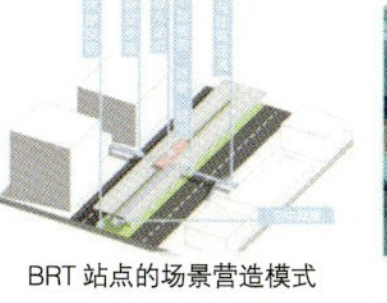

停车场及出入口视距控制　停车场营造及优化模式

街巷体系构建

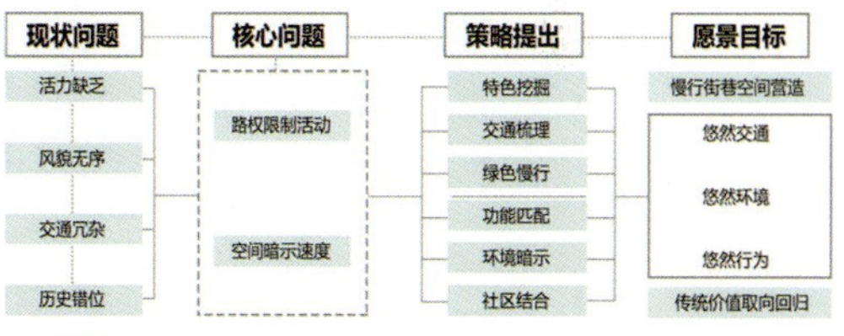

现状问题	核心问题	策略提出	愿景目标
活力缺乏	路权限制活动	特色挖掘	慢行街巷空间营造
风貌无序		交通梳理	悠然交通
交通冗杂	空间暗示速度	绿色慢行	悠然环境
历史错位		功能匹配	悠然行为
		环境暗示	传统价值取向回归
		社区结合	

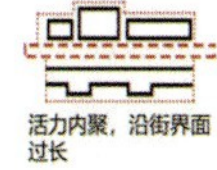

街道空间形式单一，连续性差　活力内聚，沿街界面过长　街道狭窄，缺少公共活动空间　社区老化，缺乏活力

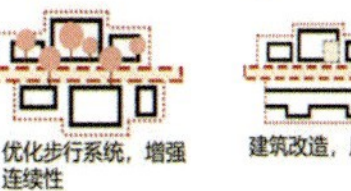
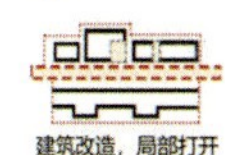
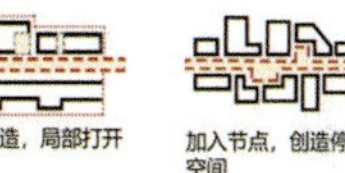

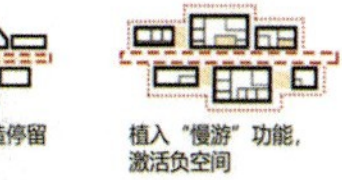

优化步行系统，增强连续性　建筑改造，局部打开　加入节点，创造停留空间　植入"慢游"功能，激活负空间

总平面图

基地面积	123.01ha
总建筑面积	1670432.76m²
容积率	1.35
建筑密度	28.63%
公共绿地率	0.41

鸟瞰图

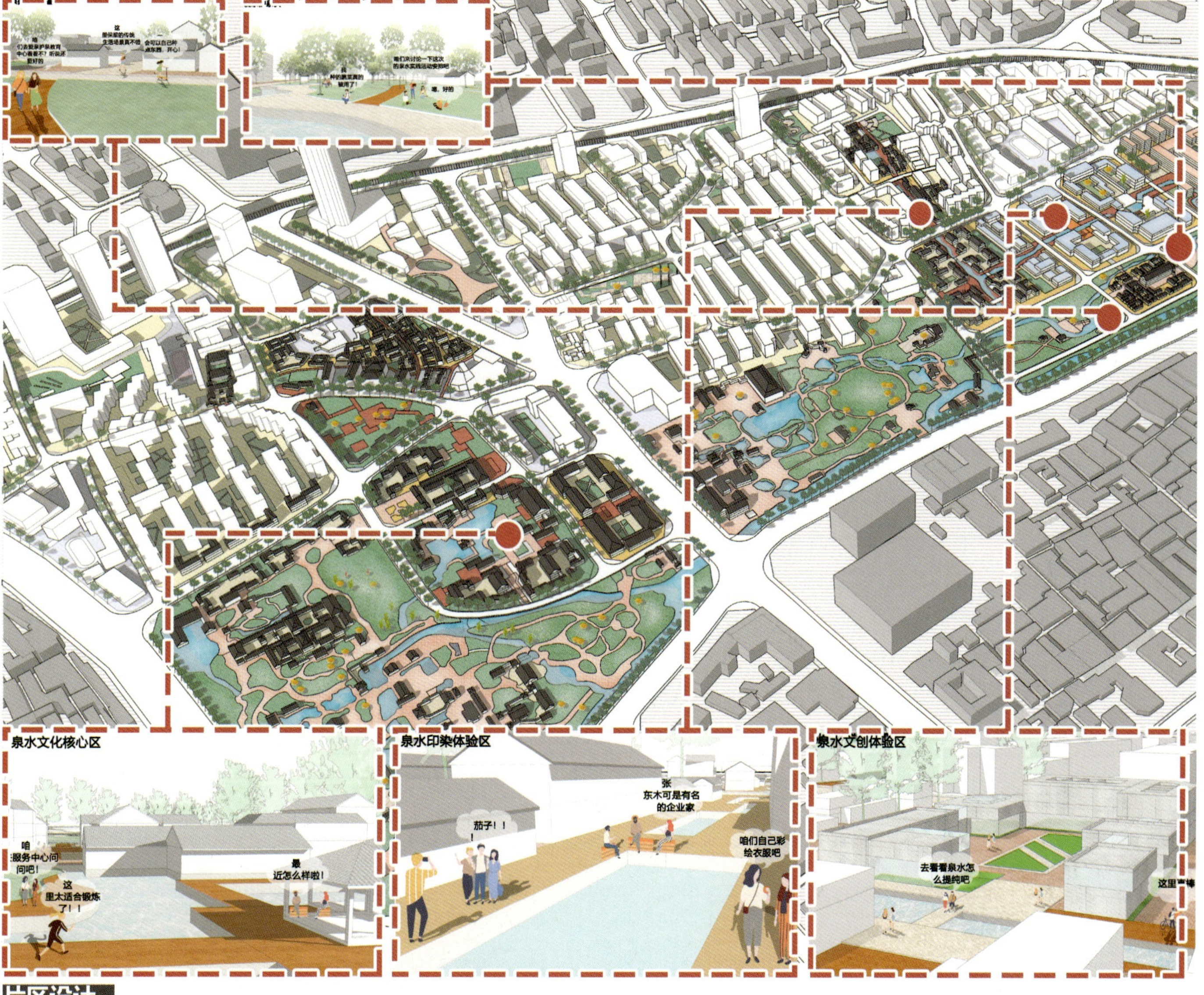
泉水文化核心区
泉水印染体验区
泉水文创体验区
东木可是有名的企业家
咱们自己彩绘衣服吧
去看看泉水怎么提纯吧

片区设计

泉水核心区

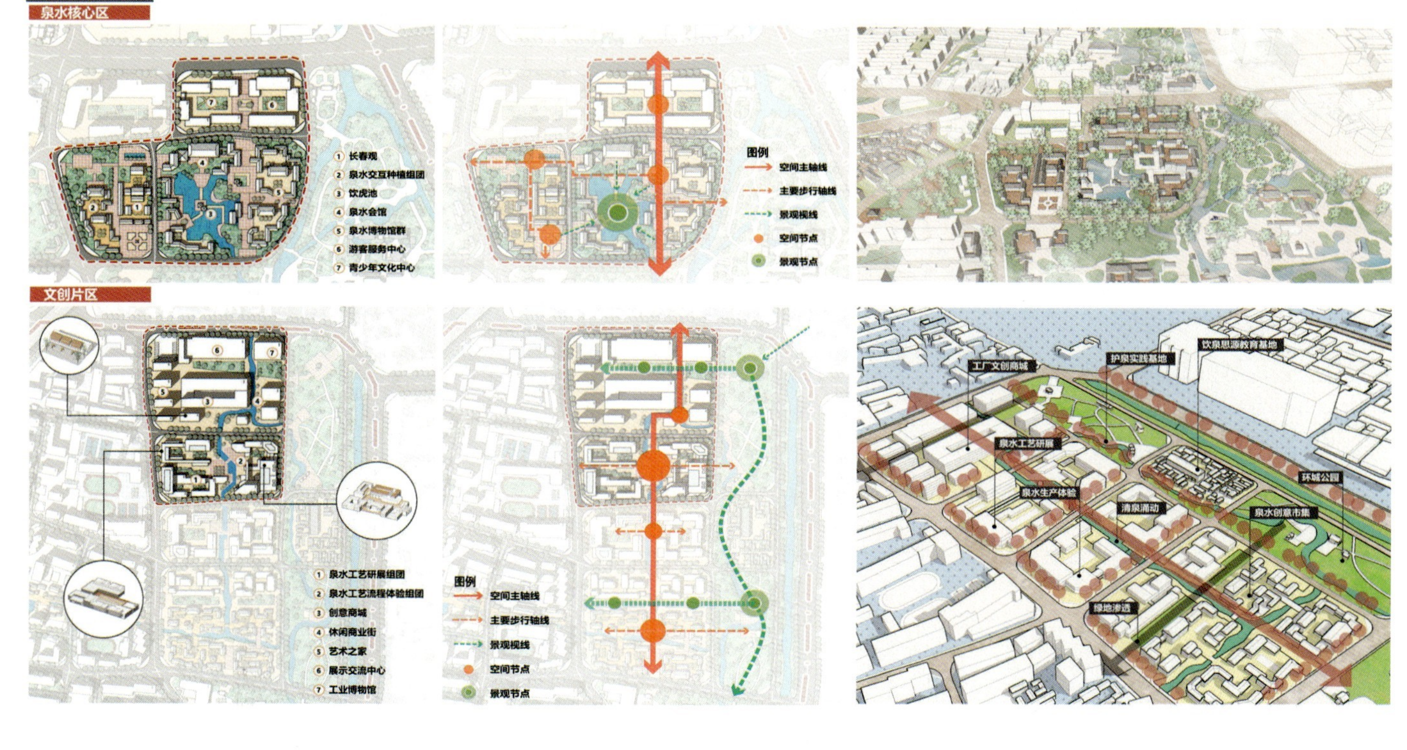
长春观
泉水交互种植组团
饮虎池
泉水会馆
泉水博物馆群
游客服务中心
青少年文化中心
图例
空间主轴线
主要步行轴线
景观视线
空间节点
景观节点
文创片区
泉水工艺研展组团
泉水工艺流程体验组团
创意商城
休闲商业街
艺术之家
展示交流中心
工业博物馆
工厂文创商城
护泉实践基地
饮泉思源教育基地
泉水工艺研展
泉水生产体验
清泉涌动
环城公园
泉水创意市集
绿地渗透

泉韵润城 · 重焕西厢

——济南市大明湖及周边地区新旧城市功能优化设计

学　　校：郑州大学
设计成员：贺晶、蔡欣珂

贺晶

蔡欣珂

设计说明：

本次设计以泉城济南的老城西厢作为基地，以“中优”战略为契机，泉城申遗为背景，提出“泉韵润城 · 重焕西厢”的设计主题，以及以下设计步骤。在现状分析阶段，探寻泉城之失。通过识别泉城态势、梳理泉水流势、判断泉民需求，发现基地含有三个特色：山河泉城，枕山携河的文化轴核心的特殊资源；“中优”战略，产业更新的首冲旧城区的特殊阶段；十字联动，古城商埠的重要过渡带的特殊区位。根据以上特色，提出植入在地产业、优化生态资源、策划人群活动的三大核心议题，并通过植入可食泉韵体验型旅游业、文创产业以及塑造城市级公园来融合生活、工作、旅游的关系。方案以观—饮—食—赏体验泉旅游为基底，以文创—展览—办公—会议综合为驱动，构建未来、创意、多元的泉文化产业链，实现创造社群一体验经济—商贸文化的繁荣可持续发展。在空间层面，通过叠加泉脉绿岛卷、泉韵文旅卷、泉味乐活卷，形成以泉城绿岛为基底，泉饮体验、泉创展研、泉贸办公三大核心主题区的总体方案。在分期建设规划中，我们首先植入泉体验旅游，通过塑造水街来打造旅游新亮点；接下来植入文创产业，通过打造立体绿化及公园城市来塑造未来新创意；最后通过活化社区形成焕新西厢。

设计感悟 | 贺晶

这次联合毕业设计是我大学五年以来，做过最完整、也最认真的一次规划设计。还记得在三月初时，山东建筑大学老师的一句“泉水时至今日，都与济南人民生活密不可分”让我感受到了老师对于这片济南老城的热爱，也有对我们做好设计的期待。在接下来的一两个月里，我和队友基于深入体会济南风土人情，不仅专程前往基地调研，而且阅读了相关的历史文献。这让我们有了详尽的前期分析，也对后期功能定位有了较好的基础。在中期汇报中，我们感受到山建大老师与同学们热情地招待，也体会到不同学校各具特色的设计风格。这一过程中，我们汇报了对基地定位及土地利用的初步方案，也接受了来自其他兄弟院校老师的指导建议。紧接着在为期一个月的设计方案深化中，我们又一次在烟雨江南——苏州相遇。我们在同样热情的招待下各抒己见，发表了设计或创意、或综合的想法，顺利完成了此次五校联合毕业设计！

感念人生海海中，我能遇到如此优秀、可靠的队友，真挚、温柔的老师，以及友善开朗的兄弟院校的同学们，愿缘分能让我们在未来相见！这次经历不仅给我的五年划上了完美的句号，也给我未来的三年开启了未知而让我期待的冒号。在以后的职业道路中，我也会尽全力在规划专业继续发光发热！

设计感悟 | 蔡欣珂

荣幸能够参与此次由山东建筑大学组织的城乡规划联合毕业设计。回顾本学期的毕业设计，不禁感叹时间过的真快。从一开始的线上开题到去济南中期答辩，再到苏州答辩，一学期的毕业设计课程不仅体现了五年专业学习的知识积淀，更是给自己本科学习生涯的一张答卷。

通过这次设计，专业方面我学到的不仅局限于旧城更新规划设计本身，还深刻认识到在城地方特色鲜明的地区，相关特色产业的发掘、发展不能仅停留在活动策划层面，更应该做到真正的产城融合，以产兴城。并且，在更新过程中，应该摒除大拆大建，放大“人”在城市中的体验感，体现规划的人情味，这也是我们此次设计需要再多加考虑的地方。在团队合作方面，本次我和队友合作的很顺利，大家各有所长，相互监督，无论是设计过程还是最终出图都全程效率在线。在这个过程中，我也在她身上学习到了非常多专业上的刻苦精神。

非常感谢汪霞老师一直以来的悉心指导，能够在本科最后一次设计中收获满满的专业知识和长久的师生情谊是可遇不可求的。

写到这里，本科的专业学习才算真正画上句号。最后，祝愿各校老师们身体健康，万事如意！祝各位同学心想事成，前程似锦，愿以后能够再次进行交流学习！

1 区域环境分析

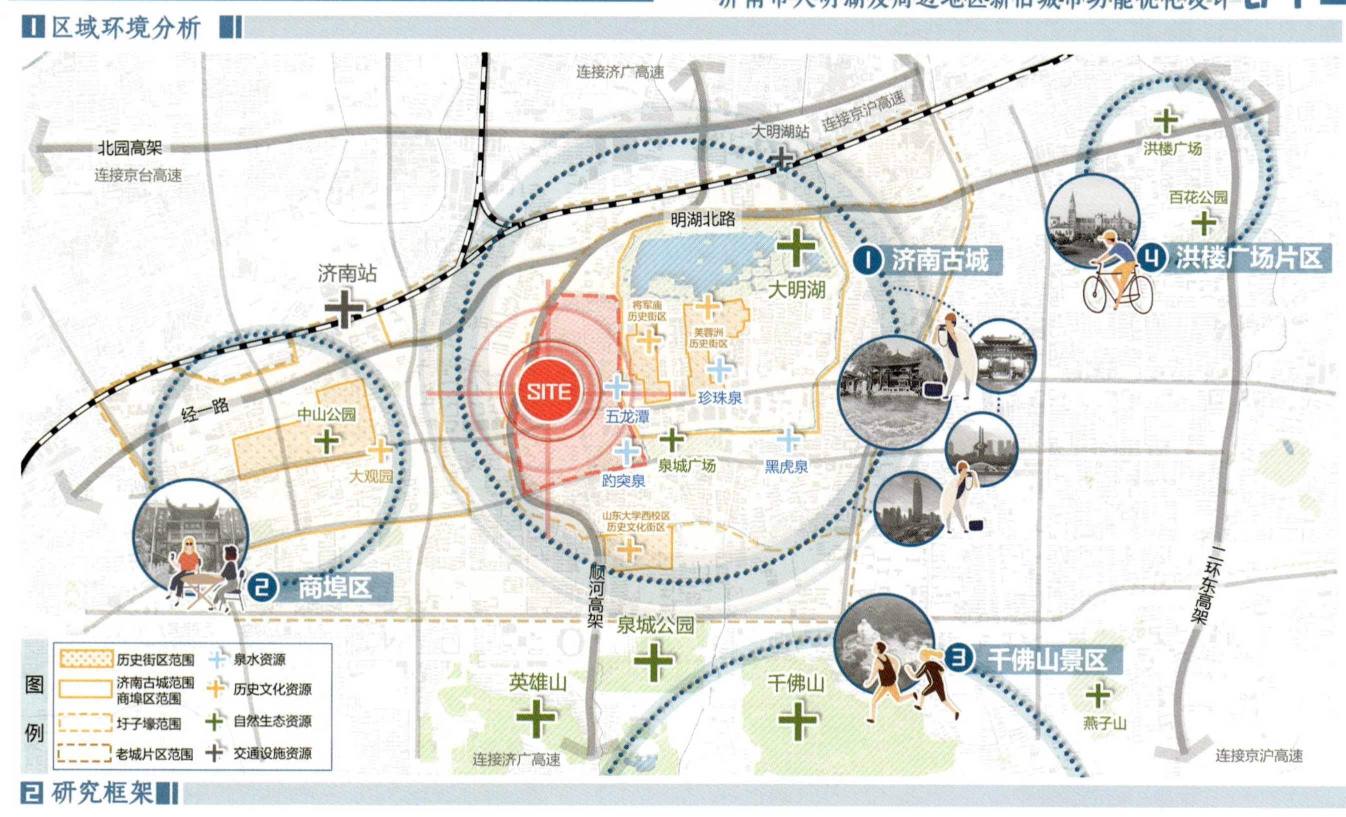

2 研究框架

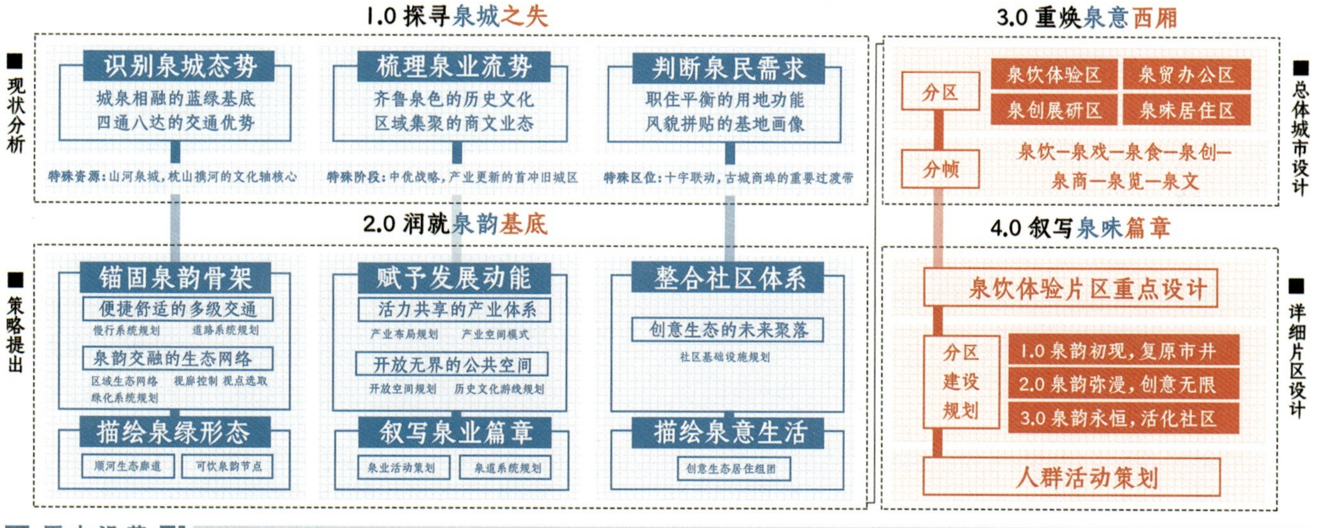

3 历史沿革

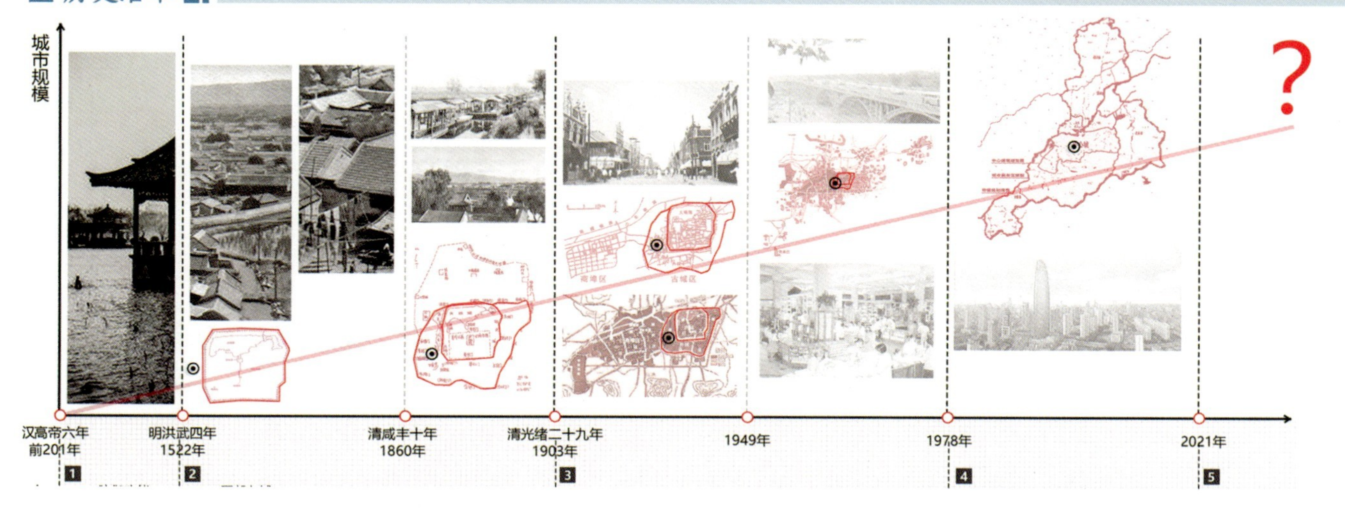

概念定位 泉韵润城·重焕西厢

——济南市大明湖及周边地区新旧城市功能优化设计 02

1 用地评价

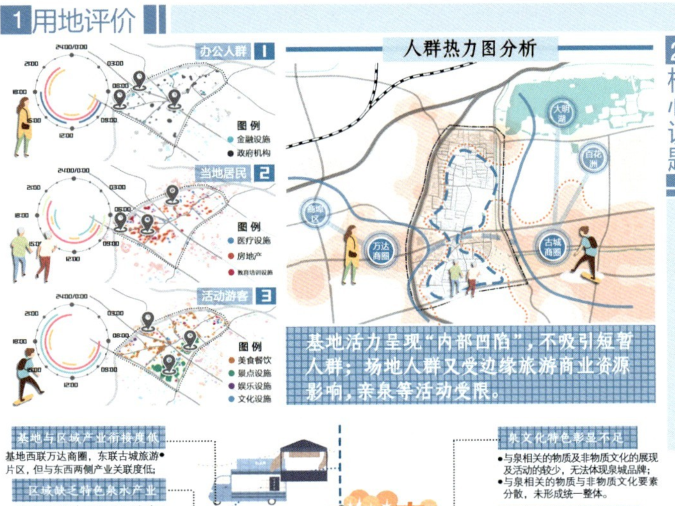

基地活力呈现"内部凹陷"，不吸引短暂人群；场地人群又受边缘旅游商业资源影响，亲泉等活动受限。

基地与区域产业衔接度低

- 基地西联万达商圈，东联古城旅游片区，但与东西两侧产业关联度低；

区域缺乏特色泉水产业

- 基地西侧的古城旅游片区与泉互动较少，无法全方位感受泉城魅力；

基地内无主导产业

- 基地内除沿主干道布置部分商业商贸功能，坐落城市中心却未进行产业植入。

泉水生态空间遭受挤压

- 趵突泉、五龙潭西侧的民居直接倾轧两城市公园，不仅无法统一风貌。也对泉水空间景观严重；
- 顺河高架下的迎仙泉周边无足够的停留交流空间供市民活动；

生态空间分散不成系统

- 基地内的护城河与东侧主城联系不足，生产渠连续性断裂，各泉系空间呈点状分散分布。

泉文化特色彰显不足

- 与泉相关的物质及非物质文化的展现及活动的较少，无法体现泉城品牌；
- 与泉相关的物质与非物质文化要素分散，未形成统一整体。

特色民俗文化日渐消逝

- 由泉元素衍生的民俗活动及诗词歌赋的文化要素关注及继承少；
- 基地本身的西厢商贸、回民特色文化未引起重视。

在地人群与泉互动受限

- 当地人群时代延续的取泉饮泉活动由于现代建设而受到阻碍；
- 凭泉聊天等活动由于泉水空间对外展示而逐渐减少；

旅游人群无完整游泉路径

- 基地内的五龙潭、趵突泉公园无直接连通路径，且各泉系间无连续公共空间连接；

多民族文化人群融合不足

- 汉族及济南最大回民集聚区的文化融合、人群交流不足；

2 核心议题

1. 特殊的资源
   山河泉城，枕山携河的文化轴核心
2. 特殊的阶段
   "中优"战略，产业更新的首冲旧城区
3. 特殊的资源
   十字联动，古城商埠的重要过渡带

图例：生态资源　交通条件　文化资源

泉城交融的市井西厢　泉创集聚的未来家园

以观-饮-食-赏体验泉旅游为基底，以文创-展览-办公-会议综合为驱动，
构建未来、创意、多元的泉文化产业链，
实现创造社群-体验经济-商贸文化的繁荣可持续发展。

3 规划结构及功能分区

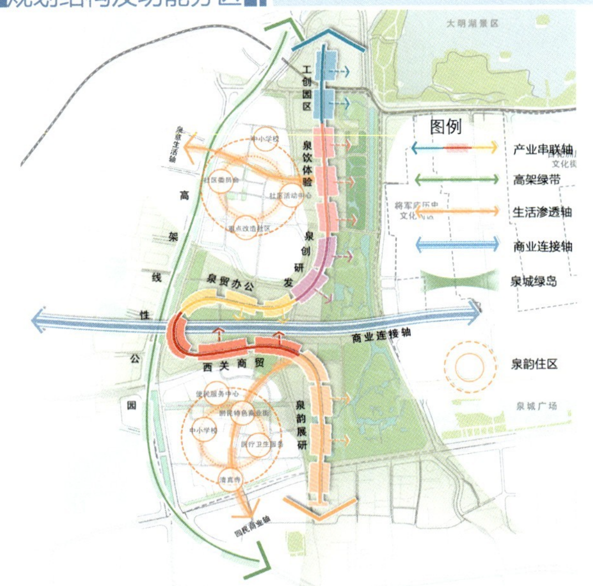

用地代码	用地性质	用地面积（hm^2）		占规划总用地比例（%）	
		现状	本次规划	现状	本次规划
R	居住用地	42.11	21.4	34.33	17.45
A	公共管理与公共服务用地	13.02	15.84	10.61	12.91
B	商业服务业设施用地	20.12	19.72	16.4	16.08
U	市政公用设施用地	3.7	1.31	3.02	1.07
M	工业用地	1.9	5.74	1.55	4.68
S	道路与交通设施用地	24.71	26.56	20.15	21.65
G	绿地与广场用地	17.1	32.09	13.94	26.16
总用地面积		122.66		100	100

传统住区 + 基础设施 + 高品质生态田园人居（生态化建设、健康活动中心、充足教育用地、社区委员会） > 乐活住区 $42.11hm^2$ ↓ $21.40hm^2$；公共服务 $13.02hm^2$ ↑ $15.84hm^2$

观赏性景观 + 泉水特色体验旅游（趵突泉/五龙潭观赏、特色餐饮、种植/手工文化体验、传统工艺展览） > 商业服务 $20.12hm^2$ ↓ $19.72hm^2$；绿地与广场 $17.10hm^2$ ↑ $32.09hm^2$

现代商业 + 民俗商业 + 科创研发产业（泉文创产品设计、演艺娱乐、观影体验、非遗工艺工作室） > 新型泉体验 $1.90hm^2$ ↑ $5.74hm^2$；交通设施 $24.71hm^2$ ↑ $26.56hm^2$

总平面图
泉韵润城·重焕西厢
——济南市大明湖及周边地区新旧城市功能优化设计 03
1 总平面图
N
0 30 150 300m
4 泉味居住区
35. 济南市制锦市小学
36. 山东省济南市第十三中学
37. 制锦市社区中心
38. 张东木故居及东元盛印染坊/社区活动中心
39. 创意生态居住组团
40. 山东省济南市第十三中学分校
46. 清真北大寺
47. 清真女寺
48. 清真南大寺
49. 泺源学校
（黑色：新建功能；红色：现有功能）
图例
保留建筑
新建建筑
1 泉饮体验区
1. 大明湖文创体验店
2. 山东造纸总厂办公楼
3. 鲁丰文化创意园区
4. 泉水利用展览体验馆
5. 生产性景观（蒲菜）
6. 泉畔酒街
7. 泉水戏馆
8. 泉饮水街
9. 泉味戏台
10. 泉水宴特色餐厅
11. 泉水民宿
12. 纪念品售卖馆
13. 生产性景观（莲藕）
2 泉创展研区
14. 泉意文创办公室
15. 文创制作售卖街
16. 秦琼祠
17. 五龙潭
18. 招商大厦
19. 关帝庙
20. 济南文创总店
21. 中国联通
22. 趵突泉、五龙潭公园游客咨询中心
23. 长春观
24. 泉水地质研究馆
25. 泉水文化博物馆
26. 趵突泉
27. 万竹园
3 泉贸办公区
28. 麟趾巷历史街区
29. 西关商贸展览室/回民社区文化馆
30. 绿地中心
31. 泉创建筑公司
32. 泉创商务写字楼
33. 泉创传媒公司
34. 泉创会展中心
41. 交通银行
42. 山东省审计厅
43. 济南市中医医院
44. 银座晶都国际大厦
45. 金龙大厦
济安街
少年路
大明湖
大明湖路
顺河西街
铜元局后街
趵突泉北路
驿馆街
英贤街
朝阳街
花店街
筐市街
经二路
普利街
共青团路
经四路
趵突泉南路
护城河
饮虎池街
泉城广场
泺源大街
经济技术指标
总用地面积：123.01hm^2　容积率：1.35
总建筑面积：166.06hm^2　绿地率：38%

设计成果
郑州大学

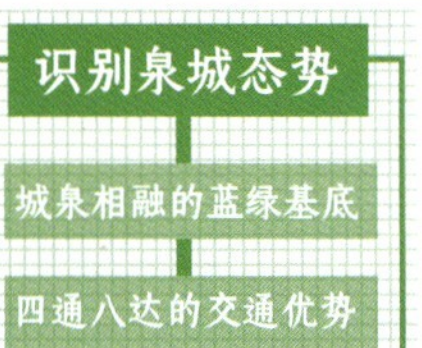

泉韵润城·重焕西厢

——济南市大明湖及周边地区新旧城市功能优化设计 04

识别泉城态势
- 城泉相融的蓝绿基底
- 四通八达的交通优势

锚固泉韵骨架
- 便捷舒适的多级交通
  - 道路系统规划
  - 慢行系统规划
- 泉韵交融的生态网络
  - 区域生态网络
  - 视廊控制视点选取
  - 绿化系统规划

描绘泉绿形态
- 顺河生态廊道
- 可饮泉韵节点

泉脉绿岛卷

顺·山水延綿之勢

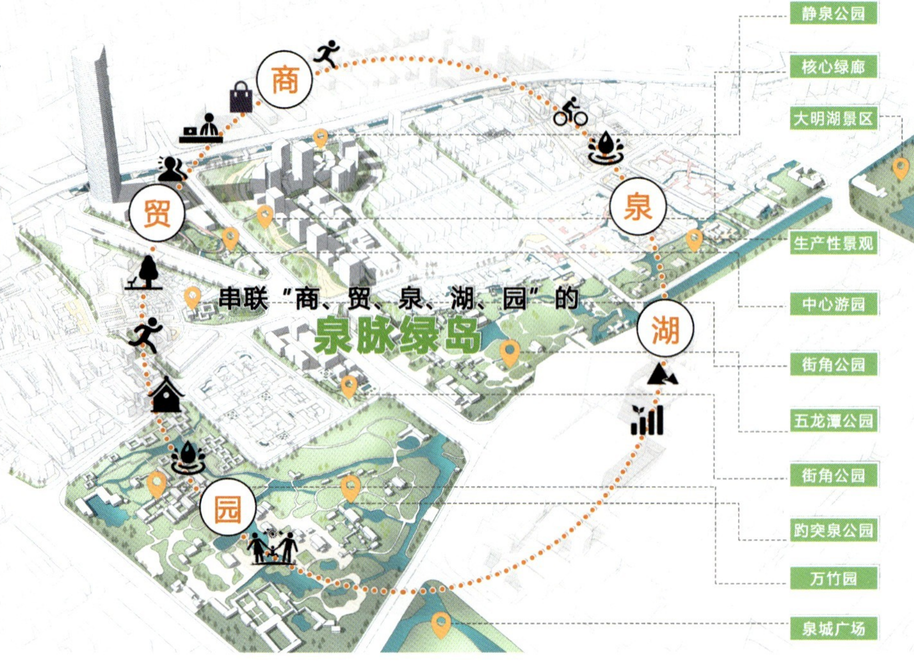

产业空间模式

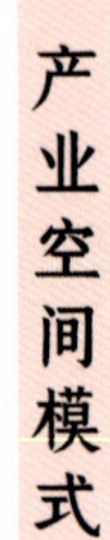
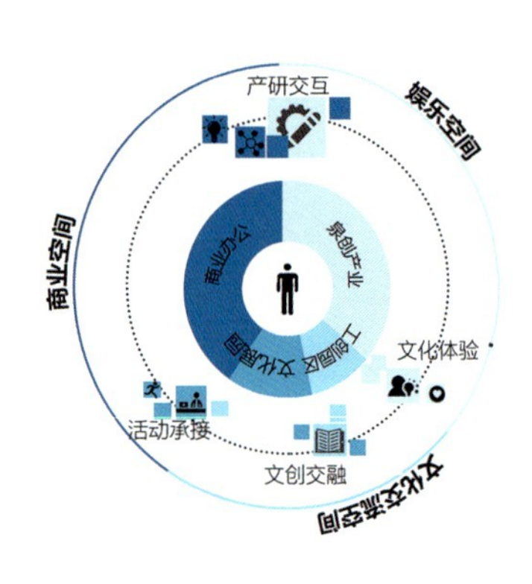

空间模式

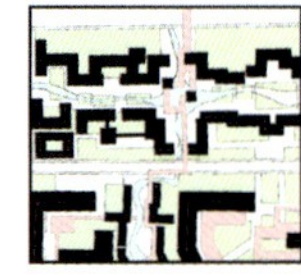

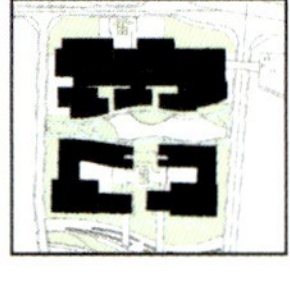

建筑组合

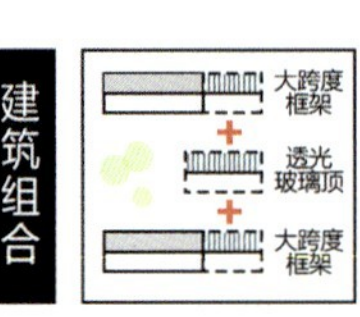

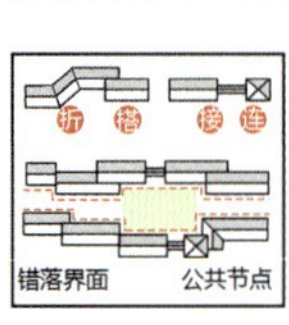

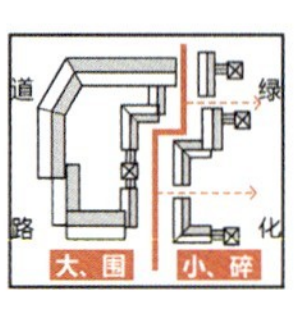

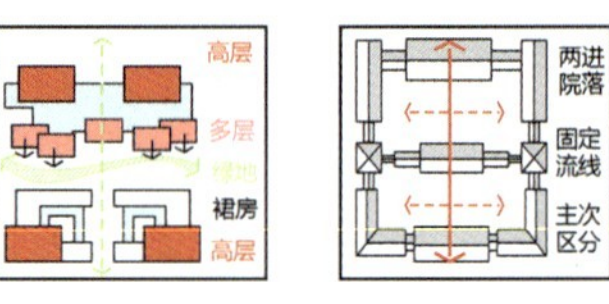

单元场景

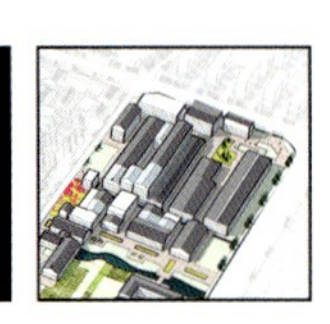
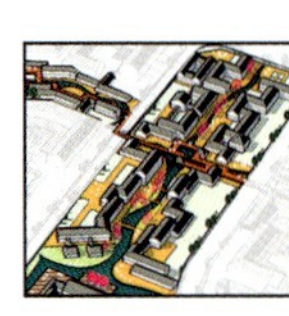

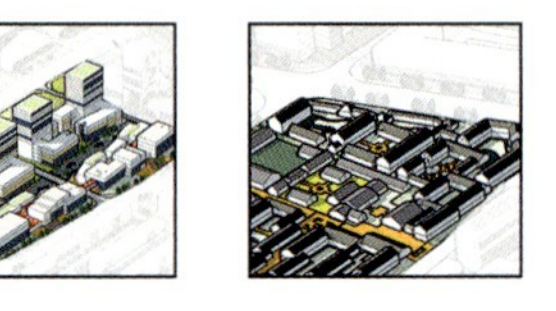

泉韵文旅卷

賦·产業興答之勢

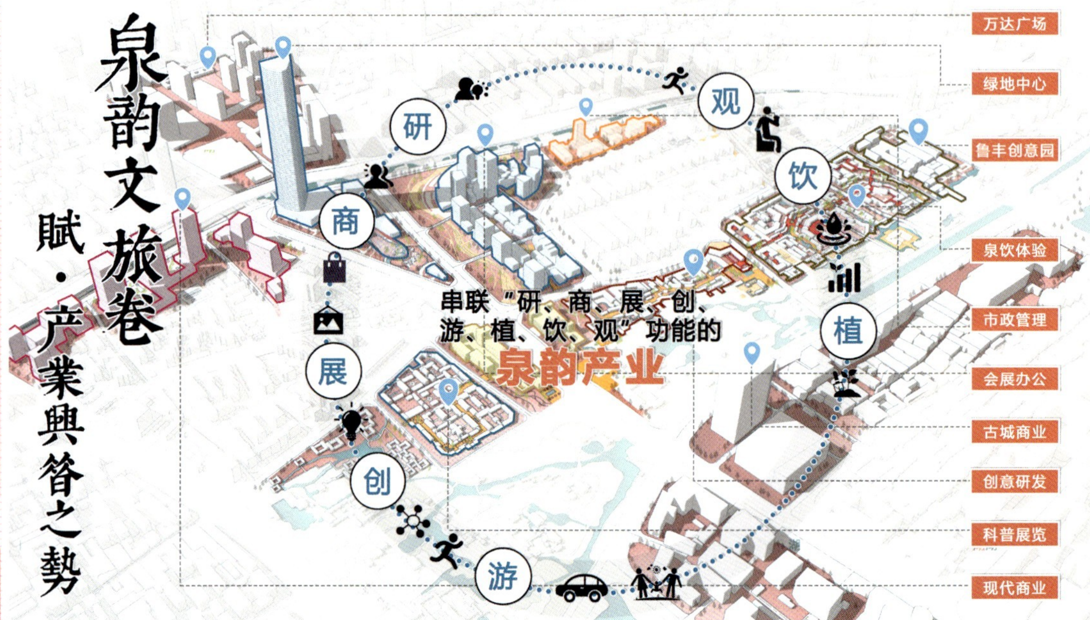

1 重点片区结构

泉贸办公主题段

主题定位	主题产品	
商务办公+商务会展+商业贸易	绿地普利中心	创业广场
孵化培育+现代传媒	会展中心	购物中心
公共服务休闲+交通集散	西关商贸城	金融公司
新泉城市形象塑造	静泉公园	休闲服务中心
	传媒公司	

泉创展研主题段

主题定位	主题产品	
文化展示+研学教育	研发俱乐部	招商大厦
创意研发+文物游览	创意工坊	长春观
休闲娱乐+公共服务	泉水文化博物馆	万竹园
泉水文化价值提升	泉水书屋	五龙潭公园
	特色文化展览营地	天下第一泉风景区

泉水体验主题段

主题定位	主题产品	
休闲旅游+商业购物+工业改造	泉水特色茶馆	泉水戏剧馆
泉水体验+特色饮食+活动参与	泉水宴特色餐厅	创意工作室
特色种植+景观欣赏	泉水特色民宿	手工艺品作坊
“泉”产业链打造	泉水农家乐	绘画基地
	泉水美食街	

2 重点片区展示

泉饮体验片区

片区位于基地东北部，北毗邻鲁丰文化创意园，南侧紧挨创意研发休闲街区。围绕片区中的蜿蜒水系，设置商业步行街，向北与工业改造区联系，向南串联研发步行街，向东汇入生产渠，梳理绿岛内的北部流线。集中设置泉水民宿、泉水戏剧馆、泉水宴特色餐厅、文创淘宝店等项目，形成丰富的旅游体验街区，发展泉水产业，带动产业经济，激发片区活力。

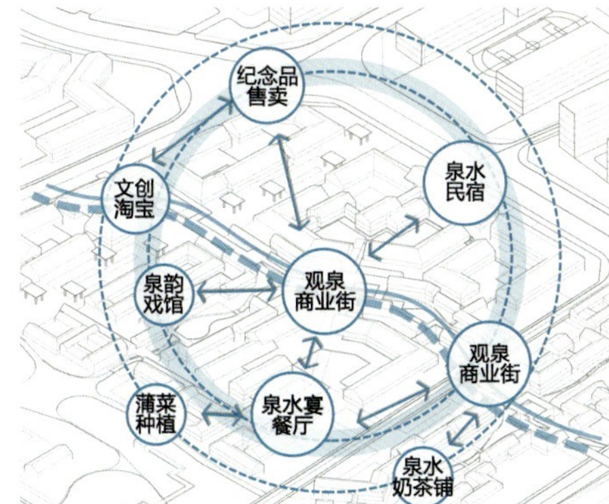

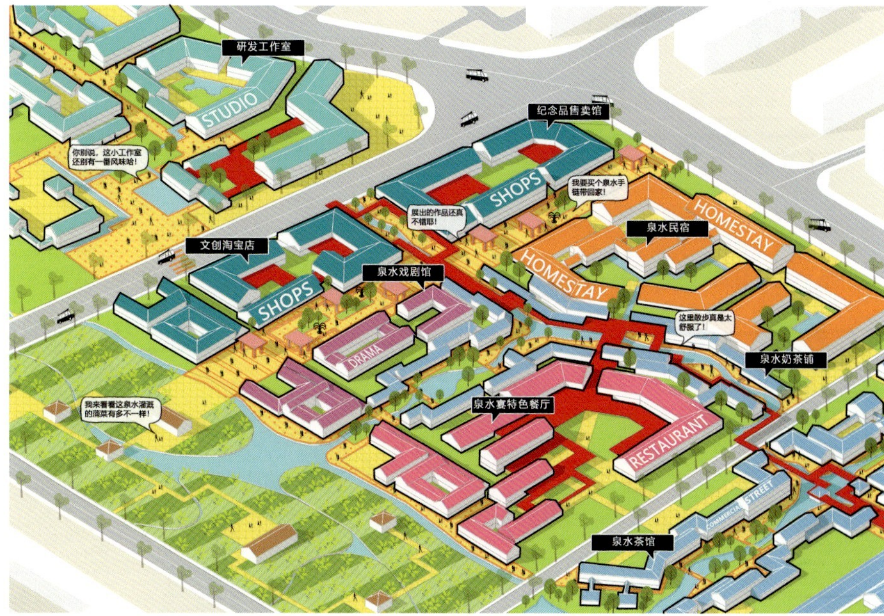

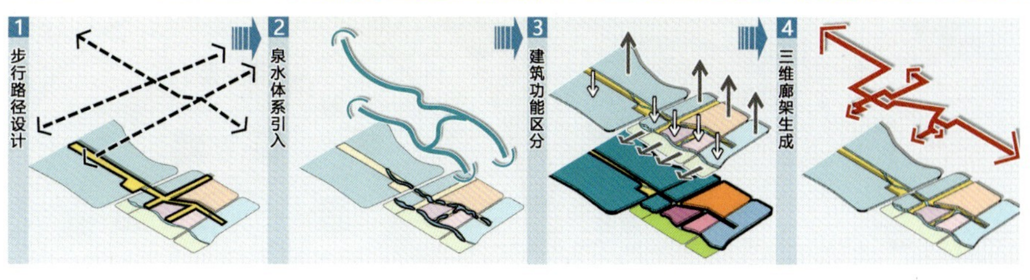

空间场景
泉韵润城·重焕西厢
——济南市大明湖及周边地区新旧城市功能优化设计 06

1 分期建设规划

蒲菜种植带
泉韵水街
泉水体验馆
泉畔茶馆
1.0 泉韵初现，复原市井
旅游新姿势
生产性景观
泉水餐饮制作体验
工业改造创意园
游客
居民
文创工作者
人群
事件
空间
水街
生产性景观
厂房改造

2.0 泉韵弥漫，创意无限
未来新创意
泉水文创（办公、交流、销售）
商务办公会展交易
公园绿化
文化活动
立体绿化
公园城市
绿地中心连廊
泉创水街
城顶文化公园
城市绿谷
文创综合体植入
人群
事件
空间

3.0 泉韵永恒，活化社区
都市新生活
居民
外来租客
回族居民
社区活动
一街三寺
社区文化微农场
社区文化微农场
回民永长商业街
泉水餐饮（泉水宴、茶酒）
社区微农业
泉水特色商业购物
回民特色市井商业

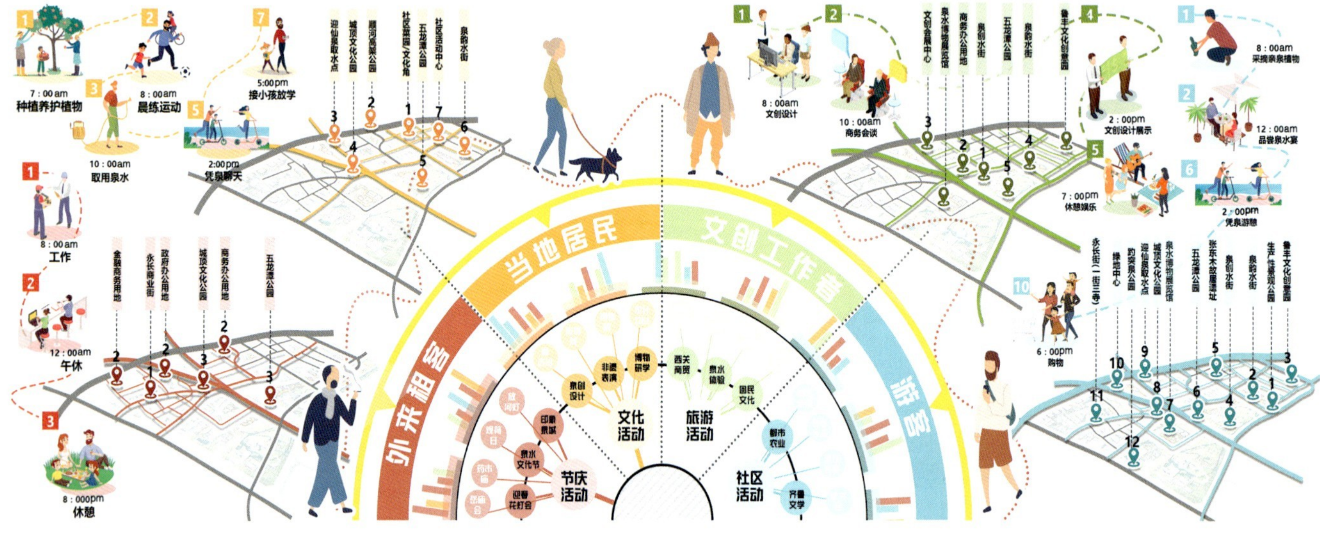
7:00am 种植养护植物
8:00am 晨练运动
10:00am 取用泉水
2:00pm 凭泉聊天
5:00pm 接小孩放学
8:00am 工作
12:00am 午休
8:00pm 休憩
8:00am 文创设计
10:00am 商务会谈
2:00pm 文创设计展示
7:00pm 休憩娱乐
8:00am 采摘泉泉植物
12:00am 品尝泉水宴
2:00pm 凭泉游憩
6:00pm 购物
当地居民
文创工作者
外来租客
游客
文化活动
旅游活动
节庆活动
社区活动

泉韵寻踪·智汇新生

——基于智慧家园研究的济南市大明湖周边地区城市更新设计

学　　校：郑州大学
设计成员：高世杰、王广栋

高世杰

王广栋

设计说明：

本次课题是一个典型的、具有深厚历史文化积淀的古城区城市更新规划设计。本次设计有三大特点：其一，它是在高度建成的历史城区内的城市更新设计，在主张有机更新的当下，规划设计需要更多地考虑复杂的现状条件；其二，基地片区特殊的区位优势、丰富的历史资源、深厚的历史积淀使其具备也需要承担更高定位城市功能的条件和使命；其三，基地拥有两大泉群，是济南泉文化最佳的空间载体，设计需要考虑如何将泉水文化落实在城市空间与人们的生活中。

设计的要点在于如何在有限的空间条件下协调复杂的利益关系，容纳尽可能的城市功能。古城更新、文化复兴、文脉延续等内容是其绕不开的要点。

设计紧紧围绕泉水特色，从泉与城、泉与居所、泉与人、泉本身四个方面出发，针对前期分析梳理的主要问题，通过智慧交通、智慧居住、智慧管理、智慧文化等应对策略有针对性的加以解决，意图去重构泉—城—人之间的共生关系，最终实现“智慧泉落—智汇泉城”的设计愿景。

设计感悟 | 高世杰

首先非常感谢五校联合毕业设计这样一个非常好的交流学习平台。在这个过程中，我们有难得的机会能够与其他学校的同学们同台竞技，同时还能在相互的交流与切磋中发现自身的不足，学习别人的优点，这些都是我们之前所不曾有的经历，收获良多。其次，感谢汪老师的悉心指导，感谢队友的辛勤付出，感谢自己的全力以赴。我们所取得的任何成绩，都离不开大家共同的努力与付出。

对于本次方案设计，虽然现状条件复杂，但作为最后的学生作业，我们还是想做出一些不一样的东西。我们认为随着智慧古城的众多实践应用，新智慧技术在广泛应用与老城的更新实践。但是在对新技术消纳的同时，我们更需要强化对传统营城智慧的传承与挖掘。新老智慧的融合、互补更有利于古城文脉的延续和当代的发展。因此，在本次设计中，我们尝试引入古城新老智慧的理念，意图探索新老智慧交融下古城的更新模式。

设计感悟 | 王广栋

毕业设计是我们大学五年来最为特殊的一次设计作业。首先，它是我们五年本科学习生涯成果的总结和表现，是对我们五年来学习成果和个人能力的综合考察，也是我们自己为自己本科生涯提交的答卷。除此以外，毕业设计过程中我们还经历了很多的第一次，第一次在泉城济南做设计课题，第一次去学校以外的地方参加答辩并与其他学校的同学们同台竞技，第一次这么短的时间内出大量的图纸，第一次在老师的带领下与同学们光明正大的出（调）游（研）等，这些都为我们留下了难以磨灭的印象，为我们的五年本科生涯增添了一份别样的姿彩。

虽然我们取得了自己较为满意的结果，但是我们还是有很多值得提升的方面，这其中既有专业方面的，又有我们合作沟通等其他方面的。专业方面正如老师所指出的，我们在对设计尺度的把控，对问题的准备、认知，对策略提出的强针对性等方面都还有提升的地方。此外，设计中由于各种原因，后期的时间非常紧迫，大家在着急赶时间的过程中也就少了些许耐心，所以我们在小组成员的沟通交流、相互间的进度协调、分工合作等方面也都有不尽如人意的地方。这些既是我们的问题点，又会是我们以后的提升点，希望我们以后在这些方面会做得更好。

泉韵寻踪·智汇新生

——基于智慧家园研究的济南市大明湖周边地区城市更新设计

设计课题解读

随着智慧古城的众多实践应用，新智慧技术在广泛应用与老城的更新实践。但是在对新技术消纳的同时，我们更需要强化对传统营城智慧的传承与挖掘。意图探索新老智慧交融下古城的更新模式正是本次设计的出发点。

基地区位

古城—基地

济南市，别称“泉城”，是山东省省会、副省级市、环渤海地区南翼的中心城市。基地位于济南市中心城区历史城区内，两道城墙之间，古城与商埠区之间，地理位置较为优越。

人群活动分析

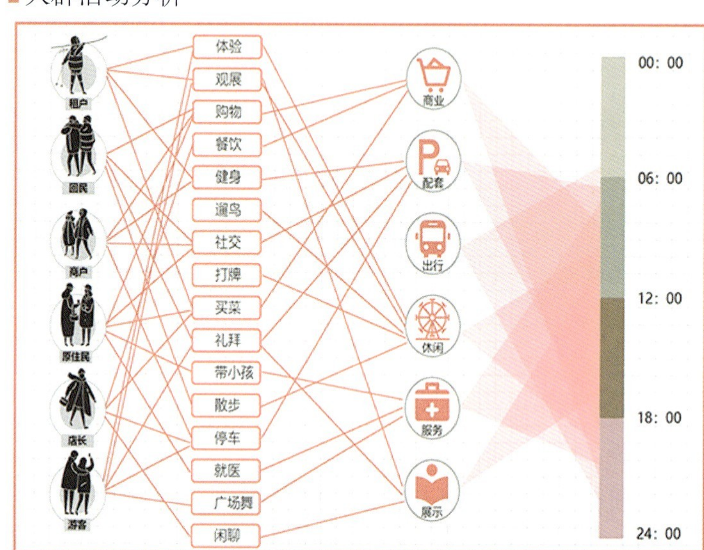

基地综合现状图

【基地总体呈现特点】

1.西侧顺河高架带： 分布有大量现代高层商务楼，质量普遍较好，但是对老城的整体风貌破坏很大。

2.中部多层居住带： 多为六层居民楼，质量大多需要更新整治，自身风貌确实，但对老城整体影响不大。

3.东侧滨河带： 以绿地和传统民居为主，风貌较为统一，间杂现代建筑需要进行整治，由于紧靠老城区，风貌管控较为严格。

4.铜元工厂区： 片区以工业厂房及附属建筑为主，风貌独具特色，目前已经进行一定的改造利用在开发。但是现状改造中存在较多问题。

基地建筑分析图

基地建筑分析图

1 建筑功能分析

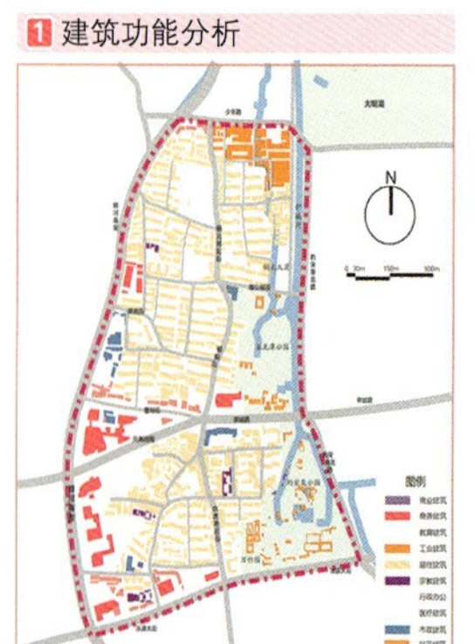

2 建筑高度分析

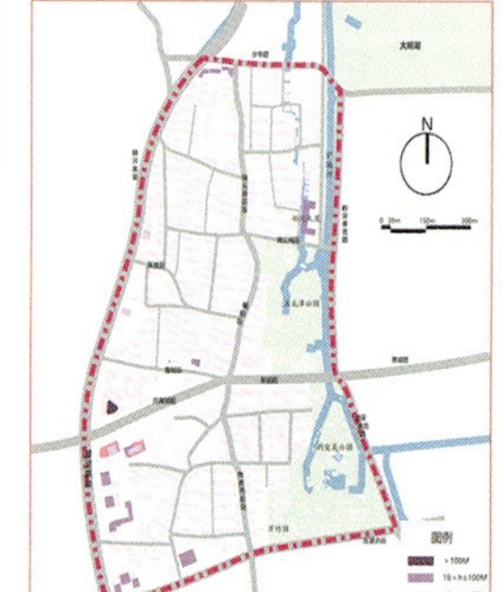

3 建筑风貌分析

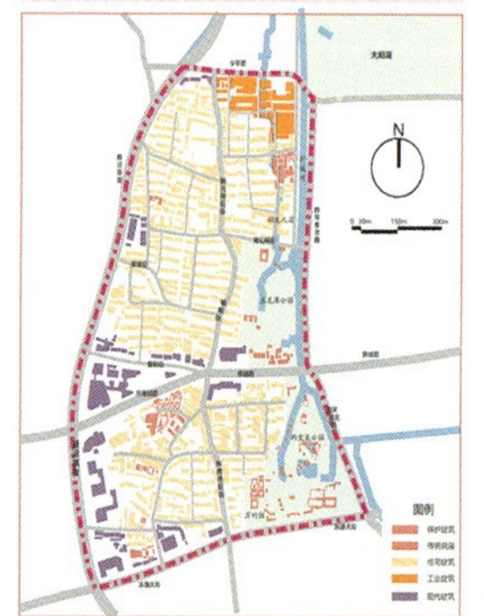

4 建筑质量分析

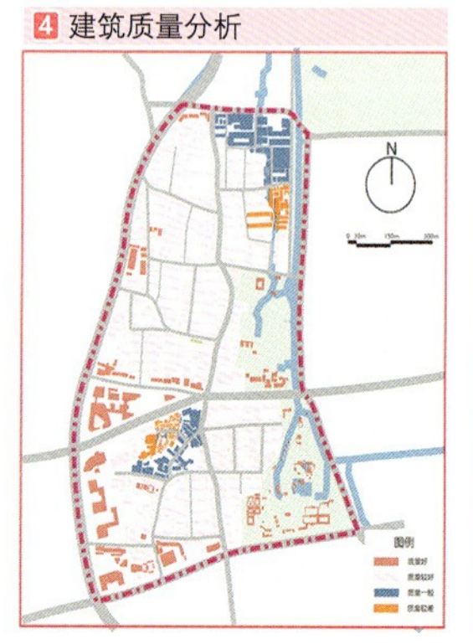

5 建筑综合评价

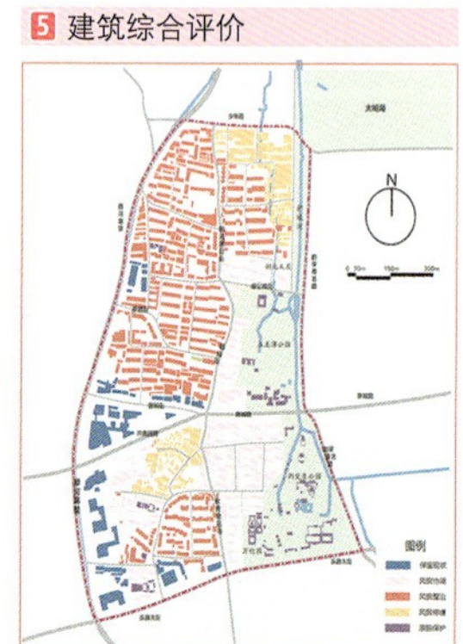

泉韵寻踪·智汇新生

——基于智慧家园研究的济南市大明湖周边地区城市更新设计

02 泉脉问诊

问题探究一——泉与城空间失调

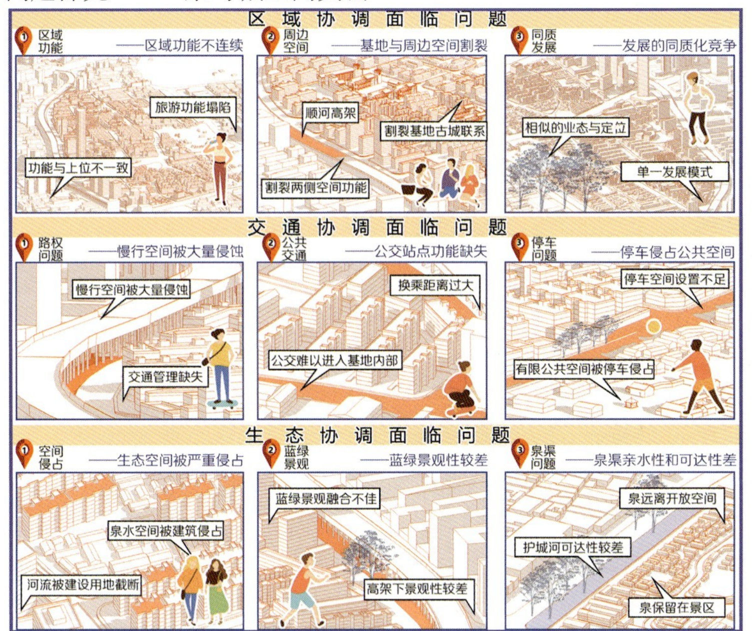

策略研究

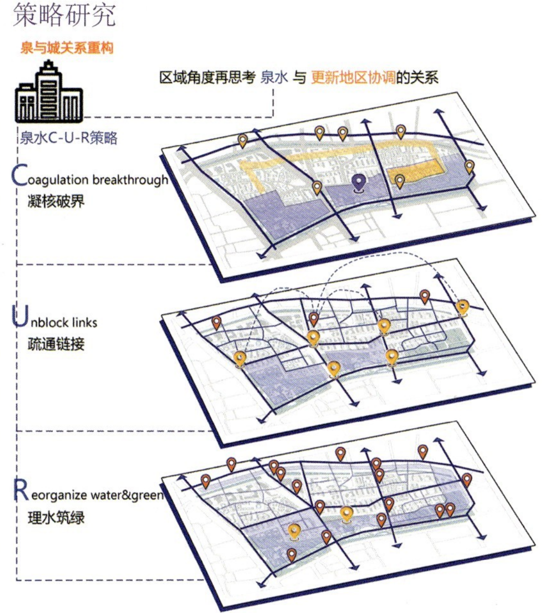

问题探究二——泉与居所割裂

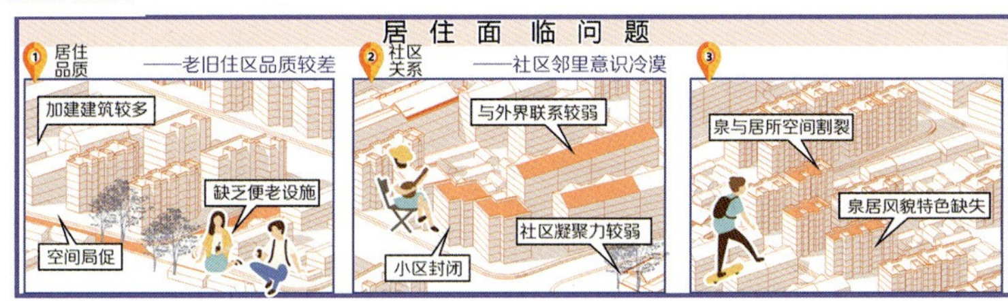

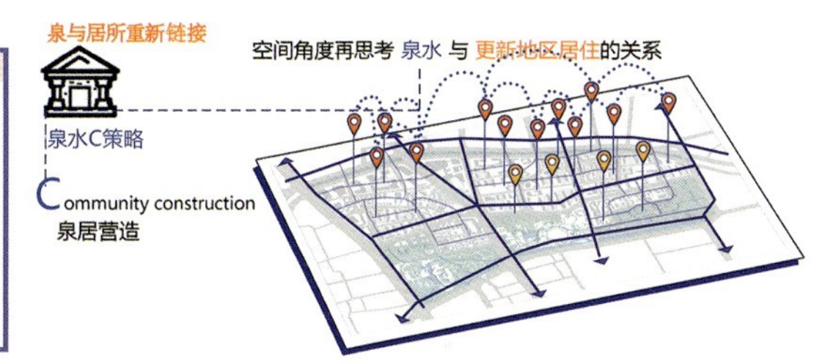

问题探究三——泉与人失去链接

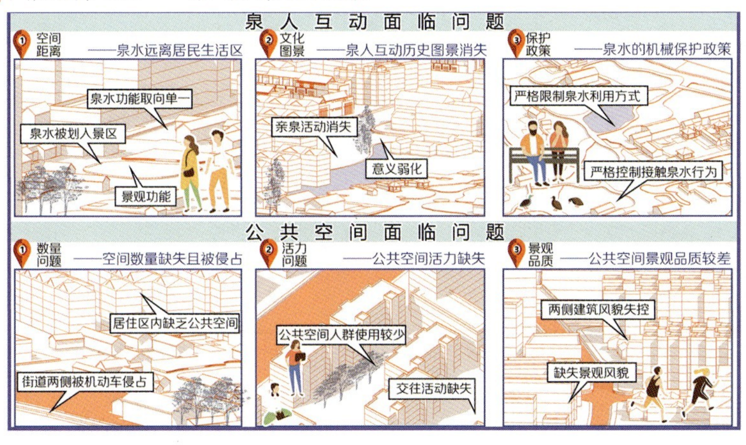

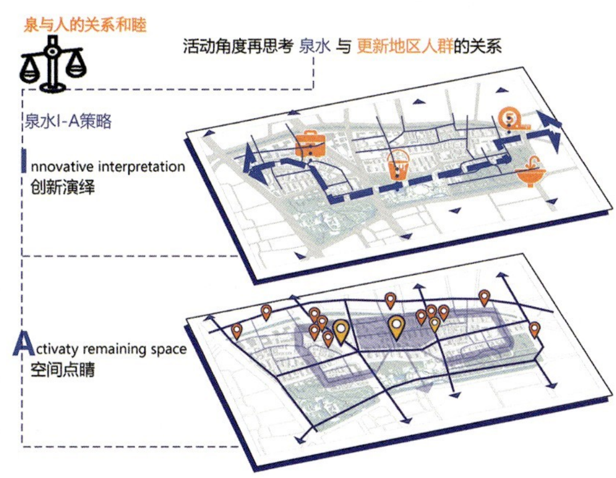

研究框架图

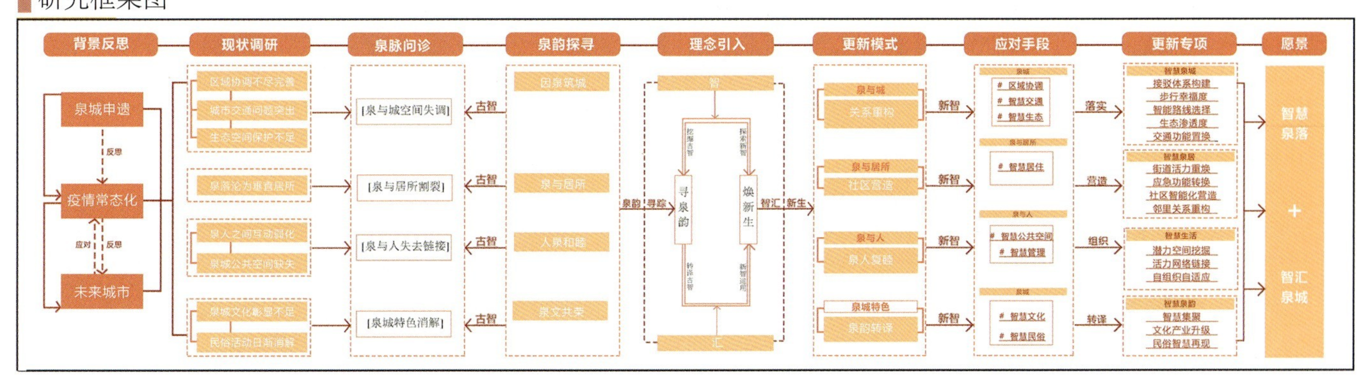

总平面图

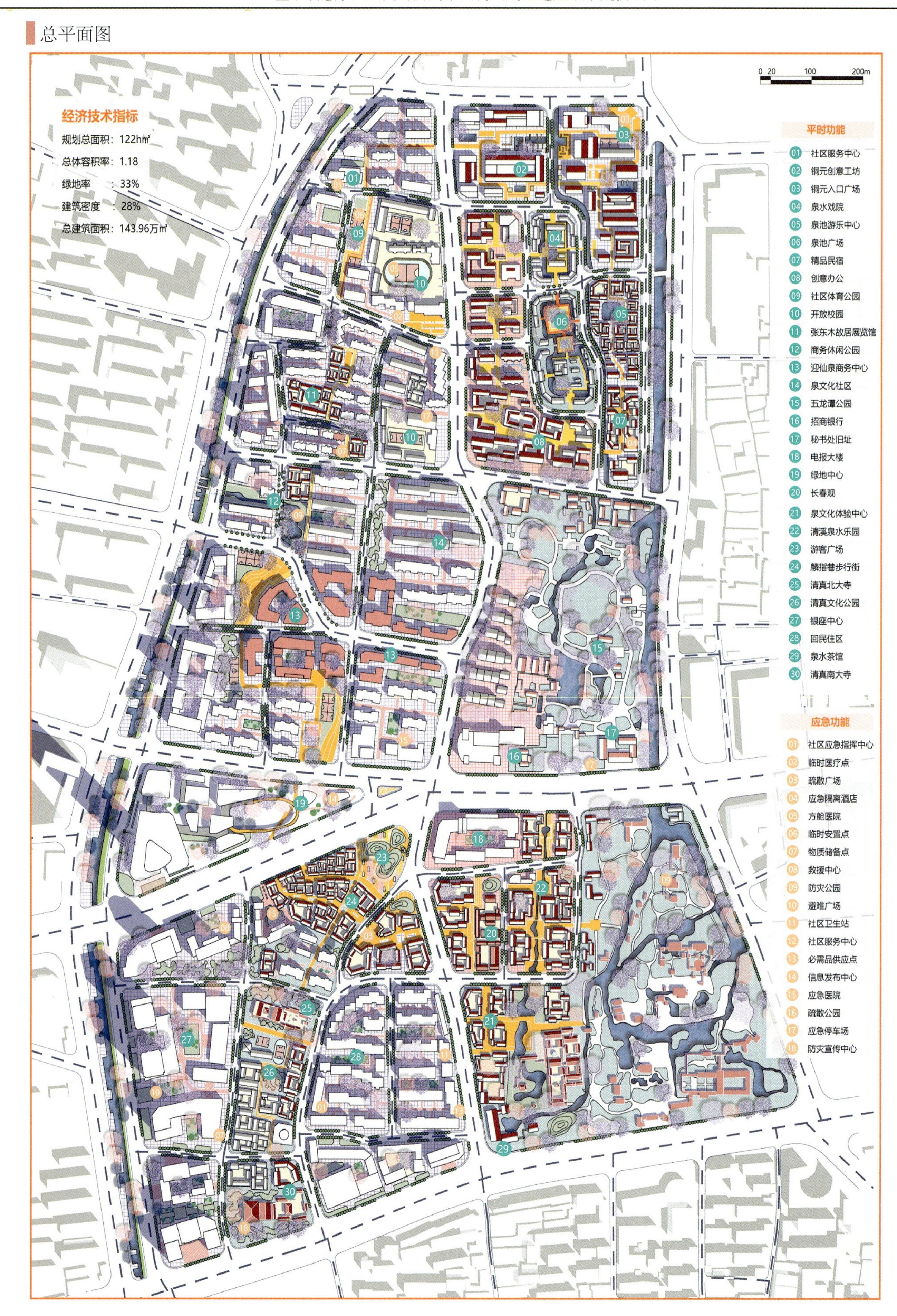
经济技术指标
规划总面积：122hm²
总体容积率：1.18
绿地率：33%
建筑密度：28%
总建筑面积：143.96万m²
0 20 100 200m
平时功能
01 社区服务中心
02 铜元创意工坊
03 铜元入口广场
04 泉水戏院
05 泉池游乐中心
06 泉池广场
07 精品民宿
08 创意办公
09 社区体育公园
10 开放校园
11 张东木故居展览馆
12 商务休闲公园
13 迎仙泉商务中心
14 泉文化社区
15 五龙潭公园
16 招商银行
17 秘书处旧址
18 电报大楼
19 绿地中心
20 长春观
21 泉文化体验中心
22 清溪泉水乐园
23 游客广场
24 麟指巷步行街
25 清真北大寺
26 清真文化公园
27 银座中心
28 回民住区
29 泉水茶馆
30 清真南大寺
应急功能
01 社区应急指挥中心
02 临时医疗点
03 疏散广场
04 应急隔离酒店
05 方舱医院
06 临时安置点
07 物质储备点
08 救援中心
09 防灾公园
10 避难广场
11 社区卫生站
12 社区服务中心
13 必需品供应点
14 信息发布中心
15 应急医院
16 疏散公园
17 应急停车场
18 防灾宣传中心

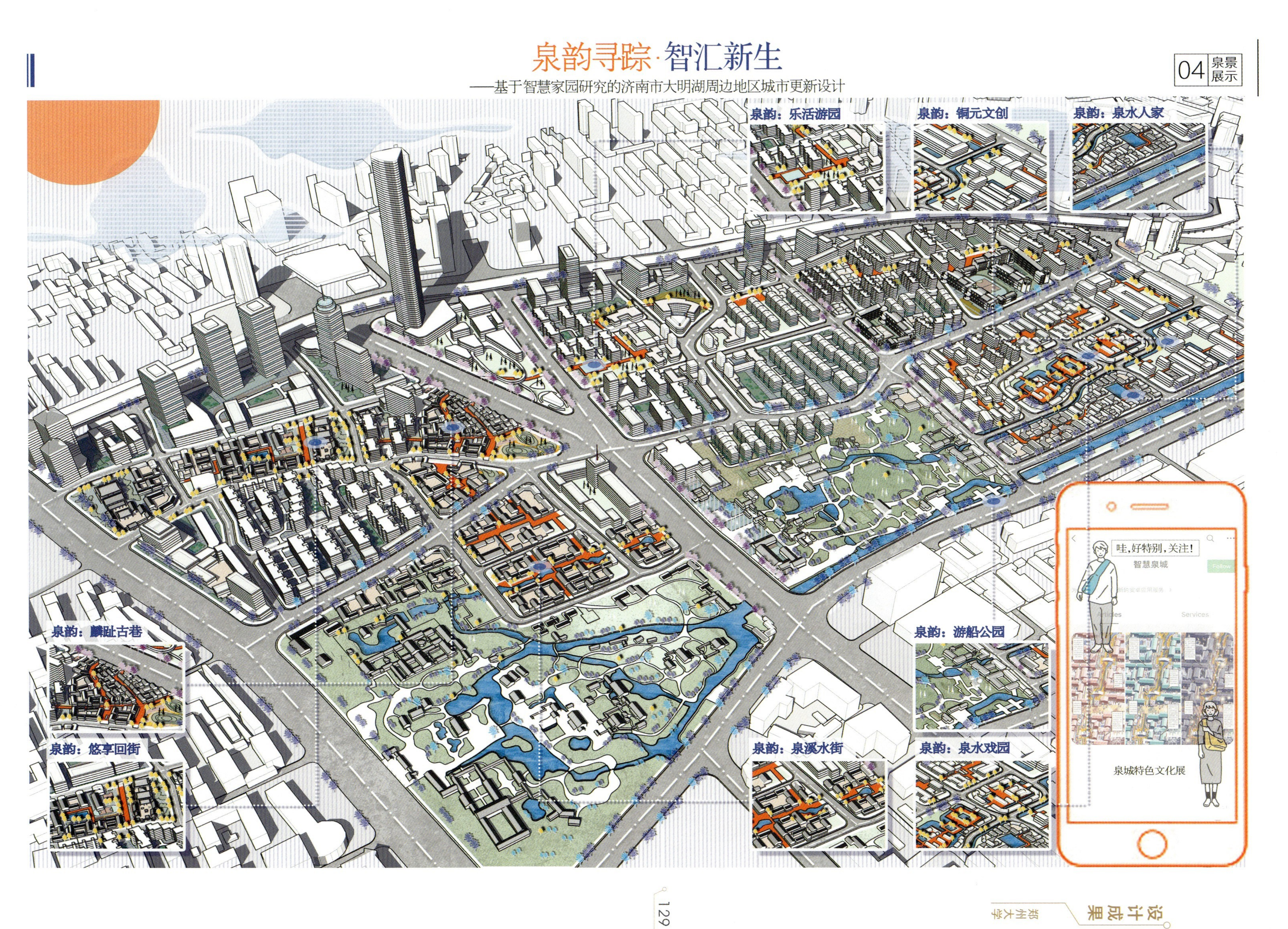
泉韵寻踪·智汇新生
——基于智慧家园研究的济南市大明湖周边地区城市更新设计
04 泉景展示
泉韵：乐活游园
泉韵：铜元文创
泉韵：泉水人家
泉韵：游船公园
泉韵：泉溪水街
泉韵：泉水戏园
泉韵：悠享回街
哇，好特别，关注！
智慧泉城
泉城特色文化展

泉韵寻踪·智汇新生

——基于智慧家园研究的济南市大明湖周边地区城市更新设计

交通功能复合

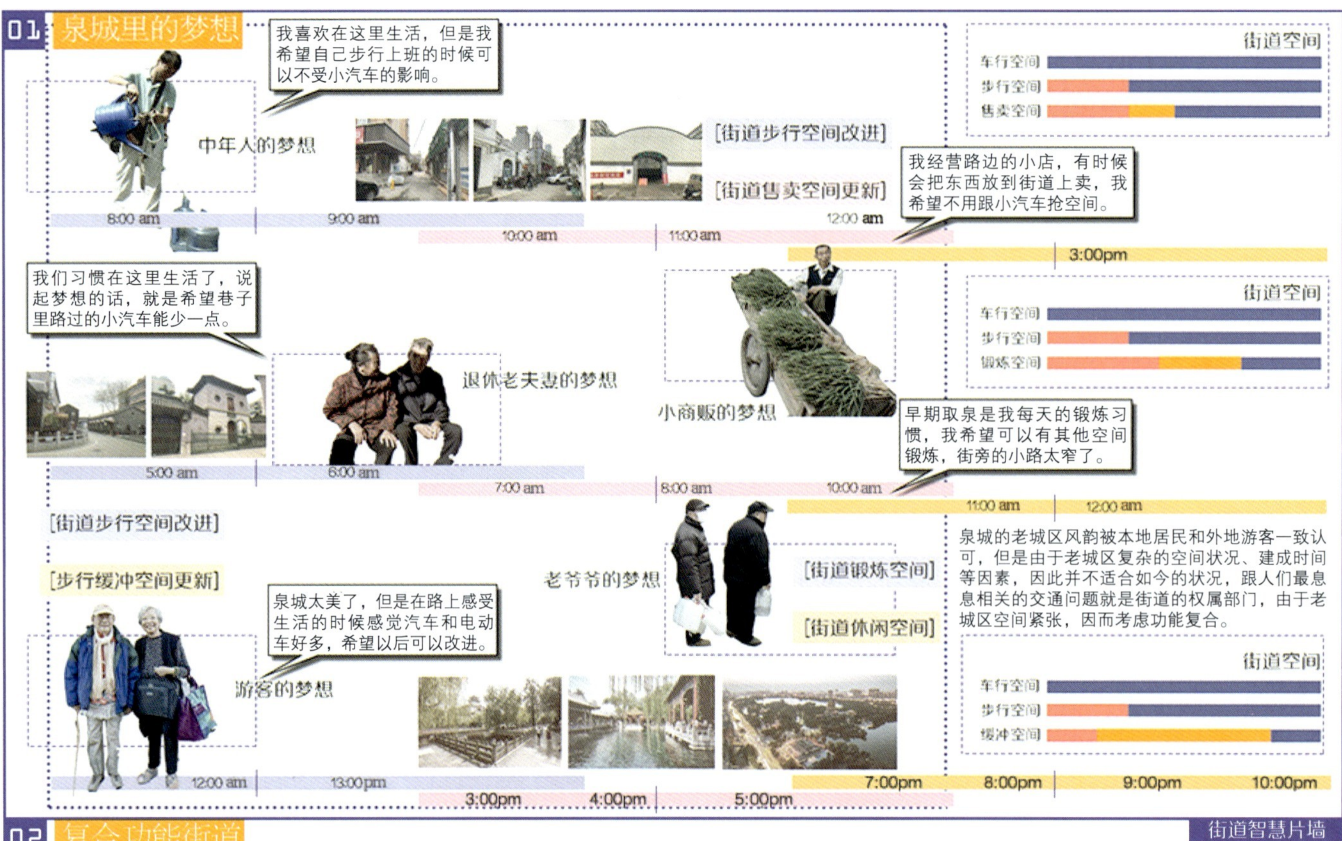

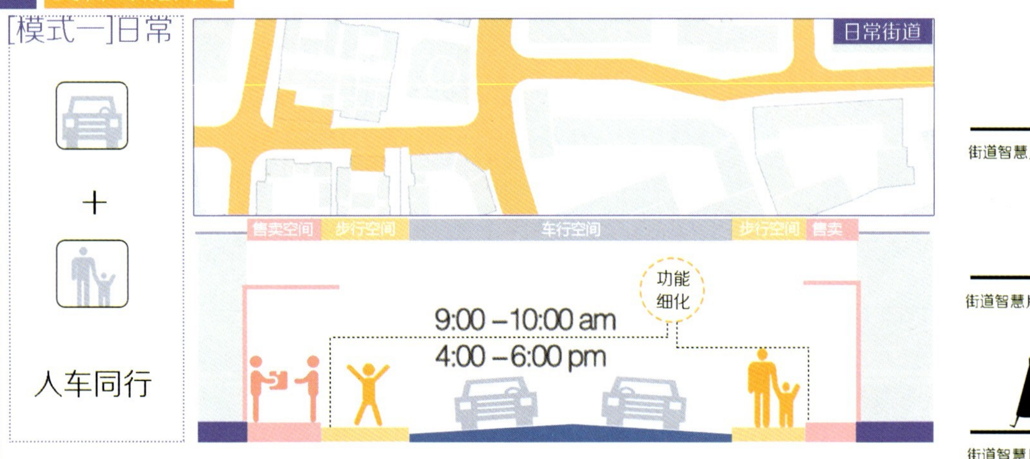

泉城的老城区风韵被本地居民和外地游客一致认可，但是由于老城区复杂的空间状况、建成时间等因素，因此并不适合如今的状况，跟人们最息息相关的交通问题就是街道的权属部门，由于老城区空间紧张，因而考虑功能复合。

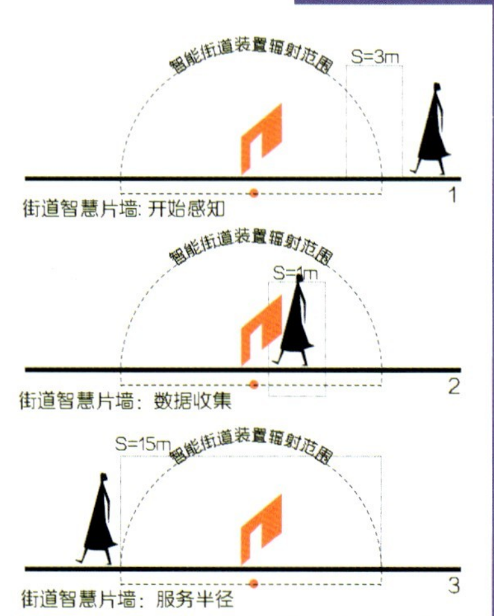

02 复合功能街道

[模式一]日常

+

人车同行

日常街道

售卖空间 步行空间 车行空间 步行空间 售卖

功能细化

9:00－10:00 am
4:00－6:00 pm

街道智慧片墙

智能街道装置辐射范围 S=3m
街道智慧片墙：开始感知 1
S=1m
街道智慧片墙：数据收集 2
S=1.5m
街道智慧片墙：服务半径 3

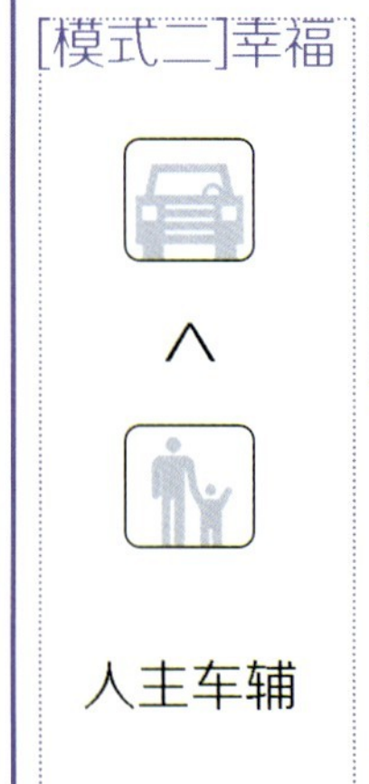

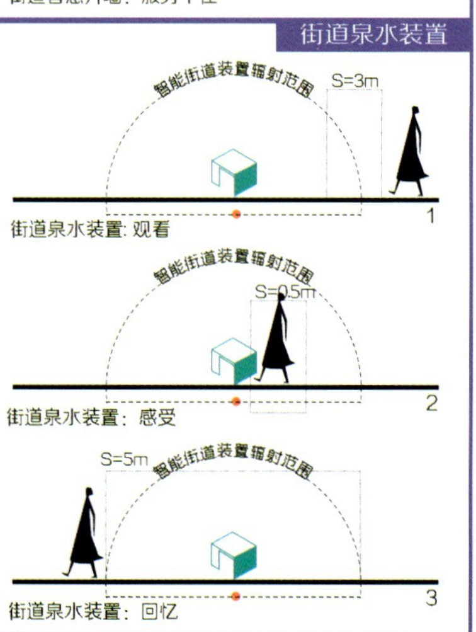

清真寺片区鸟瞰图

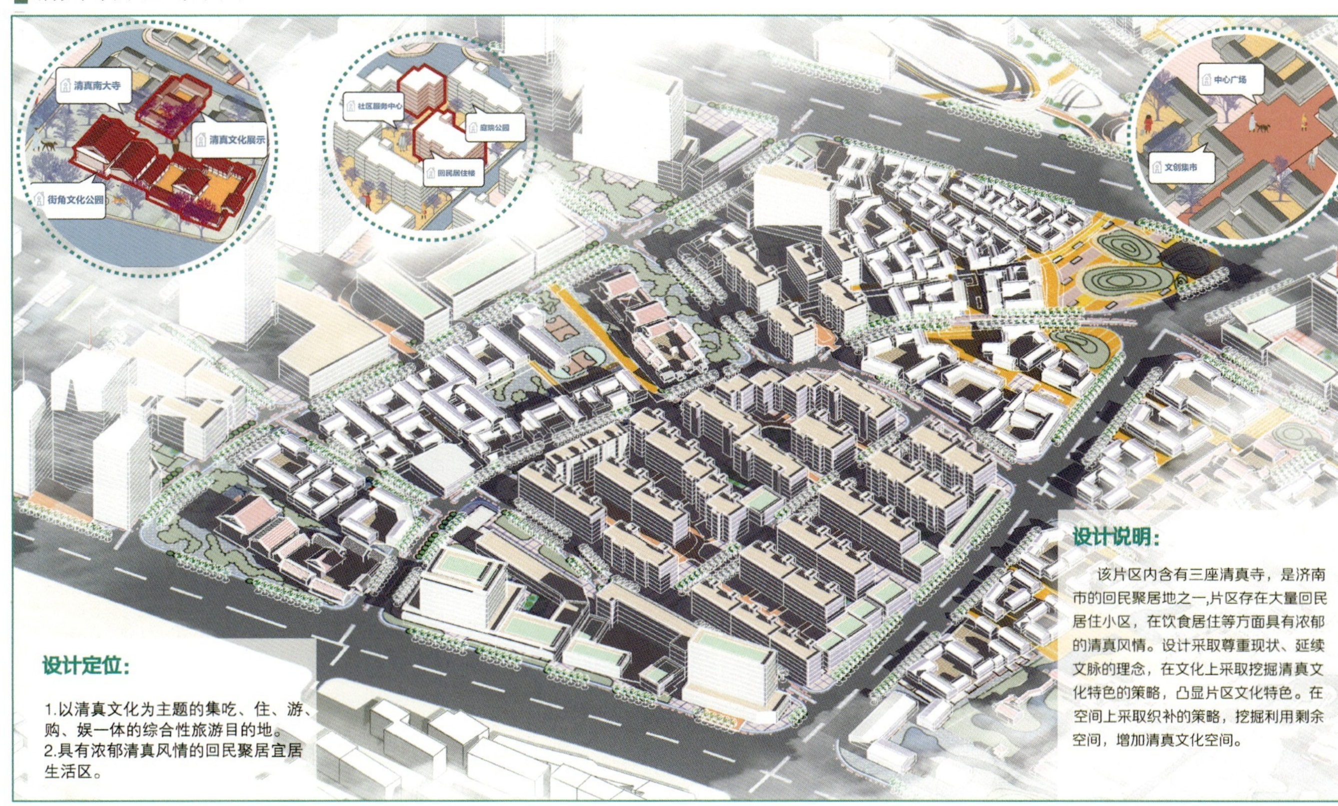

设计定位：

1.以清真文化为主题的集吃、住、游、购、娱一体的综合性旅游目的地。
2.具有浓郁清真风情的回民聚居宜居生活区。

设计说明：

该片区内含有三座清真寺，是济南市的回民聚居地之一，片区存在大量回民居住小区，在饮食居住等方面具有浓郁的清真风情。设计采取尊重现状、延续文脉的理念，在文化上采取挖掘清真文化特色的策略，凸显片区文化特色。在空间上采取织补的策略，挖掘利用剩余空间，增加清真文化空间。

清真寺片区平面详图

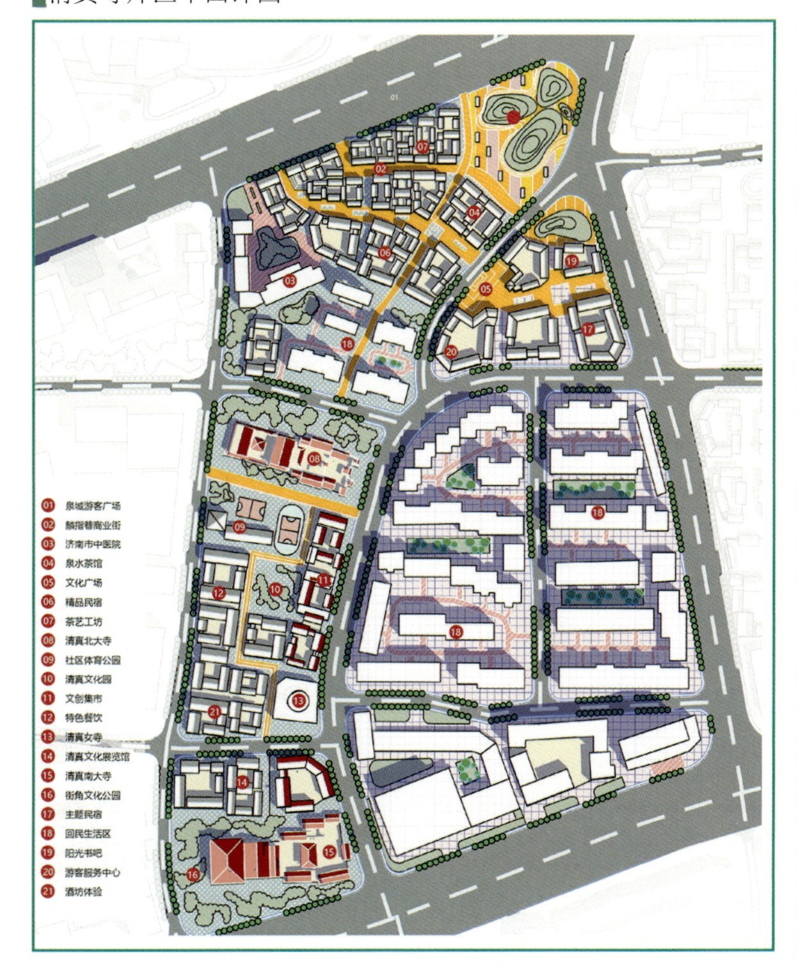

片区问题总结

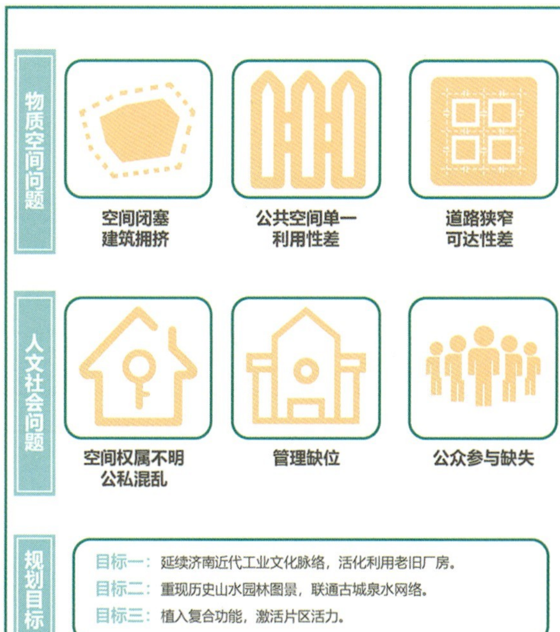

规划愿景

1. 以清真文化为主题的综合性回民风情旅游体验区。
2. 济南市回民文化的集中空间载体。
3. 独居特色的回民聚居生活区。

规划理念

健康　公众参与　微更新　活力　慢行　复合　有机　共享　社区营造